THE
FUTURE
OF
MEDIA
SERIES

未来媒体丛书

高等院校新媒体系列教材

搜索

SEARCH ENGINE

梁晓涛　汪文斌　主编

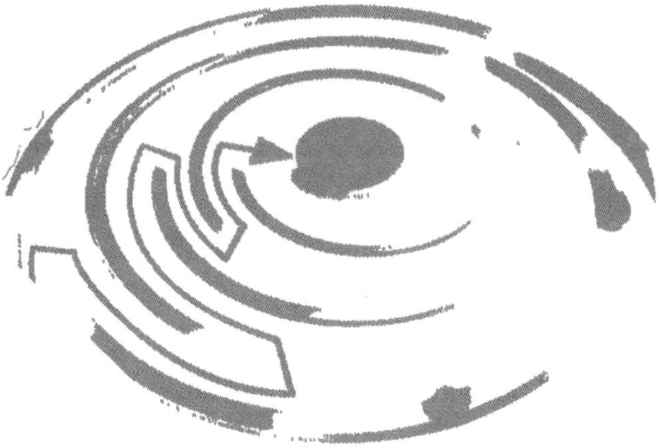

WUHAN UNIVERSITY PRESS
武汉大学出版社

图书在版编目(CIP)数据

搜索/梁晓涛,汪文斌主编.—武汉:武汉大学出版社,2013.6
未来媒体丛书
高等院校新媒体系列教材
ISBN 978-7-307-11035-9

Ⅰ.搜…　Ⅱ.①梁…　②汪…　Ⅲ.互联网络—情报检索—高等学校—教材　Ⅳ.G354.4

中国版本图书馆 CIP 数据核字(2013)第 125401 号

责任编辑:张　欣　　　责任校对:黄添生　　　版式设计:马　佳

出版发行:**武汉大学出版社**　(430072　武昌　珞珈山)
(电子邮件:cbs22@whu.edu.cn 网址:www.wdp.com.cn)
印刷:湖北新华印务有限公司
开本:787×1092　1/16　印张:16.25　字数:379 千字　插页:2
版次:2013 年 6 月第 1 版　　2013 年 6 月第 1 次印刷
ISBN 978-7-307-11035-9　　定价:38.00 元

THE FUTURE OF MEDIA SERIES

未 来 媒 体 丛 书

高 等 院 校 新 媒 体 系 列 教 材

丛书编委会

序言

网络新媒体的蓬勃发展和日新月异无疑是全球传媒界最引人瞩目的变革。广大受众以高度的热情欢迎技术创新所带来的各种全新体验。作为专业媒体从业者，透过现象探求其发展规律，科学地应对这场变革，把握传媒业的未来，是当前亟待破解的一个新课题。

这套《未来媒体》丛书试图对互联网上衍生的新业态进行一次全景式的扫描，选取其中具有代表性的移动互联网、社交网络服务、微博、搜索和网络视频等五个形态进行深度剖析和研究。

《移动互联网》对 iOS、安卓、Windows 等三大国际智能终端操作系统，在技术对比的基础上，通过典型案例对各操作系统上的应用商城、特别是移动应用进行了研究。

《社交网络服务》选取著名社交网站为对象，从业务、技术、应用、界面、安全、运营等方面进行了全面对比和分析。

《搜索》解剖了各具特色的搜索引擎服务商，提出专业化、个性化、智能化是搜索引擎未来的三个发展方向。

《网络视频》选取了国际主流视频网站和 CNTV、Youku 等国内视频网站为样本，从技术架构、业务特征、运营模式等角度进行了深入分析。

《微博》以国内、外主流微博平台为对象，从信息管理、技术特征、设计风格等方面进行了比较研究。

这套丛书基本涵盖了新兴媒体领域内具有典型性的运营机构及其应用和服务。其中既包括大型互联网公司，也包括仅有 10 名员工的微小企业；既有依靠技术创新，借助资本市场的力量迅速崛起新媒体服务机构，也有历史悠久、依托资金、人才和资源优势的传统媒体巨头。事实上，在由高科技推动的大众媒介日益走向融合的今天，传统媒体与新媒体的边界已难以区分，因此丛书有意回避了

“新媒体”这一概念，统一称之为“未来媒体”。

系统性地针对新兴媒体进行全面分析和研究是一件很有意义的工作。它有助于我们把握媒体的未来脉搏。近年来，中国网络电视台在网络视频、IP 电视、互联网电视、移动电视等方面进行了诸多探索，也积累了一些经验，我希望和广大媒体从业者以及关注新媒体发展的读者共同分享这些体会与认识。

鉴于网络媒体是一个日新月异、飞速发展的领域，过去的经验不断受到挑战，既有的规律也不断地被打破，这方面的研究工作还待继续，中央电视台也将与大家一起继续探索和思考。

2012. 12

目 录
CONTENTS

1 搜索概述

1.1 搜索相关概念

随着计算机和互联网技术的飞速发展，网络上的信息量急剧增长。网络已经成为人类有史以来资源数量最多、资源种类最全、资源规模最大的一个综合信息库。其信息来源丰富、分布广泛，各种类型的信息资源异构地分布在网络空间中，但如果不能使庞杂的信息有序化，就很难有效获取。如何准确有效地从互联网上获取信息就成为一项艰巨的任务，目前解决这一问题的最佳方案是利用搜索引擎。搜索引擎正是为了解决“信息丰富，知识贫乏”这一奇怪现象的问题而出现的技术。

搜索引擎是一个信息处理系统，以一定的策略在互联网中搜集、发现信息，对信息进行理解、提取、组织和处理，并为用户提供检索服务，从而起到信息导航的作用。搜索引擎一般包括信息搜集、信息整理和用户查询三部分。从用户的角度来看，它是一个帮助人们进行信息检索的工具。搜索引擎已经成为信息领域的产业之一。它要用到信息检索、人工智能、数据库、数据挖掘、自然语言理解等领域的理论和技术，具有综合性和挑战性。又由于搜索引擎有大量的用户，由此衍生出许多商机，具有很好的经济价值。

本书以搜索产品为主要内容，介绍搜索产业的整体状况以及搜索平台与现代传媒的关系。图1-1所描述的是目前广为所用的商业搜索引擎产品图。尽管图1-1不能涵盖业界所

图 1-1　搜索引擎产品图

使用的所有的搜索产品，但从此图可以看出，搜索产品已经发展成为 IT 领域不可或缺的核心产品。

1.2 搜索与媒体以及搜索平台对传媒发展的意义

诞生于 20 世纪 90 年代、起源于为信息检索提供服务的 IT 技术应用的搜索引擎，至今不过二十年的发展历史，已发展成为在数字网络时代大背景下构建全球信息化社会的强大工具；同时随着相关技术的不断深入开发与利用，搜索引擎所蕴藏的巨大商业价值逐渐被挖掘，也极大成就了专业运作搜索引擎的企业组织，典型代表如全球最大的搜索引擎 Google、全球最大的中文搜索引擎百度等，在整个世界经济、政治、文化发展中越来越发挥着举足轻重的作用。

“搜索引擎”已不再是原有的仅指某项信息技术的专有名词，而是被凸显出更多政治、经济、社会、文化等价值的复合概念，它正成为改变着整个人类社会未来生存形态的推动力量。“搜索引擎已经不仅仅是一项网络技术和一个提供信息的普通平台，它已发展成为一种新型的、有影响力的媒介，能够控制信息流动，起到舆论导向作用，直接影响人们认知世界的方式。

正因如此，现实中发展的搜索引擎，在成为推动构建人类信息化生存形态力量的同时，也发挥出超越其本性的功能，即媒体的功能，有评论言：“搜索引擎可能正由技术权力的合理追求转向经济权力的贪婪追求，继而转向社会控制力越界追求。”

1.2.1 搜索引擎由技术工具演化成为一种新的网络媒体

搜索引擎源起一个网络信息技术应用，从功能实现上讲它可以根据一定的策略、运用特定的计算机程序从互联网上搜集信息，在对信息进行组织和处理后，为用户提供检索服务。从搜索引擎的发展演进中看，互联网为搜索引擎插上了放飞的翅膀，搜索引擎基于互联网迅速发展成为一种交互式信息平台。互联网一直本着不受任何控制的精神在发展，而且在其发展初期，互联网被视为“公共传输模式”的媒介，在这样的数字化网络环境下，搜索引擎作为一个互联网信息技术应用工具的意义在于，出于信息方面的原因而寻求特定的媒体内容，它使用户接触更多的信息内容，并将这些内容视为真实的。工具性的使用是积极的、有目的的，它意味着媒体使用的功利性、目的性、选择性和参与度；工具性的倾向导致态度和行为方面给产生更强的效果，它包含着对资讯和信息的更为强烈的使用和参与动机，这里的参与意味着一种乐于对资讯和信息加以选择、诠释和回应的状态。搜索引擎由技术工具演化成为一种新的网络媒体。

麦克卢汉的传播技术决定论认为“媒介是人体的延伸”。技术的任何进步，都会使人类更有效的生活和劳动，媒体的任何发展，都能延伸人类五官的功能，所有媒体均可以同人体器官发生某种联系。所有的这些媒体，都影响并改变着人们的生活方式、工作方式和思维方式。人体的任何延伸，都会对社会的发展造成影响，促成变革，使一部分人行进在时代前列，而使另一部分人落伍。

在如今盛产内容的时代，人们通过搜索引擎这一网络媒体，从海量信息中搜寻并甄别出真正所需的内容，从而满足节约信息成本的本能需求，并缓解过量信息带来的信息焦虑。根据媒介效果研究中的“使用与依赖模式”所描述的个人的传播需求与传播动机、信息寻求策略、媒介使用情况、功能性替代品和媒介依赖之间的关系，如果某些需求和动机限制了人们对信息寻求策略的选择，它们就有可能导致人们对某些传播渠道的依赖，相对地，人们对特定传播渠道的依赖也会产生其他一些效果，如态度和行为的改变等，反作用于其他的社会关系，使之发生变化。搜索引擎技术的功能特点使其媒介功能性替代品极其有限，搜索引擎成为受众获得有意图、有目的和有动机的选择内容满足的唯一策略。另外，德瑞德在媒介经济研究中提出的集中的三个区分层次中的关于受众集中，指的是受众市场份额集中的境况，在搜索引擎发展历程中所反映的按照搜索引擎用户比例数定义的市场份额数据证实了这一点。以上两点说明受众对搜索引擎的媒介依赖，预示着搜索引擎作为媒体所具有的巨大影响力。

搜索引擎已不再是专有技术的代名词，时代赋予它新的媒体内涵，正如以上所述人们对特定传播渠道的依赖也会产生其他一些效果，这反映的就是搜索引擎的媒体化趋势的结果。

1.2.2 搜索引擎对媒体业发展的意义

理解搜索引擎对媒体发展的意义，需要界定“媒体”的概念。在很多情况下将“媒体”和“媒介”两者的概念是混用的，即彼此意义相同或指代一致。但笔者在本文中，将媒介的概念更多表达的是一种宽泛的传播学概念，正如麦克卢汉所说，媒介即讯息；而媒体的概念，则更多意指媒体组织。丹尼斯·麦奎尔《大众传播理论》中说，将媒体组织同时看做“社会机构”和“产业”来进行阐述，并且指出“媒体（组织）不同于其他任何企业组织形式”。由此可以看出“媒体”作为一种特殊的组织形式所具有的特征属性：既是市场运作下的经济实体组织，又是致力于保持“中立”承担公共责任的社会机构组织。这两个相互矛盾的属性也造就了媒体组织内在的两难冲突：赢利和社会目的之间的潜在冲突的问题。

搜索引擎作为网络媒体对媒体的发展的意义如何体现出来？一般人们都将搜索引擎视为一种新媒体进行看待。相比其他传统媒体自然性的垄断发展，搜索引擎是通过完全的市场竞争发展起来的，而且市场垄断竞争格局也是严格根据市场规律而形成。所以基于信息技术发展起来的搜索引擎对整个媒体产业经济发展的意义是显而易见的。

在中国，网络媒体被受众预设为依靠海量性、自由性、客观性而获得公正名声的媒体平台。而搜索引擎作为一种纯技术色彩的网络服务工具，其科学和规范性更是被寄予厚望，搜索引擎的公信力日渐增强。有机构曾做过调查，搜索引擎的相关性和可信度都大大超过了传统媒体。而且网络搜索也被称为“可信赖的、使用度很高的信息来源”。几乎所有的研究都表明，受众对搜索的依赖已经远远高于对任何一个门户网站的依赖。这其中，除了用户的深度需求之外，搜索引擎基于科学和规范的客观性声望，也起了最大的作用，所谓“数据不会骗人”，其召唤力可想而知。于是，搜索作为媒体似乎是要并且确实能够担当起一种社会的公器的角色了。正是因为搜索引擎公信力的日渐增强，主流媒体的注意力经济效应逐渐在搜索引擎领域显现出来。

技术的优势推动市场的垄断，根据皮卡特在 Media Economics 中所述，通常可接受限度的市场集中门槛法则是：排名前四位的公司对某产业控制超过 50%，或前八家公司对某产业控制超过 70%，就被认为是高度集中。基于搜索引擎发展历程中的数据，无论是全球搜索还是中文搜索的市场结构都是高度集中：全球搜索市场 Google 一直保持在 60% 以上的市场份额，而其他的搜索引擎均在 10% 以下；中文搜索市场百度和 Google 一直占据 80% 左右的市场份额。所以，可以说 Google 和百度的发展趋势引领着整个搜索引擎的发展趋势，搜索引擎的媒体化趋势分析，以百度和 Google 的相关数据为准具有合理性。

当搜索引擎对信息的控制力足够大时，其媒体特性逐渐显现，相应所须承担的媒体责任亟待明确，正如麦克奎尔所说：媒体不同于其他企业，要挑起公共责任的重担，无论它们喜不喜欢。一旦搜索引擎严重损害了信息甄选机制的独立性和公正性，也损害了搜索引擎这一新型传媒的公信力。这也是搜索引擎媒体化趋势分析的意义所在。

1.3 搜索的发展历程

1.3.1 搜索的产生

在 1990 年之前，一般情况下人们进行信息检索是到图书馆查阅大量书籍来获取自身需要的信息。

1990 年，蒙特利尔的麦吉尔大学发明了 Archie。Archie 是第一个自动索引互联网上匿名 FTP 网站文件的程序，但它还不是真正的搜索引擎。Archie 可以帮助用户在互联网的任意一个匿名 FTP 服务器上查找文章和目录。

1994 年，第一个既可搜索又可浏览的分类目录 EINet Galaxy 上线，除了网站搜索，它还支持 Gopher 和 Telnet 搜索。同年，美籍华人杨致远等创办了 Yahoo，随着访问量和收录链接数的增长，Yahoo 目录开始支持简单的数据库搜索。在这一年中，华盛顿大学开始了 WebCrawler 项目的研究。WebCrawler 是互联网上第一个支持搜索文件内全部文字的搜索引擎，在它之前，用户只能通过 URL 和摘要搜索（摘要一般来自人工评论或程序自动摘取的正文前 100 个字）。随后的 Infoseek 是另一个重要的搜索引擎，它沿袭 Yahoo 的概念，并没有什么独特的革新。1995 年，它与 Netscape 的战略性合作，使它成为一个强势搜索引擎。

1995 年，一种新的搜索引擎形式出现了——多元搜索引擎。用户只需提交一次搜索请求，由多元搜索引擎负责转换处理后提交给多个预先选定的独立搜索引擎，并将从各独立搜索引擎返回的所有查询结果集中起来，处理后再返回给用户。第一个多元搜索引擎是华盛顿大学硕士生开发出的 Metacrawler。

1.3.2 搜索的发展

1990 年以前，没有任何人能搜索互联网。1990 年，加拿大麦吉尔大学计算机学院的师生开发出 Archie。当时，万维网还没有出现，人们通过 FTP 来共享交流资源。Archie 能定期搜集并分析 FTP 服务器上的文件名信息，提供查找分布在各个 FTP 主机中的文件。用户必须输入精确的文件名进行搜索。Archie 告诉用户在哪个 FTP 服务器能下载该文件。虽然 Archie 搜集的信息资源不是网页（HTML 文件），但和搜索引擎的基本工作方式是一样的，自动搜集信息资源，建立索引，提供检索服务。所以，Archie 被公认为现代搜索引擎的鼻祖。Robot（机器人）一词对编程者有特殊的意义。Computer Robot 是指某个能以人类无法达到的速度不断重复执行某项任务的自动程序。由于专门用于检索信息的 Robot 程序像蜘蛛一样在网络间爬来爬去，因此，搜索引擎的 Robot 程序被称为 Spider 程序。

1993 年，Matthew Gray 开发出 World Wide Web Wanderer，这是第一个利用 HTML 网页之间的链接关系来检测万维网规模的机器人程序。开始，它仅仅用来统计互联网上的服务器数量，后来也能够捕获网址。

1994 年 4 月，斯坦福大学的两名博士生，美籍华人杨致远和 David Filo 共同创办了 Yahoo。随着访问量和收录链接数的增长，Yahoo 目录开始支持简单的数据库搜索。Yahoo 的数据是手工输入的，所以不能真正被归为搜索引擎。事实上它只是一个可搜索的目录。雅虎于 2002 年 12 月 23 日收购 Inktomi，2003 年 7 月 14 日收购包括 Fast 和 AltaVista 在内的 Over-ture，2003 年 11 月，Yahoo 全资收购 3721 公司。1994 年 7 月，卡内基·梅隆大学的 Michael Mauldin 将 John Leavitt 的 Spider 程序接入到其索引程序中，创建了 Lycos。除了相关性排序外，Lycos 还提供了前缀匹配和字符相近限制，Lycos 第一个在搜索结果中使用了网页自动摘要，而最大的优势还是它远胜过其他搜索引擎的数据量。

1995 年，一种新的搜索引擎形式出现了——元搜索引擎（A Meta Search Engine Roundup）。用户只需提交一次搜索请求，由元搜索引擎负责转换处理，提交给多个预先选定的独立搜索引擎，并将从各独立搜索引擎返回的所有查询结果，集中起来处理后再返回给用户。第一个元搜索引擎是 Washington 大学硕士生 Eric Selberg 和 Oren Etzioni 开发的 Metacrawler。1995 年 12 月，DEC 正式发布 AltaVista。AltaVista 是第一个支持自然语言搜索的搜索引擎，也是第一个实现高级搜索语法的搜索引擎（如 AND，OR，NOT 等）。用户可以用 AltaVista 搜索新闻组的内容并从互联网上获得文章，还可以搜索图片名称中的文字，搜索 Titles，搜索 Java applets，搜索 ActiveX objects。AltaVista 也声称是第一个支持用户自己向网页索引库提交或删除 URL 的搜索引擎，并能在 24 小时内上线。AltaVista 最有趣的新功能之一是搜索链接指向某个 URL 的所有网站，同时在面向用户的界面上，AltaVista 也作了大量革新，它在搜索区域放了“tips”以帮助用户更好地表达搜索模式。这些小 tip 经常更新。这样，在搜索过几次以后，用户会看到很多他们可能从来不知道的有趣功能。这些系列功能，逐渐被其他搜索引擎广泛采用。1997 年，AltaVista 发布了一个图形演示系统 Live Topics，帮助用户从成千上万的搜索结果中找到想要的。

1995 年 9 月 26 日，加州伯克利分校助教 EricBrewer，博士生 Paul Gauthier 创立了

Inktomi。1996 年 5 月 20 日，Inktomi 公司成立，强大的 HotBot 出现在世人面前，声称每天能抓取索引 1000 万页以上，所以有远超过其他搜索引擎的新内容，HotBot 也大量运用 cookie 储存用户的个人搜索喜好设置。

1997 年 8 月，Northern light 搜索引擎正式现身。它曾是拥有最大数据库的搜索引擎之一。它没有 StopWords。但它有出色的 Current News，7100 多种出版物组成的 Special Collection，良好的高级搜索语法和第一个支持对搜索结果进行简单的自动分类。1998 年 10 月之前，Google 只是斯坦福大学的一个小项目 BackRub，1995 年博士生 Larry Page 开始学习搜索引擎设计，于 1997 年 9 月 15 日注册了 Google. com 的域名。1997 年年底，在 Sergey Brin 和 Scott Hassan、Alan Steremberg 的共同参与下，BachRub 开始提供 Demo。1999 年 2 月，Google 完成了从 Alpha 版到 Beta 版的蜕变。Google 公司则把 1998 年 9 月 27 日当成自己的生日。Google 以网页级别为基础，判断网页的重要性，使得搜索结果的相关性大大增强。Google 公司的奇客（Geek）文化氛围，不作恶（Don't be evil）的理念，为 Google 赢得了极高的口碑和品牌美誉。2006 年 4 月，Google 宣布其中文名称“谷歌”。这是 Google 第一个在非英语国家起的名字。

Fast（Alltheweb）公司创立于 1997 年，是挪威科技大学（NTNU）学术研究的副产品。1999 年 5 月发布了自己的搜索引擎 All The Web。Fast 创立的目标是做世界上最大和最快的搜索引擎，Fast（All the Web）的网页搜索可利用 ODP 自动分类，支持 Flash 和 pdf 搜索，支持多语言搜索。还提供新闻搜索、图像搜索、视频、MP3 和 FTP 搜索，拥有极其强大的高级搜索功能（2003 年 2 月 25 日，Fast 的互联网搜索部门被 Overture 收购）。

1996 年 8 月，Sohu 公司成立，制作中文网站分类目录，曾有“出门找地图，上网找搜狐”的美誉，随着互联网网站的急剧增加，这种人工编辑的分类目录已经不适应。Sohu 于 2004 年 8 月注册独立域名的搜索网站“搜狗”，自称第三代搜索引擎。Openfind 创立于 1998 年 1 月，其技术源自台湾中正大学吴升教授所领导的 GAIS 实验室。Openfind 起先只做中文搜索引擎，鼎盛时期同时为三大著名门户新浪、奇摩、雅虎提供中文搜索引擎，但 2000 年后市场逐渐被 Baidu 和 Google 瓜分。2002 年 6 月，Openfind 重新发布基于 GAIS30 Project 的 Openfind 搜索引擎 Beta 版，推出多元排序，宣布累计抓取网页 35 亿，开始进入英文搜索领域。2000 年 1 月，两位北大校友，超链分析专利发明人，前 Infoseek 资深工程师李彦宏与好友徐勇（加州伯克利分校博士后）在北京中关村创立了百度（Baidu）公司，2001 年 8 月发布 Baidu. com 搜索引擎 Beta 版（此前 Baidu 只为其他门户网站如搜狐、新浪、Tom 等提供搜索引擎），2001 年 10 月 22 日正式发布 Baidu 搜索引擎，专注于中文搜索。Baidu 搜索引擎的其他特色包括：百度快照、网页预览、预览全部网页、相关搜索词、错别字纠正提示、MP3 搜索、Flash 搜索。2002 年 3 月闪电计划（Blitzen Project）开始后，技术升级明显加快。后推出贴吧、知道、地图、国学、百科等一系列产品，深受网民欢迎。2005 年 8 月 5 日在纳斯达克上市，发行价为 USD27. 00，代号为 BIDU。开盘价 USD66. 00，以 USD122. 54 收盘，涨幅 353. 85%，创下了 5 年以来美国股市上市新股当日涨幅最高纪录。

1.4 搜索的分类

1.4.1 基于内容的搜索分类

1. 基于文本的搜索

随着互联网信息量的急剧膨胀，如何全面有效地把高质量的信息资源提供给用户已成为各大搜索引擎亟待解决的问题。对于文本检索来说，词与词之间没有明确的分隔标记，为自动分词过程带来了很大的困难，从而造成了歧义等一系列严重影响检索效果的问题。因此全面有效地提高文本的检索效率，提高检索的相关性是各大搜索引擎努力的目标。

基于文本的搜索，是通过输入诸如关键词、标题、字幕、作者、导演、制作人等文本描述词来搜索图像、声音或视频信息，目前基于文本的搜索引擎已经很普及，Google 图像、百度图像、优酷、土豆、YouTube 等都是这类基于文本描述来实施网络搜索的主要工具。

2. 基于图片的搜索

人们在从大自然中获取的各类信息中，听觉信息约占 20%，视觉信息约占 60%，其他信息约占 20%，由此可见，图像信息在人们的社会生活中占据着重要的地位。如何更快、更好地获取自己所需要的图像信息，多年来一直成为图像研究者亟待解决的一个重要课题。随着互联网的飞速发展，越来越多的人期望从这个庞大的信息库中搜集所需的各类图像信息，然而，面对如此浩瀚的网络资源，要想快捷、准确地搜集到自己所需要的东西，并非易事。因此，基于因特网的图像搜索引擎应运而生。

（1）基于内容的图像搜索引擎工作原理。

①基于内容的图像检索技术。

基于内容的图像检索技术，是目前最流行的检索技术之一。它在特征匹配时，几乎不需要用户的参与，而主要利用图像自身的特征（如颜色、纹理、形状等）来完成，具有较强的客观性和直观性。利用这一特点。可以用来抽取各类图像库中所有图像文件的特征。在检索过程中，用户一般只需提供一个示例图像，系统首先抽取该示例图像的特征，然后根据图像特征的相似性匹配算法（与图像库中相应的特征进行比较，最后将与示例特征相似的图像返回给用户，以达到一个完整的图像检索过程。

A. 基于颜色特征的检索。

在一幅图像的各种特征中，颜色特征是其中最直观、最明显的特征。一般采用直方图来描述这种特征。颜色直方图是表示图像中颜色分布的一种方法，它的横轴表示颜色等级，纵轴表示在某一个颜色等级上具有该颜色的像素在整幅图像中所占的比例，直方图颜色空间中的每一个刻度表示了颜色空间中的一种颜色。采用直方图计算图像间的相似性比较简单，但它不能反映图像中对象的空间特征。

B. 基于纹理特征的检索。

图像可以看成是不同纹理区域的组合。纹理通常定义为图像的某种局部性质，或是对局部区域中像素之间关系的一种度量。纹理特征可用来对图像中的空间信息进行一定程度的定量描述。根据纹理特征进行检索，主要考虑粗糙性、方向性和对比性三种特征。由于纹理描述比较困难，一般对纹理的检索都采用示例查询方式。用户给出示例的全部或部分区域特征，从而找到类似图像。

C. 基于形状特征的检索。

采用该特征进行检索时，用户通过勾勒图像的形状或轮廓，从图像库中搜出与该形状类似的图像。基于此特征的检索方法有两种：其一，分割图像经过边缘提取后，得到目标图像的轮廓线，针对这种轮廓线进行形状特征检索。其二，直接针对图形，寻找适当的矢量特征检索算法。但处理这种结构化检索更为复杂，需要做更多的预处理。

②基于内容的图像搜索引擎工作原理。

基于内容的图像搜索引擎，是建立在基于内容的图像检索技术之上的图像搜索工具。可以为在 Web 上浏览过的图像建立索引信息，能够进行图像分析和判别，为图像加注释，存储抽取出的索引信息并建立索引库。一般说来，这种图像搜索引擎，需要完成以下四种工作：在网上搜集图像信息、图像的相似性计算、为搜集到的图像信息建立并维护索引库、回答用户的查询。其详细的工作过程如图 1-2 所示。

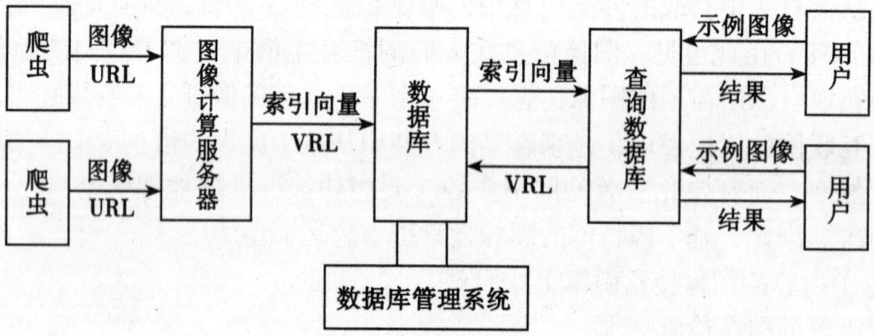

图 1-2 基于内容的图像搜索引擎工作原理

从图 1-2 可见，从用户向图像搜索引擎提出问题，到图像搜索引擎解决问题，整个过程分为两大部分，即：图像的搜集过程（服务器端）和图像的查询过程（用户端）。在图像的搜集过程中，爬虫（spider）通过一个元 URL，每隔一定的时间在 Internet 上漫游，不断地查询能够关联到的站点，搜索出新的图像的 URL，并将图像和其 URL 送往图像计算服务器，图像计算服务器对图像的多种性质（颜色直方图、边缘直方图、多分辨率不变特征、平移不变特征变量等）进行计算，得到索引向量。然后将索引向量送往图像搜索引擎的数据库，数据库管理系统对这些索引向量进行周期性的分析和比较，删除旧的和无效的记录，添加新的索引向量。在图像的查询过程中，查询服务器接收用户提交的示例图像和特征描述，并产生索引向量。该索引向量被传送到数据库，由数据库管理系统将其与数据库里面的索引向量进行比较，然后将相同的和相似的解传递给用户，从而完成一次基于内容的图像查询过程。

(2) 常用的图像搜索引擎。

目前，在互联网上，出现了许多实用的图像搜索引擎，具有代表性的有：

①EeFind（http：//www. eefind. com/）。

易易寻公司主要致力于发展多媒体搜索引擎，它推出了被业内人士推崇的中文图像搜索引擎，使互联网上的多媒体信息开始能被网友方便地利用。主要包括5个部分：图像搜索引擎及分类目录，以图找图，图片过滤，智能互动搜索，在线相册工具。

②Scour（http：//www. scour. com/）。

Scour 成立于1998年，自称是第一个基于 Web 的多媒体搜索引擎。虽然严格地说，它并非是一个图像搜索引擎，但可以将检索限制在图像搜索上。

它的工作原理是在文件名、路径名或 ALT 标签中搜索检索词。它主要使用关键词检索。在高级检索中，它可以将图像检索结果限制在 GIF、BMP、JPEG 等格式中。其检索结果显示简图、图像类型（如 GIF，BMP）、图像大小、最后被查找的日期、检索词的匹配数量、标引使用的关键词 F 成功下载的可靠程度等，并同时给出图像文件的 URL 和源站点的 URL。

主要缺陷是标引深度不足，准率较低，但查全率较好。

③VIRAGE（http：//www. virage. com/）。

VIRAGE 公司的 VIR 图像搜索引擎提供了四种可视属性检索（颜色、成分、纹理和形状）。每种属性被赋予0到10的权值。通过颜色特性检索最简单明了。该软件对选出的基础图像的色调 F 色彩以及饱和度进行分析，然后在图像库中查找与这些颜色属性最接近的图像。

用户可以设定一个或多个属性权值来优化检索。要达到最佳平衡度，需要反复试验，但检索过程是相当快的。在结果显示矩阵中，可以选择查看3、6、9、12、15或18个简图。通过对四个属性权值的调整，显示出不同的检索结果。简图根据相似度降序排列。点击简图标题，将得到该图像的一些详细说明，包括 Virage 计算出的相似比。

④Excalibur（http：//www. excalibur. com/）。

Visual RetrievalWare 只是 Excalibur 提供的查询程序之一。这是一个非常有力的图像检索工具。在它的演示站点中，提供了对其检索参数的综合设置的测试。Excalibur 提供基于6种图像属性的检索，分别是颜色、形状、纹理、颜色结构、亮度结构和纵横比。

每一个属性值范围从0到5。譬如，在主要以形状属性进行检索时，将形状属性的权值设为5，而将其他属性的权值设为0或1。不同的权值设定产生的结果不同。当主要用形状属性检索时，检出的结果可能看起来毫不相干。例如，用一幅意大利地图为示例图像，会检出一幅 GUCCI 靴子，因为它们的形状的确很相似。应该注意到，图像的形状相似性与该图像中的物体是什么毫无关系。

⑤QBIC（http：//www. qbic. almaden. com/）。

QBIC（Query By Image Content）系统是由 IBM 公司著名的 Almaden 实验室开发的。它可能是目前应用最广的图像检索系统，如旧金山现代艺术博物馆以及法国文化部等机构均在使用该系统。

虽然 QBIC 提供了 3 种属性的检索功能：颜色属性、形状属性和纹理属性，但它的检索效率非常高。颜色特性的查询包括颜色百分比查询和颜色分布查询。利用颜色百分比查询，用户可以找到具有相似颜色及比率的图像，而利用颜色分布查询，可进一步找到不仅颜色相似，而且颜色分布也相似的图像。纹理特性是对图像中线条的粗糙性、对比性、方向性三者的综合考虑。形状属性查询包括对象形状查询和轮廓查询。QBIC 除了上面的基于内容特性的检索，还辅以文本查询手段。例如，为旧金山现代艺术博物馆的每幅作品给予标准描述信息，如作者、标题、日期等，许多作品还有内容的自然描述。

3. 基于多媒体的搜索

通过输入诸如关键词、标题、字幕、作者、导演、制作人等描述词来检索图像、声音或视频信息的搜索引擎已经很普及，Google 图像、百度图像、优酷、土豆、YouTube 等都是这类基于文本描述来实施网络搜索的主要工具。

另一类则是查询时针对的是对象而不是标识，如根据任何一个图像或声音的片段，分解出诸如色彩、形状、纹理、旋律、频率、音高，甚至休止符等，作为检索入口来实施操作。由于基于内容的检索能够提供比传统的基于文本的检索更强的检索功能和更丰富的内容，近年来一直是国际上的研究热点。网络上有一些免费的基于内容的搜索引擎。其中基于内容的图像搜索引擎多一些，如 IBM 公司开发的图像和动态景象检索系统 QBIC（Query By Image Content）系统提供了多种查询方式，提供用户绘制简网或扫描输入图像进行检索，也可选择色彩或结构查询方式，用户输入动态影象片段进行检索；VIRAGE 公司的 VIR（Visual Information Retrieval）图像引擎提供了四种可视属性检索（颜色、成分、纹理和形状）。每种属性被赋予 0 到 10 的权值。哥伦比亚大学开发的 VisualSEEK 和 WebSEEK 采用了图像区域之间空间关系和从压缩域中提取的视觉特征。VisualSEEK 同时支持基于视觉特征的查询和基于空间关系的查询。WebSEEK 包括三个主要模块：图像/视频采集模块，主题分类和索引模块，查找、浏览和检索模块。

基于内容的声音搜索引擎也有一些试验性的产品，如新西兰 Waikato 大学计算机系与联合同教科文组织合作创建的数字图书馆项目中开发了一个绿宝石数字图书馆—音乐图书馆栏 L1（http：//www. nzdl. org），其中有一个音乐片段检索系统，其检索界面设有一琴键，并有音符、休止符和时长等音乐要素，用户只要根据检索要求在这一界面上点击弹奏琴键，表达出声音片段特征，即可向系统要求检索。

1. 4. 2 基于技术的搜索分类

互联网是一个无边无际的信息海洋，每天都有新的网站出现。大量网页每时每刻都在更新，内容包罗万象。想要找到所需的资料，简直如同大海捞针。从浩如烟海的信息中迅速准确地获取自己需要的信息，就需要借助于网页搜索工具。网页搜索工具即搜索引擎，按其工作方式主要分为全文搜索引擎、目录索引类搜索引擎和元搜索引擎。

1. 目录式搜索引擎

以人工方式或半自动方式搜集信息，由编辑员查看信息之后，人工形成信息摘要，并将信息置于事先确定的分类框架中。信息大多面向网站，提供目录浏览服务和直接检索服务。该类搜索引擎因为加入了人的智能，所以信息准确、导航质量高，缺点是需要人工介入、维护量大、信息量少、信息更新不及时。目录式搜索引擎虽然有搜索功能，但在严格意义上算不上是真正的搜索引擎，仅仅是按目录分类的网站链接列表而已。用户完全可以不用进行关键词查询，仅靠分类目录也可找到需要的信息。主要的目录式搜索引擎如图 1-3 所示。

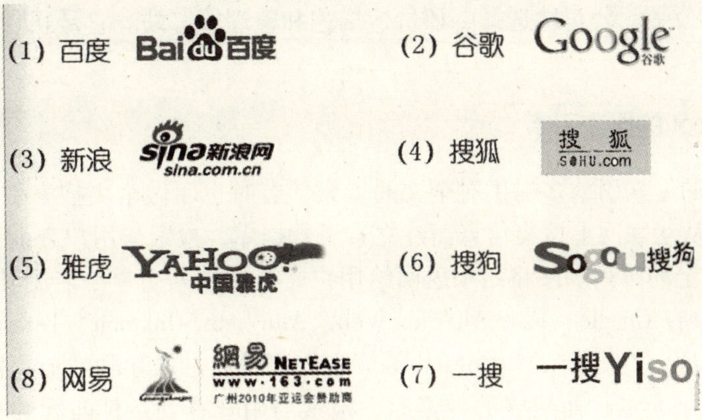

图 1-3　目录式搜索引擎产品

1993 年，雅虎（Yahoo!）公司率先编制互联网网页和网站的分类目录，分门别类地整理网络信息。1998 年，搜狐（Sohu）公司发布第一部中文网络分类体系，“出门靠地图，上网找搜狐”，有效地组织网络资源并指引我国的网络用户利用网络资源。随后，新浪（Sina）和网易（Netease）分别推出类似的分类检索工具。面对当前的网络环境，分类目录搜索引擎发生了一些新的变化，而且网络分类法一共才有 15 年的历史，作为分类法大家庭的重要组成部分，网络分类法体现了自己的特色。

（1）“迷你”分类。

当主要的著名门户网站正在建立非常庞大的网络分类体系的时候，当建立起来的由数万个类目和数十万个网站组成的分类目录搜索引擎已经让用户感到无所适从的时候，一些敏感的网络人士开辟了另外的路，建设“迷你”型分类。比如以 hao123（网址家）为代表的精细化分类原则，尽量减少类目，尽量罗列最常用的精品站点，代表一种新型的类搜索引擎的发展道路。

（2）使用传统分类体系组织网络信息资源。

普遍感觉网络分类法大众化有余而专业化不足，这与网络资源的特点有关。以前用户上网在很大程度上以娱乐休闲为主，网络资源也以娱乐休闲为主，以只能把网络分类法的“通俗性”归结为强烈的用户保证原则。相比较而言，传统分类系历史悠久、科学性强、逻辑严密、实用性好，网络分类体系或多或少地受现存的各种传统分类的影响，尽可能地增强自身的科学性，目前国内外诞生了使用传统分类法组织网络信息资源的情况，趋势将会进一步发展。

（3）开放式分类。

Dmoz 本来是网景公司在鼎盛时期的一个互联项目（Open Directory Project），因其适应互联网信资源自组织的特点，促使该产品为 Netscape、AGoogle、Lycos、HotBot 及 DirectHit 等互联网上最通用的搜索引擎和门户网站提供基于分类目录的搜索引服务。截至 2008 年 11 月，Dmoz 收录 460796 站点，建立 590000 个类目，共有 81339 名自愿义型的分类人员，帮助 Dmoz 组织网络资源。其目是要建立一个最大的人工分类目录搜索引擎。Open Directory 作为网络社会的一个免费的、商业化的公开资源，依赖世界各地的志愿编辑员的正义感，公平、公正地选择、评价、描述和整理所有站。它是互联网上最大的、最广泛的人工目录。

2. 基于 Robot 的搜索引擎

基于 Robot 的搜索引擎多提供对全文的检索，有时也叫做全文搜索引擎（Full Text）。通过 Robot 程序从互联网上搜集信息而建立索引数据库，检索与用户查询条件匹配的相关记录，然后按一定的排列顺序将结果返回给用户。全文搜索引擎是名副其实的搜索引擎，国外具代表性的有 Google、Fast/All The Web、AltaVista、Inktomi、Teoma、WiseNuti 等，国内著名的有百度，“天网”、OpenFind 等。它们都是通过从互联网上提取的各个网站的信息（以网页文字为主）而建立的数据库，检索与用户查询条件匹配的相关记录，然后按一定的排列顺序将结果返回给用户，因此它们是真正的搜索引擎。主要的基于 Robot 的搜索引擎产品，如图 1-4 所示。

图 1-4 基于 Robot 搜索引擎产品

从搜索结果来源的角度，全文搜索引擎又可细分为两种：一种是拥有自己的检索程序，俗称“蜘蛛”程序或“机器人”程序，并自建网页数据库，搜索结果直接从自身的数据库中调用，如上面提到的引擎；另一种则是租用其他引擎的数据库，并按自定的格式排列搜索结果，如 Lycos 引擎。

3. 元搜索引擎

（1）概述。

元搜索引擎（Meta Search Engine），是一种调用其他独立搜索引擎的引擎，亦称“搜索引擎之母”（The mother of search engines）。元搜索引擎以拥有较多的搜索资源，能够在尽可能短的时间内提供相对全面、准确的检索结果等诸多优异功能，受到用户的青睐，已渐成为一种不可或缺的极具潜力的网络检索工具。目前主要的搜索引擎主要有如下几种。

①Dogpile。

Dogpile 是一个并、串行相结合的元搜索引擎，共收集了 8 个最流行的搜索引擎，提供 Web 检索、新闻组检索、音频检索、多媒体检索、图案检索、FTP 检索、新闻检索、股市检索、黄页检索、白页检索、地图检索、天气检索等。它的定制检索可以让使用者设置成人过滤、多语言、拼写纠正等功能，有自己的网站目录和其他资源。返回结果可以按所调用搜索引擎归类排序或按相关度排序。免费提供用户在自己的主页上加入 Dogpile 查询工具。

②Mamma。

Mamma 可以调用 14 个独立的 WWW 搜索引擎，它会分析你所用的搜索关键词和句法结构，把它转化为符合各种搜索引擎的格式进行搜索，由 Askjeeves 提供相关搜索支持，可查询网上商店、新闻、股票指数、图像和声音文件等资源。其特点是检索界面友好、检索选项丰富。检索选项包括可控制调用的独立搜索引擎、选择使用短语检索功能、设定检索时间、设定每页可显示记录数等。Mamma 支持常用检索语法在不同搜索引擎中的转换，还提供了专门检索页面文件标题的特殊检索服务，以及通过 E-mail 传输检索结果的特色功能。检索结果以相关性排序，内容包括网页名称、URL、文摘、源搜索引擎，有 Mamma 推荐网站，可以对查询结果进行纠错整理，支持布尔和词组查询，提供用户在自己的主页上加入其图标。

③MetaCrawler。

并行式元搜索引擎，是 Go2Net 的一个组成部分，除了支持调用 12 个独立搜索引擎，还提供涵盖近 20 个主题的目录检索服务。其检索特性非常丰富，包括常规检索、高级检索、定制检索、国家或地区的资源检索等检索服务模式。其中，高级检索模式可实现：搜索引擎的选择调用，基于域名、地区或国家的检索结果过滤，最长检索时间设置，每页可显示的和允许每个搜索引擎返回的检索结果数量的设定，设定检索结果排序依据（包括相关度、域名、源搜索引擎）等。以上内容均可作为定制检索的个性化选项并予以保存。另外，检索结果中包括一个以 1000 为最大值的相关度指标。

④Ixquick。

Ixquick 可同时调用 14 个主流搜索引擎，对网站、MP3、新闻、图像等多种网络资源进行搜索。在检索性能的完善程度上，Ixquick 突破了传统元搜索引擎在这方面的局限性，自称是“世界上功能最强大的元搜索引擎”：支持各种基本的和高级的检索功能，包括关键词检索、短语检索、截词检索、布尔检索、概念检索、自然语言检索、指定字段检索、包含（+）或排除（-）检索等；尤其难能可贵的是，Ixquick 知道哪些搜索引擎能够处理短语、布尔逻辑、截词等，Ixquick 将负责把“翻译”后的查询请求直接递交到那些能够处理这些复杂请求的搜索引擎中，实现更有针对性的搜索服务，瞄准更高精专的检索结果。

⑤万纬搜索引擎。

万纬搜索引擎是上海信息技术有限公司开发的一个并行元搜索引擎，能并行搜索国内及国外的多个著名搜索引擎。万纬支持简单查询和高级查询。简单查询模式下，还提供结果数量选择菜单；还提供“精确查找”功能，引擎将使用网页智能分析和精确网络环境模拟技术，在最短的时间内，为用户提供最符合关键字的10条结果，为节省用户时间。在高级搜索模式下提供源独立搜索引擎列表，用户可以根据自己的需要选择中、英文搜索引擎中的任何一个或数个引擎。同时，用户可以根据需要设置搜索返回结果的排列方式，可根据相关度、时间、域名分类、引擎等项。此外，还可以设置最大等待检索时间、最大检索结果限制，显示结果统计、网页标题、源搜索引擎标志、内容摘要等。

⑥MetaFisher中文元搜索引擎。

MetaFisher中文元搜索引擎可调用Google、Yahoo、Allthe-Web、百度、OpenFind等搜索引擎。其特色有：cooRank网页评级系统，更好的优化结果的排序，向用户提供网站的准确性参考；cooWord（Beta）关键字自动分析归纳算法，协助增加搜索的深度与广度；相关搜索提示增加搜索灵感；使用多线程技术进行查询；提示修正可能错误的搜索关键字；提供在结果页面直接预览网站功能。

（2）元搜索引擎的分类。

搜索引擎按照检索方式分为独立型搜索引擎和多元型搜索引擎。独立型搜索引擎是Internet上最常见的一类引擎，它拥有自己的索引数据库，检索在自身数据库进行，并根据数据库的内容提供查询信息或链接站点。多元型搜索引擎（元搜索引擎），允许一次使用多个独立型搜索引擎，检索的覆盖面非常广。元搜索引擎有多种分类方式，如根据用户应用模式、调用独立搜索引擎的方式进行分类。按功能划分，元搜索引擎包括集成搜索引擎和多线索式搜索引擎；按运行方式的差异可分为桌面型元搜索引擎和基于Web的元搜索引擎。按照工作方式，元搜索引擎可分为并行处理式和串行处理式两大类。并行处理式元搜索引擎将用户的查询请求同时转送给它调用链接的多个独立型搜索引擎进行查询处理，串行处理式元搜索引擎将用户的查询请求依次转送给它调用链接的每一个独立型搜索引擎进行查询处理。

①集成搜索引擎（All-in-One Search Page）。

集成搜索引擎，亦称为“多引擎同步检索系统”（如生命家园网），是指搜索引擎界面以任意顺序或分类罗列多个搜索引擎，搜索引擎本身主要提供各类搜索引擎的介绍信息和物理连接机制。这类元搜索引擎没有统一的全局外部模式，而是以各搜索引擎的检索模式和数据格式直接面对用户，即直接把来自多个搜索引擎的搜索结果列在一个页面上，不做重新计算或更改，其实质是利用网站链接技术形成的搜索引擎集合。严格来说，这类元搜索引擎只是独立搜索引擎的罗列，不能算真正意义上的元搜索引擎。集成搜索引擎无自建数据库，不需研发支持技术，当然也不能控制和优化检索结果。但集成搜索引擎制作与维护技术简单，可随时对所链接的搜索引擎进行增删调整和及时更新，尤其大规模专业（如FLASH、MP3等）搜索引擎集成链接，深受特定用户群欢迎。典型的集成搜索引擎有搜星搜索引擎、生命家园网、搜索之家、Proteus、Queryster等。

②多线索式元搜索引擎。

多线索式元搜索引擎，指利用统一的检索界面，实现对多个独立搜索引擎索引数据库进行检索，并将检索结果以统一格式显示的网络检索工具。这类元搜索引擎具有以下特征：A. 统一检索界面：元搜索引擎提供统一界面，提供对各搜索引擎特点介绍和选择机制，但所有目标搜索引擎构成一个逻辑整体，元搜索引擎检索界面构成唯一的全局外部检索模式，用户通过这个全局界面实现对多个或任意一个搜索引擎的检索。B. 检索指令转换：在具有唯一全局外部检索模式情况下，系统可提供统一的全局指令语言，并自动地实现元搜索引擎指令与其目标搜索引擎指令的转换，用户使用同一指令语言检索不同的搜索引擎的索引数据库。C. 统一结果集的组织与显示：元搜索引擎提供全局组织机制，对各目标搜索引擎返回的结果进行处理，形成全局结果集，并以统一格式显示，主要涉及数据格式转换、去重、统一排序等。典型的多线索式元搜索引擎有万纬搜索、MetaFisher 中文元搜索引擎、MetaCrawler、Dogpile 等。

③桌面型元搜索引擎。

桌面型元搜索引擎以程序的方式提供给用户，相当于用户自己拥有一个元搜索引擎。它运行在用户的机器上，用户的查询请求直接由用户端分发给它所调用的搜索引擎，然后对返回的搜索结果进行集成后以一定的方式显示。桌面型元搜索引擎是一个包括多个成员搜索引擎的完整系统，它们往往允许用户自定义检索式运行的搜索引擎集合（例如一个或全部目标搜索引擎），甚至可由用户添加新的搜索引擎。这些桌面型元搜索引擎不仅可以实现对多个搜索引擎的并行检索，而且也能提供重要的后期处理功能，例如用户定义结果排序方式、删除重复记录等功能。典型的桌面型元搜索引擎有飕风搜索通、SearchWolf、BeeLine 等。

④基于 Web 的元搜索引擎。

基于 Web 的元搜索引擎以 Web 方式为用户提供元搜索引擎。请求代理、检索接口代理和结果显示代理都存放在元搜索引擎所在的服务器端。在这种方式中，用户的元查询请求经过服务器端的请求提交代理，检索接口代理将查询请求分发给它所调用的独立搜索引擎，这些独立搜索引擎返回的搜索结果由服务器端的结果显示代理处理后再返回给用户。多线索式元搜索引擎基本上都属于基于 Web 的元搜索引擎，比如国内的万纬搜索，国外的 MetaCrawler、Dogpile 等。

1.4.3 基于用户应用的搜索分类

1. 聚类搜索

（1）概述。

近几年国外关于搜索引擎聚类的研究一直在稳步增长，但是因其本身的语言特征，国内用户对这类搜索引擎的了解仍然很有限。而 Bbmao 的出现，改变了这一现状。2006 年 8 月 28 日，中国首个聚类搜索 Bbmao 入选美国著名风险投资杂志 Red Herring“2006 亚洲百强”，成为中国发展速度最快的搜索引擎之一，也使这类搜索引擎进入了普通网民的视野，成为当前搜索引擎研究的热点话题。笔者以“聚类搜索”为检索词，在中文 Yahoo、百度、中文 Google 中分别检索出 95541、465000、2610000 条记录，不难想见其热门程度。不仅普通网民关注聚类搜索，专家学者也同样如此。利用 CNKI，以“网络聚类”为关键词检索到 329 篇文献，其中硕士论文 25 篇，博士论文 4 篇。因此，加强聚类搜索引擎的研究，了解其发展走向，对于搜索引擎的研究与发展将有重要的参考价值。

《中国大百科全书》认为，自动聚类是由计算机系统根据被考察对象的内部或者外部特征，按照一定的要求（如类别数量限制，同类对象的亲近程度等），将相近、相似或者相同特征的对象聚合在一起的过程，聚类搜索引擎中的聚类也同样要达到这样的要求，但是各个聚类搜索引擎聚类时采用的技术以及完成的程度和水平却大有不同。经过对目前主要几大聚类搜索引擎的分析，笔者认为，聚类搜索引擎就是运用聚类技术对搜索结果进行自动聚类分析的搜索引擎。

（2）类型划分。

因为分类的标准不一，聚类搜索引擎划分的种类也不尽一致。按照信息的来源，即是否拥有独立的数据库，聚类搜索引擎可以划分为原生型（如 CNKI 搜索）和寄生型（如 VIVISIMO）两大类。按照依托的搜索引擎的数量，聚类搜索引擎可以划分为单一来源搜索引擎（如 TouchGraph）和元搜索引擎（如 Bbmao）两种。还可以依据提供的服务划分成搜索型（如第易搜）和社区型（比如贝壳网）两大类。当然，我们还可以按照专业和学科来细分为不同学科和主题的专业搜索引擎。随着聚类搜索引擎的发展和深化，聚类搜索引擎的类型会越来越丰富。

2. 整合搜索

所谓整合搜索就是在正常搜索结果页面中同时显示普通文字搜索页面之外的图片、视频、新闻、博客、地图、图书等垂直搜索结果，它由谷歌 2007 年年底首先推出，现在已被所有主流媒体采用。整合搜索主要有以下特征：

（1）功能的通用，利用一个搜索框即可完成所有功能；

（2）终端的通用，搜索行为不仅仅局限于计算机上，搜索结果的传递方式也将更多元化；

（3）操作方式的通用，高度可定制的界面可以满足各种用户的需求；

（4）搜索结果的通用，更加丰富的搜索结果展现方式。

Google 的整合搜索系统（Universal search）是搜索领域有代表性的整合搜索方案，其在 2007 年 5 月发布最早的版本 OneBox，只是在网页结果中嵌入其他资源的推荐链接，而 2008 年后的版本则可在一个页面中展示相关的各类资源。Google 的官方 Blog 透露的整合搜索系统的三个环节基本构建方式如下：

（1）原始数据源方面，Google 的多个垂直系统都基于不同的索引构建，而为了整合搜索，其在基础架构层次将各类索引融合为一个大的索引。

（2）搜索结果整合方面，由于很多如视频、文献等子系统并没有 PageRank 和词频两个核心排序特性，因此 Google 为各个记录建立了全新的“comparative ranking”（相对等级）评级，然后根据此评级选择数据源，并对相关检索结果进行排序。此外，由于部分资源，如专利库、一些文献库等是由第三方提供的，并没有融入其整合的大索引内，因此其在抽取这类资源库的部分记录后，与其他检索记录进行即时的动态排序。

（3）结果展示方面，其基于“The blending part”（混合组件）的用户界面，对结果进行展示，其主要是根据记录的类型和评级，选择具体的展示方式和排序方式，如有的视频资源可以展示截图，有的仅显示标题等。

（4）Google 也认为该整合搜索系统仍是非常初级的，如排序和显示仍然是线性的，并没有做到真正的融合，显示方式也非常单一。但其仍声称整合搜索将是未来搜索结果展示的主要方式，而语义搜索、个性化搜索等内容将是今后的研发重点。

3. 个性化搜索

个性化搜索主要是指按照用户个性化需求，将 Web 网络上获取的相关信息与用户检索的信息进行匹配，把相似度高的信息排列在前面供用户查询。具体地说，首先应该对用户的个性化特征进行识别，得到用户的个性化模式，然后利用已有的 Web 信息资源进行匹配，最后提供给用户满足其个性化需求的信息内容。个性化搜索引擎的基本类型有以下几种：

（1）基于主题爬虫的个性化搜索引擎。

在搜索引擎中，个性化信息采集主要依赖于主题爬虫实现的，主题爬虫建立在普通爬虫基础上，通过在网页的整个处理过程中增加模块实现个性化信息获取，这些主题模块包括主题确立模块、优化初始种子模块、主题相关度分析模块和排序模块。基于主题爬虫的个性化搜索引擎模型如图 1-5 所示。

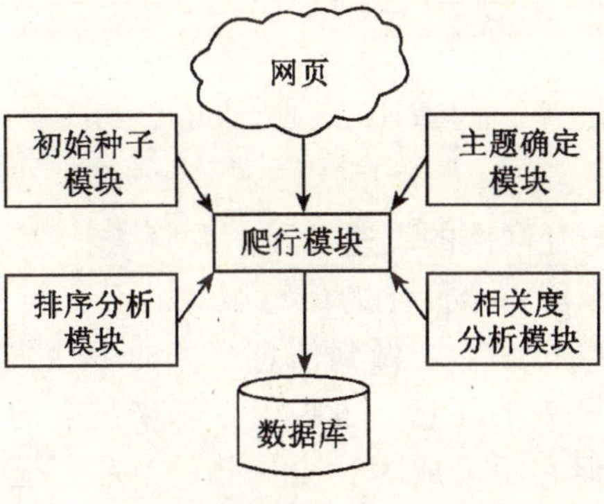

图 1-5　基于主题爬虫的个性化信息采集模型

（2）基于多元搜索引擎的个性化搜索引擎。

近年来，基于多元搜索引擎的个性化搜索引擎也逐渐出现。据统计，搜索引擎覆盖率的增长速度是远远小于 Web 网络资源的估算增长速度的。在 1999 年还没有一个搜索引擎能够覆盖 16% 以上的 Web 网页。由此可以看出，使用单一搜索引擎会导致较低的查询效果。为了解决这一问题，一些多元搜索引擎陆续出现，通过联合不同搜索引擎实现较高的网页覆盖率。为了提高返回结果的准确率，研究者提出了很多基于用户偏好信息的技术来改进这个状况。个性化多元搜索引擎模型如图 1-6 所示。

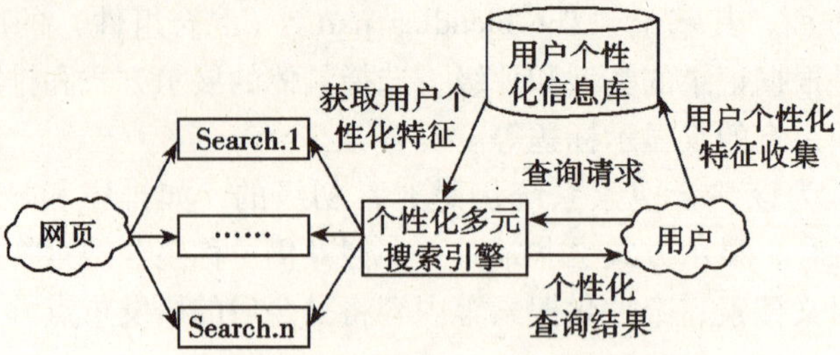

图 1-6 个性化多元搜索引擎模型

(3) 基于查询改进的个性化搜索引擎。

所谓基于查询改进，是指利用某种算法来动态调整用户的查询式，以期更为准确地获取到用户所需的个性化信息内容。基于查询改进的个性化搜索引擎模型如图 1-7 所示。

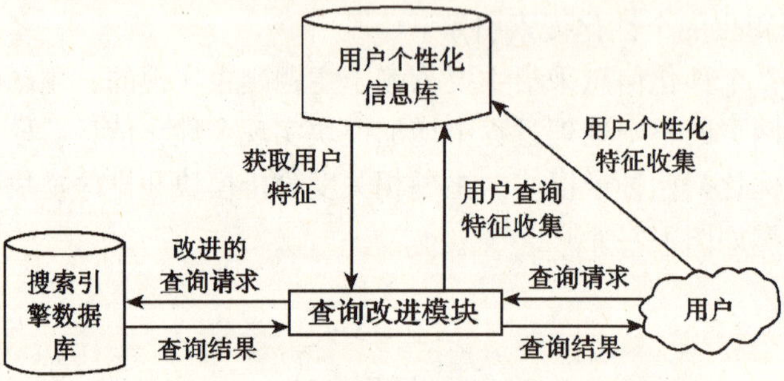

图 1-7 基于查询改进的个性化搜索引擎模型

随着信息科学的进步与互联网的飞速发展，人们越来越迫切需要一种个性化的现代检索工具。个性化的信息获取、个性化的信息服务的研究与 IT 技术的发展是密不可分的，只有应用最先进的信息技术才能做到信息服务的个性化。目前，中文个性化搜索引擎的开发已越来越引起国人的注意，也吸引了越来越多的有识之士加入其中，虽然现在已经有一定的基础，但它距离成为一个成熟的产品，道路还很漫长。搜索引擎的个性化服务使搜索引擎能够分析检索者的浏览行为来学习检索者的需求，利用搜索引擎的现有服务，有选择地为用户提供个性化服务，达到向用户推送他们真正感兴趣的信息。随着互联网的快速发展，单独的搜索引擎已无法解决用户快速获得信息的问题，人们需要有一种更有效地获取信息的方法。而现在，飞速发展的智能代理技术以一种完全不同的方式提供智能化的信息获取和处理手段，能够满足用户的个性化需求。因此，搜索引擎的发展应是在实现个性化的同时，向智能化服务的方向发展。个性化搜索引擎的研究和实现还存在以下问题：用户隐私的保护、用户模型的有效性以及个性化检索的实现。

4. 自然语言搜索

Web 搜索技术已经得到普及应用，但查全率和查准率仍然不能满足用户的需求。目前已有的搜索引擎大部分是基于关键字或者基于文本内容的检索，并不能充分表达语义信息。如何利用语义 Web 技术，将推理结合到检索过程中，从而提高当前的搜索效果；在语义 Web 环境下，如何高效地发现信息资源，实现新一代搜索引擎—自然语言搜索引擎，将是我们面临的新挑战。自然语言搜索技术可改善当前搜索引擎的搜索效果，包括查全率和查准率。作为未来语义 Web 的最主要应用之一，自然语言搜索将对人们的生活产生重大的影响。

多年来，研究者们不断尝试着将自然语言处理应用到信息检索中，希望能够帮助用户提供检索效果，降低检索难度。在自然语言检索工具中，用户不需要考虑选择什么关键词，在哪里作分隔，哪里作截断，而是完整的口语化的问句或短语。这看起来是更聪明的搜索工具。

（1）Ask（http：//www. ask. com），2005 年由 Ask Jeeves 改为现名。该系统为大型问题库，在欧洲许多国家以及日本等国都有同系列产品。此外还有专为儿童开发的 ask for Kids 和专为检索 Blog 等类型信息的 Bloglines 等。适合搜索常识性的问题的答案。

（2）AnswerBus（http：//www. answerbus. com）。这是一个自动问答式的系统（QA technology），可以接受英语、德语、法语、西班牙语、意大利语、葡萄牙语等多种语言的提问。相对于一般的搜索器（如百度，Google），该系统可接受用户的自然语言问题，并直接返回答案。该系统自 2001 年研究开发完成并开始在互联网上运行以来，每天都要自动答数千互联网用户的问题，现已成为互联网上重要的智能化搜索器，并在一定程度上应用于科学研究、文化娱乐等领域。目前，已有二十多所大学把该系统列入教学样本系统，并数次在国际学术会议上演示展览。以 TREC-8 评价标准的 200 个提问来衡量，该系统认为其回答问题的正确率达 70. 5%。

（3）Hakia（http：//hakia. com）。这是 2007 年才推出的一款被定义为基于语义的搜索引擎，鼓励会话类型的搜索，其检索键的名称就是“提问”（Ask），而不是“搜索”（Search）。该系统试图从人脑的认知技能的角度，而不是仅仅从搜索条件来匹配搜索结果，这是对传统索引方法的一种挑战。该系统会自动对搜索到的相关网页结果进行分类，在检索结果的页面，除了所有结果（All results）外，还有相应的结果分类，包括所输入检索要求的上位类，如输入“篮球”，系统会显示“体育运动”，另有“运动规则”、“历史”、“篮球运动员”、“统计信息”、“设备”、“新闻”、“采访”和“视频”等分类结果。

（4）PowerSet（http：//www. powerset. com）。与基于关键词搜索的传统搜索引擎不同，Powerset 尝试理篇句子的含义并进行匹配。在这一搜索引擎的检索框中，用户可以输入一个概念，也可以是一个短语或一个问句。在目前阶段，它只索引 Wikipedia 上的内容，可以就任何主题或领域，从 Wikipedia 的文章中抓取句子的含义。

5. 音乐搜索

众所周知，目前互联网上的音乐搜索服务从本质上来说只是一种文本搜索，是通过匹配歌曲、歌手名或歌词等关键字词而返回相关结果，包括 Google 音乐搜索、百度 MP3 搜索和搜狗 MP3 搜索都是这样的搜索方式。

真正的“音乐搜索”是可以通过音乐本身来搜索，也就是“用音乐搜索音乐”。我们经常会有这样的经历，某首歌只能记得很短的一段旋律，但是想不起来歌名，甚至连歌词都不太记得。在这样的情况下，怎样才能把歌曲找出来呢？这时，基于内容的音乐搜索就能派上用场了。

从根本上来说，基于内容的音乐搜索是通过语音识别的相关技术来实现的，我们可以称为音乐识别。与对人声的语音识别不一样的是，在音乐识别当中，核心的语音识别技术可以对语音内容给出有价值的信息，但是还有其他的音频数据需要处理。音乐搜索是以音乐为中心的搜索，因此可以利用音乐的音符和旋律等音乐特性来进行识别，然后再使用同样的特征在音乐数据库中进行搜索。音乐识别与通常的语音识别的迥异之处在于，音乐识别利用的是诸如节奏、音符、乐器等特征。节奏是可度量的节拍，是音乐中的一种周期特性和表示，而音乐的乐谱是典型的事件描述形式，如以起始时间、持续时间和一组声学参数来描述一个音乐事件。

从人耳听感上来说，对音乐的认知主要基于时间及频率两大因素。时间的分析基于振幅统计，分析的结果是现代音乐中的“拍子”。频率分析则获得音乐和声的基频，并将其作为搜索特征。对音乐的搜索主要分为三个步骤：首先对输入的音频进行处理，把音频文件分帧，对每帧进行离散傅立叶变换（DFT）或快速傅立叶变换（FFT），计算它的音频特征；然后对音频特征发生突然变化的地方进行自动分割，从音频文件中自动识别出语音、音乐、环境音响等，也可以从音乐文件中分割伴奏部分和演唱部分；最后是对音频文件的聚类和检索从音频文件中自动抽取的音频特征经过不同组合，形成特征向量来对音频文件进行标引，用各种算法计算音频文件之间的相似度，从而在音频特征向量空间里将特定的音频文件进行聚类。对音乐搜索，目前研究者们的主要研究方向集中在以下几个方面：

（1）集成的检索方法：把音频特征与视频搜索技术以及其他媒体特征相结合，以提高搜索的效率和能力；

（2）互联网上基于内容的音乐搜索：由于互联网的特性，互联网上的音乐搜索需要快速地对大规模音频库的浏览、搜索和连续音频内容的提交；

（3）长音频的浏览和搜索：结构化表示音频流，并设计出新形式的音频内容浏览界面，在时间轨迹上匹配一组特征；

（4）其他音频特征：继续研究有效的可区分性的听觉解析特征；

（5）用户的音频查询接口：让用户可以使用易用的接口来提交搜索，包括音频轨迹的可视表示、查询表达、交互和求精、结构化浏览等；

（6）音频索引：多维特征索引结构的建立，以满足大容量数据库和互联网搜索的要求。

目前互联网上已经有一定数量尝试性的音乐搜索引擎，这里介绍四个有代表性的搜索引擎：第一个是 Midomi，它的最大特点是允许用户对着电脑麦克风哼唱一小段旋律，然后根据这些声音把相关的歌曲找出来；第二个是 SongTapper，可以只敲打键盘上的空格键，把心中的歌曲的大概节奏敲出来便可以进行搜索，若敲击节奏的同时能唱一小段则可以更快地进行搜索；第三个是TuneSpotting，在这个音乐搜索引擎里，可以直接把准确音符写出来进行搜索；第四个是Musipedia，这是一个开放式的音乐百科，可以通过使用钢琴键盘弹奏旋律、哼唱歌曲、在键盘上敲打节奏或者直接输入准确的音符来搜索音乐。

6. 视频搜索

以前的互联网世界是静态的文字与图片的世界。而今，随着互联网网络和技术的快速改善，互联网动了起来，一跃发展为丰富的宽带多媒体时代，网络视频逐渐成为人们的主流需求，大量的视频分享、点播、直播、PZP网站纷纷迅速成长。如同文字信息的海量增长催生了文字类搜索引擎一样，视频内容的快速增加，也催生了视频搜索引擎这一新型的搜索服务形态。

视频搜索技术针对音视频这类非结构化数据，使用了自动数字化、语音识别、自动抽帧和内容自动关联等技术，真正做到了从内容上对视频进行搜索。可以设想，当IPTV和视频博客迅猛发展的时候，我们将面临的是成千上万个“频道”，如果在这些“频道”里找到想要的东西无异于“海底捞针”，仅仅靠翻阅肯定无法实现，必须借助视频搜索。随着行业细分，可以预见，视频搜索在未来将引发新一轮热潮。

（1）视频搜索的定义与分类。

视频搜索用于搜索网络上的视频文件。可搜索到flv、rmvb、rm、asx、wmv、mpg等各种视频播放格式的文件，以及压缩后的rar，zip等文件。文件涉及影视题材、音乐MV、新闻资讯、广告、DV作品、flash以及小视频等。

按照搜索的范围划分，搜索引擎可分为全网搜索和本站搜索。本站搜索主要指一些专业视频分享网站为网民提供本站内视频信息查找功能。而全网搜索主要指一些专业视频搜索引擎网站对互联网或多个分享视频网站数据源进行视频搜索查找服务。按照搜索技术划分，可以分为以下三类：第一类是基于视频文本信息的搜索技术，例如标题等；第二类是基于语音分析的搜索技术；第三类是视觉特征分析的搜索技术。也有专家将搜索技术分为基于视频文本信息的搜索技术和基于视频帧分析的搜索技术。

（2）国外视频搜索产业发展概况。

国外视频搜索起步较国内稍早一些，除Singingfish之外，Blinkx.com、Truveo、Searehforvideo等一批新兴搜索服务商，均是2004年和2005年新成立的公司。这些公司凭借独特的技术以及对市场的敏锐判断，领先于传统搜索巨头相继推出不同类型的视频搜索服务。尽管都被称为视频搜索引擎，但其搜索范围、服务定位、服务模式等都有非常大的区别。像Blinkx.tv，以电视内容处理与搜索为主，而Truveo是以网络视频抓取与搜索为主。从2005年下半年开始，由于YouTube和Myspaee在极短的时间里成为美国视频服务的主导者和领头羊，所以也有众多的网民直接到这些网站搜索视频。

（3）国内视频搜索产业发展概况。

根据iResearch艾瑞咨询推出的网民连续用户行为研究系统iUserTraeker数据显示，2007年11月，视频搜索服务月度覆盖人数达7734.2万人，比10月增长17.1%，2007年下半年始终保持高速增长趋势。2007年11月视频搜索服务用户中，7368.6万人为在线视频（包括视频分享、宽频影视和 PZP 流媒体）服务用户，占视频搜索服务用户的 95.3%，占在线视频服务 11 月用户总数的 67.75%，可见在线视频用户对视频搜索服务有迫切的需求，视频搜索市场尚有巨大的潜力有待挖掘。如图 1-8 所示，在 2007 年 11 月视频搜索服务的 4.68 亿访问次数中，81% 来自搜索引擎提供的视频搜索服务，仅有 19% 的访问次数来自视频网站提供的视频搜索服务。由此可见，目前视频网站的搜索技术尚不能满足用户对视频搜索的需求，用户不得不求助于专业搜索网站。视频搜索行业呈现了超强的发展势头，竞争变得越发激烈。

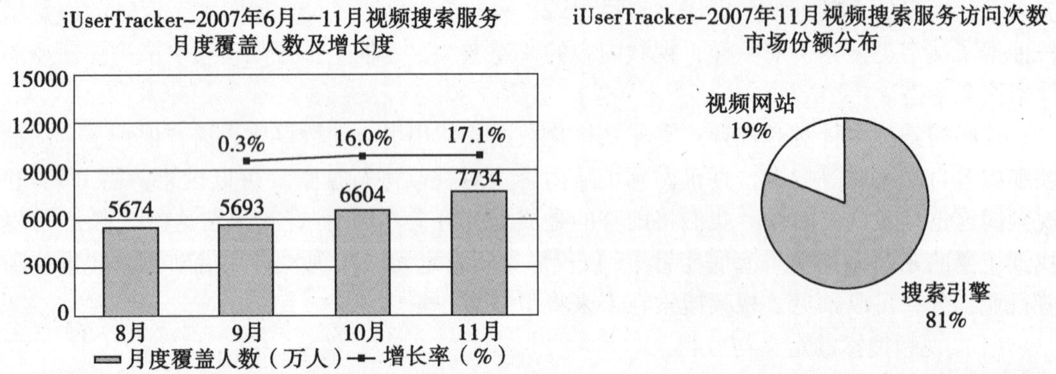

图(1)　200 7年6月—11月视频搜索服务月度覆盖人数及增长率　　图(2)　2007年11月视频搜索服务访问次数市场份额分布

图 1-8　2007 年国内视频搜索产业状况

（4）视频搜索产业链分析。

内容提供商、视频运营商、技术提供商、视频搜索运营商、终端用户等构成了网络搜索视频产业链雏形。内容提供商是指向视频运营商提供视频内容的企业（或个人），包括传统的电视台与影视制作公司、专业的视频制作公司；视频运营商即提供视频分享、点播、直播、PZP 等视频内容的网站；技术提供商指为视频搜索服务网站提供底层技术的公司；视频搜索运营商指以视频搜索门户的形式向用户提供视频搜索服务的网站；终端用户指的就是观看视频的网民。网络视频搜索行业的外围主体包括风险投资公司、广告商、技术/设备支持、政府监管部门等。

内容提供商在网络视频搜索行业中处于最上游，是视频行业能够正常运转的基础。内容提供商有以下几大来源：传统的电视台与影视公司、唱片公司，专业的视频制作公司或个人等；对视频分享类网站来说，网民原创也是其视频内容来源的重要途径。目前，一部分传统媒体内容提供商开始涉足网络视频平台的组建与运营，视频制作公司也开始进入视频点播领域，内容提供商和视频运营商一体化进程明显。

视频运营商是网络视频搜索行业的电子资料库。一方面，视频运营商聚合各类视频资源，来源主要包括传统电视台、影视公司，以及专业的视频制作公司或个人；一些视频运营商本身也进行网络视频作品的制作或加工。另一方面，视频运营商吸引了大量的视频用户资源，并培养了他们观看甚至上传分享网络视频的习惯。视频分享网站是与用户交互性最强的网络视频运营商，其特有的UGC（用户创造内容），也让一部分用户成为内容制作者。同时各视频运营商也开始提供功能丰富的站内搜索功能。技术提供商、视频搜索运营商是网络视频搜索行业的核心，目前视频搜索运营商及技术提供商的融合现象越来越明显，大多数视频搜索运营商都纷纷投入巨大精力研发搜索技术，而一些突出的技术提供商也开始投资创建视频搜索网站，直接面向网民提供视频搜索服务。目前各视频搜索运营商也开始允许客户上传原创信息，并直接和各大内容提供商合作。终端用户发送视频搜索请求，并浏览搜索结果，是视频搜索的最终使用者。

（5）国内目前主流的视频搜索运营商。

①第一类：搜索引擎巨头的视频细分服务网站。

谷歌 http：//video. google. cn/2007 年 9 月上线。没有任何一个词比“大气”更能形容谷歌视频搜索了，发布当天，便同时推出热门、幽默、娱乐、体育、音乐和动画六大栏目，并对当天 100 大视频进行排行。此外，包括 RSS 订阅等功能也体现出谷歌对用户应用的关注。令人惊奇的是，当我们测试搜索的视频站点被文本搜索收录情况的时候，发现谷歌文本搜索引擎对自己的视频搜索引擎毫不关注，反观其他引擎自己内容优先的情况就充分体现出了谷歌视频的宽广胸怀。百度 http：//video. baid. com/2007 年 2 月，百度视频搜索上线。百度视频是汇集了几十个在线视频分享网站的视频索引资源而建立。搜索内容的丰富性是其一大特色，当我们撇开这些热门，去寻找生僻的视频关键词，就更能领略到它挖掘深度和内容积累，同时，百度视频的专题也颇有特色，页面设计和应用体验也符合国人的应用习惯，充分体现了全球第一中文搜索引擎的实力。目前力推百度视频开放协议。

②第二类：专业视频搜索网站。

雷搜网 http：//：www. Leexoo. com/2007 年 8 月初推出测试版。曾经是北京力矩传媒科技有限公司旗下的专业视频搜索网站，是基于视觉特征分析技术的视频搜索引擎。Pepied（http：//www. Pepie. com/）2007 年 4 月正式上线，号称拥有全球最大的视频数据库及强大的视频帧搜索技术。

③第三类：门户类网站的视频搜索服务。

搜狗 http：//v. sogou. com/2007 年 7 月推出，搜狐网旗下的视频搜索引擎，推出视频开放协议。支持 Flash 视频搜索和在线观看。搜狗给人留下最为深刻的印象是技术的细致性，比如它的界面清晰、整洁。在结果中的二次搜索功能可以很方便地把搜索结果再次细分，搜狗的技术特点体现在了细微之处，可谓用心良苦。有道搜索 http：//video. youdao. com/2008 年 9 月推出，网易旗下的视频搜索引擎。收录了国内数十家视频网站的视频资源，提供视频预览、自动聚集识别等功能。搜搜 http：//video. 5050. com/腾讯旗下的视频搜索网站，目前搜索技术和搜索结果均采用和 OpenV 合作的方式。

（6）国内视频搜索服务行业目前的现状分析。

目前国内视频搜索服务行业呈现如下特点：

①不断提升自身技术研发水平或者寻找好的技术提供商，是当前各大视频搜索运营商的核心任务。“技术为王”是这个行业的特点。无论搜索引擎网站是什么背景，技术还是

最重要的，只有通过好的技术不断提高搜索结果的精确度，才能真正体现视频搜索的价值。

目前视频搜索的技术主要分为三类，第一类是基于传统的文本搜索，利用视频内容所有者提供的视频标题、简介、标签等文本信息来搜索视频，这也是目前大多数视频搜索引擎呈现给我们的形态。这种搜索方式只是简单地把传统的文本搜索搬到视频搜索中，而在视频分享网站上，大多数视频都是用户上传的，其描述并没有统一的标准，还有人会恶意地、不如实地描述内容，因此这种搜索方式的准确率不高，已被业界公认会被最终淘汰。

第二类视频搜索技术—语音分析。英国 Autonomy 公司是这一技术的代表，它的音频辨识模块可以将视频中的音频部分实时转换为可搜索的文字内容，并且同时辨别视频中的内容和屏幕上的文字与数字，支持英、法、中、意、俄等数十种语言。百度、OpenV 等采用的都是 Autonomy 的技术。音频分析最适合电视台的新闻播报类视频，播音员在安静的环境下用标准的语速和标准的普通话进行播报，但如果有非常嘈杂的背景音乐，音频分析也会束手无策。不过目前 Autonomy 作为全球最大的非结构化信息智能处理公司正在不断地提升自身技术，新推出的 AutonomyVirage 技术可以做到对视频内容所有的数字流、每一个帧、每一个画面进行提取、分析，Virage 采用了 vRs（VideoRanksystem），即对视频内容本身的元素及元素间的关联性进行排序。Virage 还提供热点排行、热点专题、搜索结果、内容筛选、编辑推荐、预览等个性化栏目。该公司技术的进一步拓展将为采用该技术的搜索引擎网站带来益处。

第三类视频搜索技术—视觉特征分析。视觉分析技术是视频搜索中最具挑战性的技术，将是未来搜索引擎竞争的重点。视频是由图片组成的，比方说一秒 25 帧，视觉特征分析会通过对每个图片帧的分析，达到对整段视频的分析。目前在视觉特征分析领域处于前列的是微软、Google。微软最擅长的是人面识别。几年前，微软亚洲研究院的视觉计算组就开始研究人脸识别技术，分析人脸模式的内在结构，并进行有效地建模。

微软建立了一个庞大的数据库，对一些人的面部特征进行采集，并建立索引，以便识别。Google 在去年 8 月收购了专攻图片识别的 NevenVision 公司，这家公司拥有与图像分析和面孔识别有关的专利技术。以图片识别为基础，视频识别也会有所突破。然而，现在的视觉特征分析技术仍然处于雏形阶段。随着这个核心技术和全球的相关技术水平的进步，视觉分析的精度会越来越高，能更好地满足用户的需求。

除在搜索技术领域提升以外，视频搜索运营商还与视频播放技术厂商合作，提升搜索内容质量。谷歌、雅虎将与 Adobe 公司合作，优化 flash 播放器技术，便于能够将真实的 flash 内容加入搜索引擎结果。flash 播放器将会被安装到谷歌、雅虎的服务器上以实时播放 flash 文件，这意味着终端用户将会获得更好的搜索结果。

②努力扩大用于搜索的海量视频数据库资源。从以往单纯的搜索视频分享网站的数据资源，到目前通过多种途径扩大视频搜索数据源。目前视频搜索引擎的搜索数据源主要有以下三种：

A. 采取兼并或者合作的方式，利用知名的视频分享、点播、直播、PZP 网站视频资源。例如 Google 兼并 YouTube，合并搜索优酷、土豆、56 等网站视频信息。大多数搜索网站并没有把视频文件抓取到自己网站上，只是抓取相关信息，建立索引，然后直接把搜索结果指向到视频网站。这种方式能够与视频网站同分流量共享收益，合作双方能够可持续性发展。至于该内容版权是否存在问题，视频搜索运营商通常无法判断，因而也无法设立过滤机制。但版权涉及的内容拥有者只要发现问题，可以向网站反映，在具有充分证据的情况下搜索引擎能帮助删除该视频搜索有问题的结果链接。

B. 与电视台和影视机构合作。将它们存放在库房中的影像资料数字化。将它们的海量视频内容变为可搜索，然后商业化，双方携手，合作共赢。天线视频 OpenV 在这一方面做得最为出色。它已经与中央电视台、北京电视台、湖南卫视、华娱卫视、上海文广集团、凤凰卫视等 30 多家国内主流电视台，累积超过 36 亿分钟的正版电视节目资源。

C. 网民上传原创的视频。目前多个视频搜索运营商都为网民开放了视频上传的功能，例如百度等，不过网民上传的原创视频也存在着版权难以保证，制作质量差等问题。

③百度、搜狗先后发布了《互联网视频开放协议》，让网站将发布的视频内容制作成规定的 XML 格式网页（独立于原有的视频发布形式），供搜索引擎索引，将网站发布的视频主动、及时地告知百度搜索引擎。这既能增大双方的流量，同时，统一的视频格式也意味着未来统一的视频广告标准，这也预示着想成为整个视频行业的广告分发平台的野心。

④针对国内庞大的手机用户群所蕴含的商机，各大视频搜索引擎开始对视频搜索服务进行细分，专门推出手机视频搜索服务。一方面帮助用户搜索适合在手机上播放的视频资源，另一方面提供手机上网搜索视频的功能。据海外媒体报道，谷歌中国已经在移动搜索服务里推出视频搜索服务，Google 旗下 YouTube 将向手机服务市场扩张，今后手机用户可用手机观看 YouTube 网站的所有视频内容。雷搜、PCPte 也在页面上设置专门用于手机视频搜索的选项。

⑤增加服务功能，利用提升用户体验吸引网民。目前各大视频搜索运营商纷纷推出以下功能，其中后三项主要出现在基于视频帧分析技术的视频搜索网站：基于视频文件专有属性的搜索，例如播放时长、格式等；搜索结果支持 rss 订阅；视频内容的评级和举报；部分视频内容具有缩略图功能；提供上传视频服务；搜索关键词排行榜；支持在结果中搜索功能；搜索结果支持视频片段预览；搜索结果提供按内容变换而截取的 7 个预览图片；搜索结果去除部分重复视频。

如今，不论是互联网巨头 Google、Yahoo、微软，还是在本土市场占得一席之地的 Baidu、iask，搜索引擎厂商已纷纷涉足视频搜索。与传统网页搜索不同，视频文件属于非结构化信息。目前市场上视频搜索技术中以文件名或标签进行搜索和通过视频内容进行搜索最为常见。

①通过文件名或标签进行搜索。现在，大多数网络搜索在查找多媒体文件时是通过视频文件的名字或其他标签，如视频文件的标题、作者、摘要、关键词等，然后提供链接使其他网站链接到该文件。

②通过视频内容进行搜索。该技术是对视频内容进行分析处理，转换成结构化信息进行标记。主要表现为通过对视频资料进行数字化处理，然后利用语音识别技术提取文件中有用的内容进行标记，最终通过检索展现给用户，并实现关键帧定位。

采用内容搜索方法，可通过判别相关度来对数据进行检索和筛选，根据用户输入的词、句子或段落，引擎通过模式识别或概念匹配的方式，找出在内容上最接近的搜索结果提供给用户，用户可以按相关度排序来找到自己满意的结果。这项技术可以避免许多单纯依赖关键字检索出现的错误查询结果，同时又能够查到那些可能不包含具体关键字但包含相关概念的文档。通过概念来检索的方法可以让用户发现一些事前他们不知道的信息。搜索技术的差异性将直接决定搜索的准确性和人工处理的成本，用户体验也会产生较大差异。

视频搜索技术形成热点的另一原因是它蕴含着巨大的广告商机，可以假设，在用户等待搜索结果下载的时间里，系统知道它正在搜索的词，然后就向他播放和这个词相关的广告，其针对性比电视里的铺天盖地的广告更强。对于电视台来说，视频搜索技术还利于对视频广告的投放效果进行跟踪，从而进一步衍生出各种形式的新广告业务。目前在音频视频领域，虽然还没有像 Google 和 Yahoo 这样的搜索引擎霸主出现，也没有建立像 TVGuide. com 那样值得关注的节目指南，但越来越多的竞争者已经加入进来，试图在视频领域内瓜分份额巨大的互联网广告收入。

7. 桌面自动搜索

桌面搜索引擎也称为个人桌面引擎或个人硬盘搜索引擎，是对个人电脑上存储的信息进行查找的检索工具。随着互联网的普及，网络搜索引擎对人们的生活产生了巨大的影响。同时，现在个人电脑的硬盘容量越来越大，已经达到 TB，硬盘里包含的文档、电子邮件、保存的网页、PDF 文档、CHM 文件、HLP 文件等的数量都非常大，在如此多的文件中查找某个文件变得非常困难，因此能够准确快速的查找到需要的信息成为现在电脑用户的一个重要要求。

桌面搜索与网络搜索不同，首先从技术上看，只有桌面搜索才算是全方位的搜索。它方便快捷，不用登录网络，就能找到用户要查找的内容。它将搜索业务深入到个人电脑中，除了能找到用户所需要的网络信息之外，还可以帮助用户从个人电脑的海量资料中快速地查找到想要的信息，包括文件、电子邮件、即时通信信息以及网页浏览历史记录等。其次，由于在电脑硬盘上的文档之间几乎没有什么联系，因此关于网页排名的算法不适用于桌面搜索引擎，所以对桌面搜索的结果进行排序就不太重要。最后从市场发展来看，桌面搜索市场的发展潜力最大。尽管搜索市场竞争非常激烈，但桌面搜索市场的增长潜力被普遍看好。有关市场研究数据显示：中国的搜索引擎市场 2003 年达到了 5. 2 亿元人民币，比 2002 年的 2. 3 亿元一年增长了 127%，2004 年中国搜索引擎市场达 8. 8 亿元，2006 年达 24 亿元。而全球搜索引擎产业，在 2011 年达到 70 亿美元。事实上，各大搜索公司近年来的业绩都在高速提高，各大搜索引擎厂商纷纷推出了自己的桌面搜索引擎。

现在桌面搜索引擎的开发已经成为互联网领域的最大亮点，也为搜索领域带来了新的发展机会，随着众多厂商的加盟。桌面搜索引擎的竞争日趋激烈。目前最流行的桌面搜索引擎有以下几款：Google Desktop Search，百度硬盘搜索，网络猪，微软桌面搜索。

（1）Google Desktop Search。

2004 年 10 月 5 日，Google 发布了自己的桌面搜索工具：Google Desktop Search，简称为 GDS，这是一款强大的计算机硬盘搜索工具。目前的最新版本是 5. 7. 0802. 22438，使用的系统环境为 windows Vista/XP/2000 SP3+，另外 GDS 也有 Linux 版和 Mac 版。GDS 的特点主要有：

①GDS 会自动保留即时通信的谈话记录，还能复制历史记录，通过 GDS 可以查找自己的电子邮件、媒体文件、网页历史记录、文档、Gmail 等内容；

②拥有先进的搜索技术；

③不用上网就可以查看浏览过的网页；

④可以直接通过桌面栏进行搜索；

⑤通过快速查找项启动应用程序并立即开始搜索，还可以补充工具栏，将个性化信息集中放置；

⑥可以通过开发人员编写的插件补充工具栏。

（2）百度硬盘搜索。

百度硬盘搜索是世界上第一款中英文桌面搜索工具。它可以在电脑中快速地查找信息；还可根据文件的类型和属性信息，自动生成目录。百度硬盘搜索目前的版本：2.7，大小：1.93MB。

百度硬盘搜索的功能特点主要有以下几点：

①可以通过添加高级搜索，使查找的结果更准确；

②可以支持语法搜索；

③可以给搜索结果页面增加细分目录，进一步缩小搜索范围；

④增加了很多小功能，方便实用：

⑤可以支持 Office2007 文件格式；

⑥优化了搜索性能，减小了安装文件的体积；

⑦可以支持很多浏览器。

（3）网络猪。

2004 年 2 月，中国搜索推出了一款桌面搜索产品：网络猪。网络猪是一款基于搜索引擎并能整合多项功能（如：MP3 点歌、视频点播下载电影、聊天、短信、天气预报、定制最新新闻等）的桌面软件。它不需要打开 IE，只要输入关键词，就可以在桌面上实现搜索。网络猪的搜索框可以进行网页、新闻、网站、行业、图片、MP3、论坛、词典、下载等 9 项搜索。

网络猪的主要功能特点如下：

①越过传统的搜索模式，可以实现划词搜索；

②可以订制专题新闻，设置自己的新闻中心；

③设有 MP3 点歌台，可以通过笔画、字数和拼音多方位搜索自己喜欢的音乐；

④设有办公小秘书，为用户提供日程提醒、即时贴、常用软件快捷方式等服务；

⑤集合型聊天工具，可以将 QQ、MSN 和网络猪的即时通讯一起应用；

⑥设有天气预报功能。

（4）微软桌面搜索。

2004 年 12 月微软 MSN 推出了桌面搜索软件的测试版。这个 MSN 搜索工具的主要功能是快速搜索计算机硬盘的文件，Windows 的桌面搜索集成在 MSN Toolbar 里。2008 年 6

月，微软推出了其桌面搜索工具 Windows Search 4.0 的最终正式版，此版本支持多种操作系统和包括简体中文在内的多国语言。Windows Search4.0 可以即时搜索整台电脑，查找文档、电子邮件、音乐、照片、视频等各种内容。

微软桌面搜索的主要功能特点为：

①拥有桌面、浏览器、资源管理器三种搜索工具栏，可以在这些工具栏中直接输入文字搜索；

②可以搜索在系统中已注册的所有文件类型，也可手动添加未知的文件类型；

③可以通过选项卡式浏览提高网页浏览效率；

④设有弹出窗口阻止程序可以有效的阻止弹出窗口；

⑤可以在搜索结果页中突出显示搜索的文字；

⑥可将搜索结果与系统操作高度集成，可直接对搜索结果进行系统右键菜单操作，比如重命名、复制和删除等，支持批量操作，处理搜索结果相当方便。

8. 社会化搜索

2004 年，startup Eurekster 公司首次向市场推出了社会化搜索。自此，好几个其他大型公司，包括 Jeteye Technologies 公司和 Kaboodle 公司基于这个普通理念以不同的技术加入到社会化搜索行列。近几年国内不少搜索企业也纷纷加入这一行业，目前国内在这方面做的比较成功的有 deyeb 搜索引擎，deyeb 搜索引擎荣获了 2006 年中国互联网最具潜力项目奖，Bbmao 社会化搜索引擎则是 MySpace 网站创始人格林斯潘第一个投资的中国公司，并被美国著名风险投资杂志 Red Herring 评为 2006 亚洲百强互联网企业之一。

（1）社会化搜索的原型系统。

当前的社会化搜索模型分为两类，一类是国内的，另一类是国外的。这两种类型有着明显的不同。从图 1-9 可以看出，国内的社会化搜索是由元搜索引擎和用户知识库组成，元搜索引擎负责为用户提供网页检索。用户知识库负责将社区里的资料收集整理然后形成一个有序的百科知识库。当用户查询时，它可以选择网页查询或是信息查询。当用户选择网页查询时，系统首先将用户查询要求提交给元搜索引擎，元搜索引擎通过查询它所连接的其他搜索引擎找到用户要找的网页然后按照聚类算法对搜索的结果进行排名，将系统认为用户最需要的网页排在前面；如果用户选择的是信息查询，系统将直接搜索用户知识库

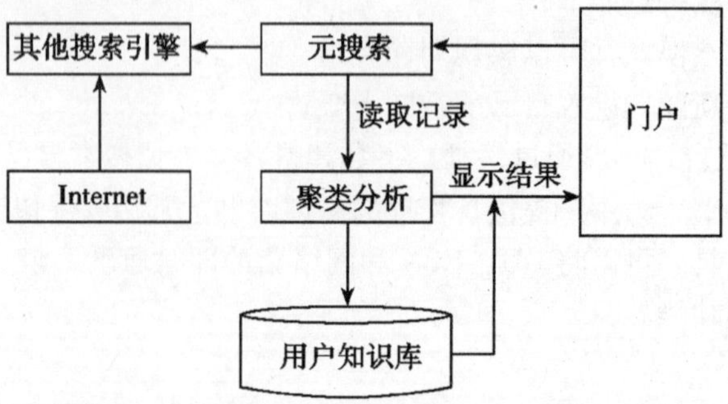

图 1-9 国内社会化搜索系统的体系结构图

并将应得结果返回给用户，国内的搜索公司选择元搜索引擎作为自己的网页查询工具实属无奈，这些公司规模都比较小、资金不充裕，如果单独建立一个网页数据库，资金的投入是一个不少的数目。选择元搜索引擎可以不用建立自己的网页数据库。只要征得几个大的搜索公司的同意就可以将自己的元搜索引擎与它们的搜索引擎进行接口然后进行网页检索。这样就可以节省一大笔资金。而国外的搜索公司（如雅虎）规模都比较大，它们拥有自己的网页数据库，它们完全可以依靠自己的网页数据库来完成用户的网页查询要求。

从图 1-10 可以看出除了用户网页检索有所不同外，国内外的社会化搜索的系统原型大体都一样。社会化搜索之所以能够实现社会化的搜索原因在于用户可以将自己认为好的网页推荐给他人或与他人共享。此外，社会化搜索公司还为用户提供了社区这一网络模式，用户注册为社区成员后可以在社区发布自己需要解答的信息，也可以为他人解答问题。社会化搜索公司将从社区中收集到的信息分门别类后存放到用户知识库中供用户检索。

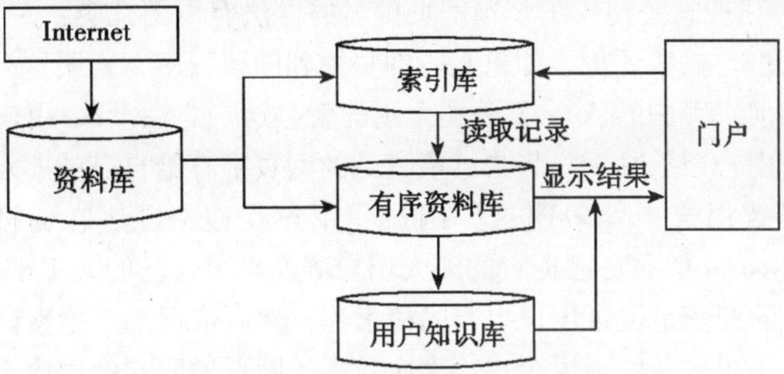

图 1-10 国外社会化搜索系统的体系结构图

（2）社会化搜索的特点。

①知识共享。

社会化搜索是依靠“集体智慧”打造的搜索，因此社会化搜索必须倡导用户之间的信息共享。而社会化搜索引擎与普通搜索引擎的最大不同之处在于你可以把自己的搜索结果、自己拥有的知识等与他人共享或者帮助他人解决问题，因此社会化搜索引擎具有让用户将自己的知识与他人共享的功能。例如百度贴吧就是这一功能的典型表现。在百度贴吧里你只要提交自己的问题就会有网友回答你的问题，而且你还可以对其提问进行打分以表明你对这个问题回答的满意度。用户的收藏功能就是社会化搜索非常重要的组成部分。用户可以将自己在浏览网页时发现的一些好的 Web、bookmark、tag、shafe 收藏在自己的主页并将这些推荐给他人或与他人共享，社区则是社会化搜索另一个非常重要的组成部分，在这里用户可以将自己了解的信息发布，也可以向其他用户寻求帮助，用户留在社区的这些信息将成为社会化搜索的知识库，用户既可以通过社区查找自己所需的信息，也可以通过搜索引擎查找。

②搜索的人性化。

社会化搜索倡导人性化的搜索，用户面对的不再是一个一成不变的搜索界面。用户可以按照自己的意愿打造自己的搜索界面甚至搜索兴趣，例如社会化搜索 deyeb 就可以让用户自定义自己的搜索界面，deyeb 中拥有很多的搜索界面用户可以从中挑选一个界面作为自己的搜索界面也可以自己制作搜索界面，然后上传到 deyeb 作为自己的搜索界面也在普通的搜索引擎中，用户只能被动地去适应搜索引擎，因为用户提供的搜索关键字很短，搜索引擎只能靠计算机运算法则去推测用户的意图。而社会化搜索是基于用户提供的收藏，其他用户对同一关键字搜索结果的补充恰恰可能也是该搜索用户的补充，搜索引擎就有可能将该结果优先提供给用户。

③用户影响网页排名。

传统的搜索引擎是依靠某种网页排序算法来决定网页排名，而社会化搜索的网页排名不再单纯的依靠某一算法来决定排名；它的排名除了网页排名算法外还与用户对某一网页感兴趣的程度有关，如果某一网页被多数用户推荐或者收藏，说明该网页的内容比较吸引人，那么它的排名就应该比较靠前。与单纯的依靠某一算法决定网页排名相比，社会化搜索的网页排名更能体现用户的兴趣取向，它的排名更贴近实际，同时也去除了网页排序中大量的 spam。社会化搜索公司人工干预网页排名的方法有以下几类：A. 用户投票用户对自己查询到的网页进行投票评价，如果某一网页得到的票数多，表明这一网页受用户欢迎那么它的排名就靠前。美国的 An∞ X 公司采用的就是这一方法。B. 用户推荐这一方法类似于用户投票，雅虎公司鼓励用户将自己检索到的网页推荐给自己的朋友或其他用户，如果某一网页被大多数用户推荐表明这一网页受用户欢迎。自然它的排序也应该上升。C. 用户检索记录 Google 依靠自己拥有的庞大用户群推出了自己的人工干预网页排名算法。Google 的这一算法的精髓是记录用户提交的检索词，然后依据某一检索词检索次数的多少来向用户推荐检索结果。一般来说用户检索次数多的网页说明它的内容吸引人。用户选择它的可能性就比较大。D. 用户收藏一些搜索公司根据用户对某一网页的收藏次数来决定它的排名。如果某一网页被大多数人收藏，则表明它的内容很吸引人，自然它的排名也就靠前。

④提供全面和精确的搜索。

社会化搜索倡导的是全民搜索，它的数据库中拥有用户提供的各类信息。相较于机器而言，用户提供的信息更丰富、更全面。用户可以在社会化搜索引擎中找到自己所需的信息，而这些信息在普通搜索中是难以找到的。例如你可以在社会化搜索引擎中找到如下信息：某某商店的服装折扣是多少，“五一”民航飞机是否会涨价等信息。与此同时社会化搜索引擎由纯机器时代进化到了机器与人工智能同时参与的时代，它集合了全人类的智慧，所以说社会化搜索引擎比普通搜索引擎搜索结果更精确、更全面。

9. 垂直搜索

早在 2006 年 7 月，中国互联网络信息中心（CNNIC）在北京发布《第十八次中国互联网络发展状况统计报告》，调查结果显示，浏览新闻、搜索引擎、收发邮件是网民经常使用的三大网络服务，三者的选择比例分别为浏览新闻 66.3%，搜索引擎 66.3%，收发邮件 64.2%，这三大网络服务的选择比例领先其后的第二阵营 20 个百分点以上。该中心 2006 年 9 月份发布了 2006 年中国搜索引擎市场调查报告，报告显示搜索引擎用户对搜索引擎的依赖性很高，每次上网都要用到多次搜索的比例达 44.2%，接近一半。搜索引擎服务能成为最受欢迎的服务是因为它解决了用户在浩瀚的互联网海量信息中快速定位信息的瓶颈问题。但是，时至今日，互联网的信息量呈爆炸趋势增长，几年前全球式搜索引擎收录的网页量只有几千万页，而现在已经达到几十亿页。数量增加一方面带来的是搜索服务的火热，而另一方面，也使传统的综合性搜索，如百度和 Google 的品质下降，搜索引擎在搜集网络信息上远赶不上网络信息的增长速度，同时查询的结果集是海量的，经常是几十万笔的资料，看上去很好，想找到合适的结果，却比较难，搜索结果里存在大量的重复信息和垃圾信息，用户很难在短时间内准确地筛选出需要的内容。“专、精、深”，且具有行业色彩，相比较通用搜索引擎的海量信息无序化，垂直搜索引擎则显得更加专注、具体和深入。

垂直搜索，就是针对专业特定的领域或行业的内容进行专业和深入的分析挖掘，精细分类，过滤筛选，信息定位更精准的专业搜索。所谓专业搜索引擎就是以构筑某一专题或学科领域的 Internet 网络信息资源库为目标，智能地在互联网上搜集符合这一专题或领域需要的信息资源，能够为包括学科信息门户、专业信息机构、特定行业领域、公司信息中心、行业专家等在内的信息用户，提供整套的网络信息资源开发方案。

10. 跨语言搜索

跨语言信息检索系指用户以一种语言（通常是自己的母语）提问，检出另一种或几种语言描述的信息资源的检索技术和方法。这也是当今网络信息检索系统研究的重点之一。国外多数主流的搜索引擎一般具有跨语言搜索的功能，如 Google、Yahoo、Ask 等。另外，对检索结果的翻译功能是跨语言信息检索技术的一个有机组成部分，是检验跨语言信息检索技术是否成熟以及是否具有实用性的重要指标。国外搜索引擎中也只是其中一部分才具有翻译功能。也有些在跨语言信息检索方面做得比较好的搜索引擎，如由荷兰 Surfboard Holding BV 公司所拥有的元搜索引擎 ixquick（http：//www. ixquick. com）就可以在英语、德语、法语、西班牙语、日语、韩语、汉语简体、汉语繁体等十余种语言间跨语言检索。

1.4.4 其他分类

除上几类搜索类型外，还有以下几种非主流形式：集合式搜索引擎、门户搜索引擎：如 AOL Search、MSN Search 等、免费链接列表（Free For All Links，简称 FFA）等。

1.5 小 结

随着互联网的普及，人们对各种类型信息的需求越来越大，对互联网信息的搜索的及时性、准确性等有了更高的要求，为了满足这一需求，搜索引擎在不断发展，搜索引擎的功能也在不断的强大和完善，出现了满足信息检索需求的各种类型的搜索引擎。本章主要讲述介绍了搜索引擎的发展历程，并对按照多种方式对搜索引擎进行分类。

THE FUTURE OF MEDIA SERIES

2 最大中文搜索引擎——百度

- 百度功能服务
  - 百度搜索服务
    - 百度网页搜索
    - 百度图片搜索
    - 百度视频搜索
    - 百度新闻
    - 百度 MP3
    - 百度搜索其他产品
  - 百度导航服务
    - 百度网站导航
    - 百度团购
  - 百度社区服务
    - 百度贴吧
    - 百度知道
    - 百度文库
    - 百度百科
    - 百度空间
    - 百度社区服务其他产品
  - 百度游戏娱乐
    - 百度应用
    - 百度 Ting!
    - 百度游戏
  - 百度移动服务
    - 百度数据研究中心
    - 百度风云榜
    - 搜索开发平台
    - 站长平台
    - 百度联盟
    - 百度推广
    - 广告管家
    - 百度指数
    - 百度应用开发平台
  - 百度软件工具
    - 百度软件简介
    - 百度软件工具介绍
  - 百度其他服务
    - 百度翻译
    - 百度寻人
    - 百度公益
    - 百度基金会
    - 百度盲道
    - 老年搜索
    - 专利搜索
    - 百付宝
    - 百度乐居

图 2-1　百度网站功能图

2.1 百度简介

按照国际排名，百度目前是中国最大的搜索网站。其目前的 CEO 是李彦宏，山西阳泉人，1991 年毕业于北京大学信息管理专业，随后赴美国布法罗纽约州立大学攻读计算机科学。2012 年 3 月 8 日，李彦宏蝉联福布斯内地首富。百度总部位于中国北京。百度首页地址是：http：//www. baidu. com/，如图 2-2 所示。

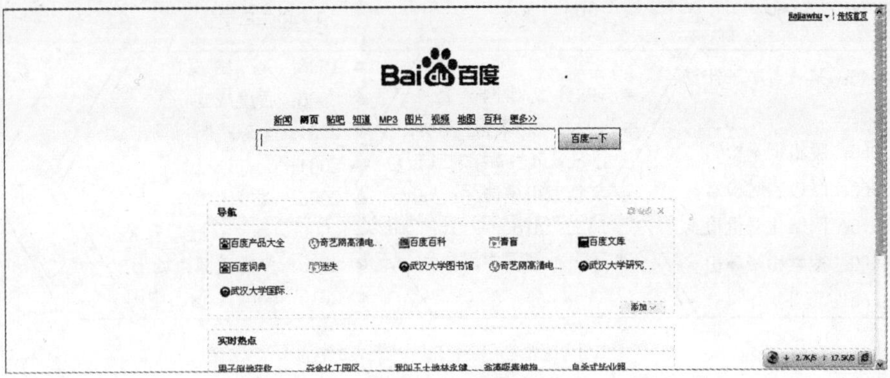

图 2-2 百度首页

“百度”二字源于中国宋朝词人辛弃疾的《青玉案 · 元夕》词句“众里寻他千百度”，象征着百度对中文信息检索技术的执著追求。而百度的“熊掌”图标的想法来源于“猎人巡迹熊爪”的刺激，与李彦宏的“分析搜索技术”非常相似，从而构成百度的搜索概念，也最终成为百度的图标形象。

2000 年 1 月 1 日，公司创始人李彦宏、徐勇携 120 万美元风险投资，从美国硅谷回国，创建了百度公司。创立之初，百度就将自己的目标定位于打造中国人自己的中文搜索引擎。2000 年 5 月，百度首次为门户网站——硅谷动力提供搜索技术服务，之后迅速占领中国搜索引擎市场，成为最主要的搜索技术提供商。2001 年 8 月，发布 Baidu. com 搜索引擎 Beta 版，从后台服务转向独立提供搜索服务，并且在中国首创了竞价排名商业模式，2001 年 10 月 22 日正式发布 Baidu 搜索引擎。2005 年 8 月 5 日，百度在美国纳斯达克上市，成为 2005 年全球资本市场上最为引人注目的上市公司，百度由此进入一个崭新的发展阶段。

2.2 百度与传媒

当世界范围内的搜索引擎市场进入垄断竞争阶段的时候，中国的搜索引擎市场还处于起萌期。

根据搜索引擎作为技术工具的发展历程，从市场的角度，可以把搜索引擎的发展分为三个时期：起萌期，自由竞争期，垄断竞争期。划分时期是依据产业生命周期，依据产业生命周期，搜索引擎发展至今可分为起萌期和成长期，依据市场结构类型划分，又将成长期可分为自由竞争时期和垄断竞争时期。一般认为，搜索引擎诞生于20世纪90年代初的万维网环境中的信息检索系统，笔者认为，深刻理解搜索引擎的媒体化发展脉络，有必要追溯到更早时期，以电子计算机应用于信息检索为起点，从整个电子信息检索的发展轨迹角度来考察。图2-3为搜索引擎发展历程图。

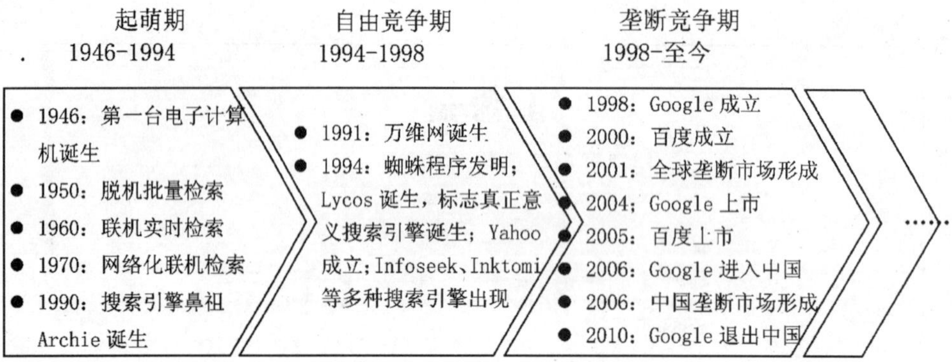

图2-3 搜索引擎发展历程图

以20世纪40年代电子计算机的发明为起点，到1994年的万维网的出现这段时期定义为搜索引擎发展的起萌期。在这个时期，从功能实现的角度，计算机检索系统就是搜索引擎，搜索引擎就是一种信息检索工具。同时须关注的是，在这个时期，信息检索的应用部门主要是情报机构和图书馆，服务对象是从事军事、科研、教育的大型企业、社会机构和政府，信息检索服务并没有进入大众的日常生活，服务性质主要是非盈利性的，换言之，运作信息检索（搜索引擎）的媒介组织是公共服务部门，搜索引擎的本源是一项基于电子信息检索技术的公共服务。

以万维网的出现为开端，到1998年搜索引擎Google的诞生前这一时期定义为搜索引擎发展的自由竞争时期。搜索引擎的技术在此期间得到迅速进步，从目录式搜索引擎，到全文搜索引擎，快速实现了搜索引擎在技术上的一个质的飞跃。各个公司及科研机构都专注于搜索技术的研发，试图去了解用户的需求，努力提供大范围、更新、迅速的精准信息，搜索引擎作为一种工具不断的智能化、个性化；同时在搜索引擎市场方面也表现出群雄纷争的局面，Yahoo、Lycos、Infoseek、Altavista、Inktomi、HotBot、Northernlight、AllTheWeb等搜索引擎均是这个时代的佼佼者。自由竞争时期的搜索引擎，还表现出与不同于第一时期的发展态势，即出现了由公共服务性质转变为商用性质的特点。当时有名的搜索引擎Infoseek在1994年就提出要创造搜索引擎的商业价值，让用户付费使用全文信息的查找服务。这一时期，搜索引擎更多关注的是技术的创新和突破，深深的打着技术发展的烙印。技术的飞速进步，为搜索引擎带来了广阔的发展空间。

以1998年Google成立为标志，定义搜索引擎发展在世界范围内进入垄断竞争时期。

Google 的发展将在下一篇章专门介绍。在世界范围内搜索引擎已经进入垄断竞争时期，而中国的搜索引擎发展才刚起步。20 世纪 70—80 年代，第一个中文输入法“五笔字型”诞生，使中文计算机键盘输入成为可能；1998 年，第一个中文网站“搜狐”诞生，而搜狐正是应当时如火如荼的世界搜索引擎市场而生，后来发展成为综合性门户网站；2000 年 1 月，专业搜索引擎服务提供商百度创立。

成立当年，百度就以绝对领先的技术和专业的服务，为搜狐、新浪、263 在线、TOM. COM 等门户网站提供全面的搜索业务支撑，在中文搜索引擎市场上开始形成垄断优势。2001 年，百度实施转型，正式发布 Baidu 门户搜索网站，从幕后走向前台，收录中文网页超过 9000 万，建立起最大的中文数据库；同时，建立起自己的商业模式，即竞价排名业务，进一步巩固了其中文搜索引擎市场的垄断地位。竞价排名也是一种广告服务模式，仿效美国搜索引擎 overture，基本特点是按点击付费，广告出现在搜索结果中，一般是靠前的位置，如果没有被用户点击，则不收取广告费。在同一关键词的广告中，支付每次点击价格最高的广告排列在第一位，下面其他位置同样按照广告主自己设定的广告点击价格高低来决定。广告收入作为百度除资本收益外唯一的主要收益来源，同样成为维持搜索引擎运作的主要动力之一。从此，中文搜索进入了百度时代。

百度垄断地位的形成，标志着中国的搜索引擎市场实现了从起萌期到垄断竞争时期的跨越式发展。2003 年 6 月，美国第三方权威统计机构 Alexa 统计，百度在最受欢迎的中文网站中位居第四，成为全球最大的中文搜索引擎。2005 年 8 月，百度在美国纳斯达克交易所上市，上市首日股价上涨 354%，创下了美国股市 200 多年历史中，外国企业上市首日涨幅纪录。此后，百度一路高歌猛进，CNNIC（中国互联网络信息中心）发布的 2006 年中国搜索引擎市场调查报告中数据显示，百度中文搜索市场份额达到 61. 9%，标志着中文搜索市场进入到寡头垄断时期。这一年，全球最大搜索引擎 Google 宣布正式进入中国市场，占得中文搜索市场份额的 24. 1%，百度与 Google 一起占据了整个中文搜索市场的 86%。由百度和 Google 构成的双寡头垄断市场格局就此形成。表 2-1 为 2006—2012 年中文搜索市场份额统计表，2009 年 8 月，根据美国市场调研机构 Comscore 公布的全球搜索引擎市场份额调查报告显示，百度以 6. 9% 的市场份额首次超过 Yahoo，跃升为全球第二大搜索引擎；同时，也以绝对的优势垄断控制了整个中文搜索市场。

表 2-1　**百度 2008—2012 年中文搜索市场份额对比统计表**

年份	中文搜索市场份额（%）		
	百度	Google	其他
2006 年	61. 9	24. 1	14. 0
2007 年	69. 5	23. 0	7. 5
2008 年	65. 8	22. 0	12. 2
2009 年	69. 9	19. 8	10. 3
2010 年	73. 0	21. 6	5. 4
2011 年	80. 1	8. 2	11. 7
2012 年	72. 8	4. 8	22. 4

百度目前基于互联网信息搜索平台，共开发拥有 8 大类、64 种产品。笔者从媒介经营的角度，把百度媒体平台的信息产品创造分为两类分析：基于核心技术优势的信息产品创造，基于合作机制的信息产品创造。

基于核心技术优势的信息产品创造，体现在于网络信息资源的整合与挖掘，根据网络信息整合与挖掘机制的不同，又可分为两类信息产品，"百度知识搜索体系" 就是其中一类的代表作。这个产品通过 "百度贴吧"、"百度知道"、"百度百科" 三位一体的服务，为受众提供创造性平台，分享自己的智慧，将头脑中的隐性知识重新组织，并纳入搜索机制。这样，百度不仅通过一个搜索界面帮助受众寻找信息，而且也在不断完善和补充互联网上面的信息，方便受众的寻找。具体来说，就是 "百度贴吧" 通过同一关键词搜索聚合有着共同兴趣的受众，建立在线交流平台，实现了将存在于人大脑中还没体现在互联网上的隐性信息挖掘出来，建成全球最大的中文网络社区，百度贴吧也成为很好的内容平台。"百度知道" 是对百度搜索引擎功能的一种补充，让受众头脑中的隐性知识变成显性知识，通过对反馈信息的组织与整合，形成新的信息库，供受众进一步搜索和利用。"百度百科" 是一部由网民共同编写和维护的开放的网络百科全书，每一个人都可以自由访问并参与撰写和编辑，分享及奉献自己所知的知识，共同编写一部完整的百科全书，使其不断更新完善。而另一类信息产品，则是纯粹利用自身数据库所控制的信息而创造的信息产品，包括数据研究中心、风云榜与百度指数。这类产品的特点在于对基于关键词信息数据的深度挖掘和分析，它在创造着呈现某种客观存在事实，试图引导人们的思维与想法，从这个意义上讲，这一类信息产品创造是媒体特性的极致演绎。

基于合作机制的信息产品创造，体现在于对其他相关资源的整合与挖掘。2007 年百度获得了新闻牌照，并选择了以 "财经频道" 作为试点，正式开发具有传统媒体意义上的信息产品。然而运营不到一年，百度调整战略，与财经门户和讯网合作，共同推出百度-和讯财经网；无独有偶，百度影视频道与网络电视运营平台联合网视合作，共同打造中国最大的正版视频免费下载基地。百度将财经、影视频道外包以节省非核心业务运营成本，专注于自己的核心竞优势，即搜索技术，提升产品利润率。这有助于加强其对网络信息流的控制。当然，也说明了搜索引擎的本源是技术和渠道，不擅长运营提供内容的业务，体现了搜索引擎与传统意义媒体的最大区别。另外，百度在外包业务的同时，积极寻找优势传统媒体资源，拓展信息产品创造渠道。2009 年 7 月，百度与 Discovery 亚太电视网合作，共建及运营 Discovery 频道中文网站。双方分工：百度负责网站的建设、运营和管理及更新，Discovery 频道负责提供内容，包括为中国市场定制的内容和翻译的内容。百度此举不仅获得了 Discovery 频道独一无二的内容优势，而且为其自主的社区类信息产品提供了内容支持与渠道推广。

作为网络媒体的百度，除了借助互联网平台实现了产品创造的无限延展性，更为以门户网站为代表的网络媒体侧目的是，百度凭借搜索引擎平台对信息流控制的天然优势，首先解决了盈利这个其他网络媒体颇为头疼的问题。搜索引擎的一般工作原理可以简述为：从互联网抓取网页→建立索引数据库→在数据库中搜索排序→呈现给客户端。根据以上的搜索引擎技术原理链路，本文将百度对信息流的控制从信息属性的角度分为两类：客观信息流控制与主观信息流控制。简单的分析，客观信息流控制就是对所存在的信息进行控制，这里既包括客观事实信息，也包括网络舆情信息，对客观信息流的控制往往影响到搜索引擎作为媒体的公信力；而主观信息流控制，就是通过网页检索服务，即对客观信息流控制，运用具有人工智能及自动学习的机制，获取用户“欲望”与“问题”，用户规模越多，搜索引擎获取的用户“欲望”与“问题”也越多，由此来识别和掌握用户的意图和需求。于是，用户搜索关键词的行为基本上成为反映用户潜在需求的信号，在此基础上匹配与之相关的广告信息，而对于广告主而言，搜索引擎实际上已经为其提供了一对一用户需求平台，精准营销成为可能。百度在此基础上建立起以广告信息运作为核心的商业模式：通过搜索引擎平台信息运作实现用户需求与广告主提供产品或服务的精准匹配，相关性极高，传播效果也可以根据单次点击成本与转化率比例来进行科学的衡量，并加以持续优化，同时对同一关键词广告进行竞价排名，支付每次点击价格最高的广告排列在第一位，下面其他位置同样按照广告主自己设定的广告点击价格高低来决定。

广告收入成为百度除资本收益外唯一的主要收益来源。2011 年的百度财报显示，百度 2011 年度网络广告营收约为 23 亿美元，也就是说，百度 2011 年总营收基本全部来自网络广告。应门户网站而生的搜索引擎百度，无论从市场规模，还是增长速度，已远远超越三大门户网站，在对 2012 年福布斯全球企业 2000 强排行榜相关数据的统计里，唯一进入排行榜的门户网站网易，其市值只有百度的 1/5 不到。

表 2-2 **百度 2008—2012 年营收与利润状况数据表**

	2008 年	2009 年	2010 年	2011 年	2012 年	平均增长率
营业收入	46880	65160	119900	230000	358000	66. 2%
收入增长率	/	39. 0%	84. 0%	83. 2%	53. 8%	
总净利润	15356	21760	53410	120700	176800	84. 2%
利润增长率	/	41. 7%	137. 4%	126. 0%	57. 5%	

（数据来源：根据百度年度财报整理）

媒体拥有“议程设置”的功能，搜索引擎也是如此。在社会层面，议程设置左右着人们的视线及社会舆论；在商业应用领域，议程设置往往与商业利益及经济环境直接相关。百度贴吧、百度空间、财经频道、月度首页人物，百度的一系列产品早已离搜索渐远，离媒体渐近。换句话说，百度认识到原本当做工具来用的搜索引擎，正在伴随着互联网的日益普及而在潜移默化中左右着互联网的舆论氛围，在当今中国能够左右网络舆论就意味着能够左右大众舆论，搜索引擎的舆论引导力可想而知。

2.3 百度指导方针

百度从最初的不足 10 人发展至今，员工人数超过 10000 人。如今的百度，已成为中国最受欢迎、影响力最大的中文网站之一。

百度拥有数以千计的研发工程师，这是中国乃至全球最为优秀的技术团队之一，这支队伍掌握着世界上最为先进的搜索引擎技术，使百度成为中国掌握世界尖端科学核心技术的中国高科技企业。

从创立之初，百度便将“让人们最便捷地获取信息，找到所求”作为自己的使命，11 年来，公司秉承“以用户为导向”的理念，始终坚持如一地响应广大网民的需求，不断地为网民提供基于搜索引擎的各种产品，其中包括：以网络搜索为主的功能性搜索，以贴吧为主的社区搜索，针对各区域、行业所需的垂直搜索，MP3 搜索，以及门户频道、IM 等，全面覆盖了中文网络世界所有的搜索需求，根据第三方权威数据，百度在中国的搜索份额超过 70%。

1. 百度公司的核心价值

（1）给人们提供最便捷的信息查询方式。
（2）认真听取每一条建议和投诉。
（3）永远保持创业激情。
（4）每一天都在进步。
（5）容忍失败，鼓励创新。
（6）充分信任，平等交流，友谊（friendship），感恩（thanksgiving），分享（sharing）；All the way sunshine!

2. 百度使命

（1）为网络用户提供最高端的网络技术服务，创造中国互联网络企业的经营奇迹。
（2）使百度在品牌、用户满意度、经营业绩方面成为同行业的领先者。
（3）提高中国互联网的技术成分，努力帮助更多的互联网公司更快地盈利。

3. 百度远景

（1）成为最优秀的互联网中文信息检索和传递技术提供商。
（2）成为中国网络技术企业在全球同行业中的优秀代表。

4. 价值观念

（1）员工观念。

员工是最重要的资产、在信任和尊重基础上的员工管理理念以及为职工和管理人员提供自由交流的环境，考虑员工利益，激励员工，保证公平等。

（2）效率观念。

精确预算、制度严格、开放而切题的沟通交流。

（3）竞争观念。

结果导向、保证能力、确定方向、实施负责。

（4）上线和下线观念。

促进销售，销售和销售；降低成本，成本和成本。

（5）变革观念。
①将来和过去不同。
②以经常性的变革来应对挑战。
③永远追求新观点，新服务。

5. 文化及使命

（1）百度的使命：让人们最便捷地获取信息，找到所求。
（2）百度的责任：让世界更有效，让人们更公平。
（3）百度的性格：简单，可依赖。
（4）用户导向：坚持以用户需求为导向。
（5）分享：不断学习总结并积极分享。
（6）求实：坚持坦诚和实事求是的作风。
（7）系统：从系统的角度思考解决问题。
（8）卓越：拥抱挑战和变化，追求卓越。
（9）惜时：珍惜并善于管理时间。

2.4 百度搜索特点

百度搜索引擎使用了高性能的”网络蜘蛛”程序自动地在互联网中搜索信息，可定制，高扩展性的调度算法使得搜索器能在极短的时间内收集到最大数量的互联网信息，百度在中国各地和美国均设有服务器，搜索范围涵盖了中国大陆、中国香港特区、中国台湾地区、中国澳门特区及新加坡等华语国家或地区以及北美、欧洲的部分站点。百度搜索引擎拥有目前世界上最大的中文信息库，总量达到6000万页以上，并且还在以每天几十万页的速度快速增长。由于后台应用了高效的信息索引算法，大大提高了检索时的响应速度和承受大访问量时的稳定性，百度搜索引擎对超过6000万网页检索一次的本地平均响应时间小于0.5秒。它主要具有以下的特点和功能：

（1）基于字词结合的信息处理方式；

（2）支持主流的中文编码标准；

（3）智能相关度算法；

（4）检索结果能标示丰富的网页属性（如标题、网址、时间、大小、编码、摘要等），并突出用户的查询串，便于用户判断是否阅读原文；

（5）百度搜索支持二次检索（又称渐进检索或逼进检索）；

（6）相关检索词智能推荐技术；

（7）运用多线程技术、高效的搜索算法、稳定的UNIX平台和本地化的服务器，保证了最快的响应速度；

（8）可以提供1周，2周，4周等多种服务方式，可以在7天之内完成网页的更新，是目前更新时间最快，数据量最大的中文搜索引擎；

（9）检索结果输出支持内容类聚、网站类聚、内容类聚+网站类聚等多种方式；

（10）智能性，可扩展的搜索技术保证最快最多的收集互联网信息；

（11）分布式结构，精心设计的优化算法，容错设计保证系统在大访问量下的高可用性、高扩展性，高性能和高稳定性；

（12）高可配置性使得搜索服务能够满足不同用户的需求；

（13）先进的网页动态摘要显示技术；

（14）独有百度快照；

（15）支持多种高级检索语法，使用户查询效率更高，结果更准。

2.5 百度搜索技巧

2.5.1 拼音的使用

如果只知道某个词的发音，却不知道怎么写，可以在检索框中直接输入检索词的汉语拼音，百度会自动提示相关的汉字。如果输入的是拼音和汉字混合的检索词，百度也能做有效转换。

2.5.2 特殊符号的使用

（1）双引号（“”）的使用。把所有关键词用一个双引号括起来，能保证输入的关键词不被拆开，适合用来查找英文短语或句子，以及中英文混合、中英文和数字混合的情况。

（2）书名号（《》）的使用。在百度，中文书名号是可被查询的。加上书名号的检索词，有两层特殊功能。一是书名号会出现在搜索结果中；二是被书名号括起来的内容，不会被拆分。书名号在某些情况下特别有效果，例如，查名字很通俗和常用的那些电影或者小说。比如，查电影“绿茶”，如果不加书名号，很多情况下出来的是茶叶信息。而加上书名号后，《绿茶》结果就都是关于电影方面的了。因此，使用书名号适用于检索各种文艺作品。

2.5.3 特征关键词的使用

在输入具体关键词的同时，再加上下载、图片、相册、图集、电影、第一章之类的具有属性的特征关键词，能增强检索的专指性。

2.5.4 高级搜索

高级搜索给用户提供以下功能：布尔逻辑检索、搜索结果显示条数、限定要搜索的网页的时间、限定要搜索的网页的地区、搜索网页的语言、搜索网页的格式、关键词位置（出现在网页的任何地方、仅网页的标题中、仅在网页的 URL 中）、限定要搜索指定的网站。可以说是整合了前面列出的大部分关键词检索功能。

2.5.5 百度快照

在浏览检索结果时，如果碰上死链接无法打开网页，或者打开速度缓慢的情况，可以点击每条检索结果下的“百度快照”链接。打开百度在浏览该网页时预先保存的一个页面。百度快照的打开速度很快。在快照中，用户检索时输入的关键词都已经用不同颜色在网页中出现该词的位置标出。点击快照中的关键词，可以直接跳到它在文中首次出现的位置。

2.5.6 百度相关搜索

输入关键词检索后，百度在检索结果页面的下方有一个“相关搜索”的部分，在这里列出了相似的一系列检索词，并标出各词的搜索热门程度。在用户无法确定更能表达检索意向的关键词时，百度相关搜索往往能够提供一些有效的参考借鉴作用。

2.6 百度的核心软件技术支撑——框计算

2.6.1 框计算概述

“框计算”（Box CompuTing）是 2009 年 8 月 18 日，百度董事长兼首席执行官李彦宏在 2009 年百度技术创新大会上所提出的全新技术概念。用户只要在“百度框”中输入服务需求，系统就能明确识别这种需求，并将该需求分配给最优的内容资源或应用提供商处理，最终精准高效地返回给用户相匹配的结果。框计算结果如图 2-4 所示。

框计算的实现过程：

（1）首先，用户的任意一个需求被提交到“框”里；

（2）经过一系列复杂的需求分析，包括语义分析、行为分析智能人机交互技术分析和海量计算，用户的需求被分发给框后台的某个或某几个应用所响应；

（3）框背后的应用平台是开放的，框计算平台提供了大量即插即用的接口，各种应用可以主动与框计算平台对接，使自己有机会来响应框所收集到的需求；

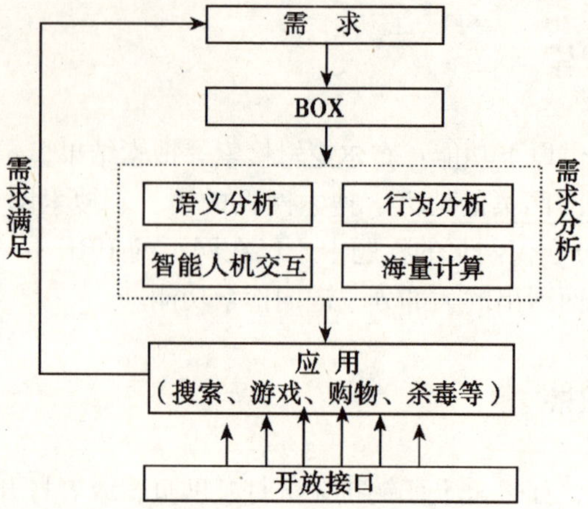

图 2-4　百度框计算框架图

（4）最后，用户“即搜即得、即搜即用”获得精准、可靠、稳定的需求结果。

2.6.2　框计算的关键技术

框计算平台是一个新的理念，而要通过“框计算”实现真正的基于互联网的一站式服务，需要突破以下两个领域的关键技术：需求识别和应用开放。

1. 需求识别

首先是需求识别领域的技术突破。所谓“需求识别”，就是确定用户究竟要互联网为他做什么，这是互联网科学最复杂和最具技术含量的一个领域，下面又包括语义分析、行为分析、智能人机交互、海量计算处理等子领域。以搜索的用户需求识别为例，如有人希望从互联网得到一个“形容很快乐的句子”，这个请求首先被拆成不同粒度的 20 个语义单位进行分析，后台要经过 3 亿次计算来识别这个需求，并在 100 亿个网页资源中检索并进行需求分配，而整个过程却需要在不到十分之一秒内完成。在用户需求识别技术方面，百度目前在全球范围内都是最强的，每天要从搜索框中获取超过 10 亿次搜索请求，并要一一在极短时间内对这些需求进行识别响应。尽管如此，当“框计算”将用户需求从搜索向其他应用领域极大程度延展时，“框计算”后台对用户需求的识别能力还需要大幅度的提升。

2. 应用开放

另一个需要突破的领域，就是“框计算”平台上的应用开放。“框计算”平台前端的需求识别能力再强，如果没有合适的应用在平台上及时响应这个需求，用户需求一站式满足的美好理想也不能完美实现。反过来，要使更多的应用在“框计算”平台上实现，光靠一两家公司肯定是不行的，而需要整个产业的共同努力。一方面，“框计算”平台要足够开放，要建立起足够开放的产业标准和技术接口，让想加入到这个平台的应用服务商以最简单便捷的方式加入进来：另一方面，“框计算”平台也要能为平台上的应用服务商带来更大的利益，而这主要牵涉到“框计算”上游海量用户资源和需求的分配问题。

2.6.3 框计算的主要应用

百度开放平台是基于百度“框计算”最先进的信息技术与服务机制，针对用户需求，为广大站长和开发者免费提供的开放式数据分享与对接平台。以此，站长和开发者可以将结构化的数据或具体应用直接提交到百度开放后台，并实现最佳位置和最佳形式的搜索结果直接展现。

百度开放平台是框计算理念实践的重要基础设施，百度开放平台包含数据开放平台和应用开放平台。

1. 百度应用开放平台

百度应用开放平台是以用户需求为导向，以“框计算”技术和理念为基础，通过与广大优质应用开发者或版权运营者开放对接合作，为用户实现“即搜即用”——便捷的在线应用服务。目前，包括在线视听、在线杀毒、在线小游戏等部分应用已通过百度应用开放平台正式上线。

像天气预报、北京时间、列车航班、彩票开奖等公共生活信息，电视、电影、漫画、综艺、星座等娱乐休闲信息，奥运会、世界杯、全球五大足球赛事、亚运会等体育赛事信息，重大时事热点焦点信息，常用软件下载，以及教育、医疗、饮食等信息查询，都已通过百度数据开放平台成功上线，并深受广大用户和合作者好评。

2. 百度数据开放平台

百度数据开放平台以用户需求为导向，以“框计算”技术和理念为基础，通过与广大优质站点的数据开放对接合作，为用户实现“即搜即得”简单可依赖的便捷信息服务。

3. 其他

除了传统网页信息搜索，像词典、计算器、日历、地图、列车时刻查询、天气查询、下载、登录等通过百度框查询也都能直接获得结果。另外，游戏、视频、视听、阅读、购物、理财、杀毒等各种应用也能通过百度框在线直接体验和使用。

2.6.4 框计算平台的意义

第一，框计算驱动产业升级。

首先，框是一个功能强大的需求收集器和分析器。在李彦宏提出“框计算”概念之前，其实在个人计算机、互联网上已经有形形色色的各种计算框，词典框、对话框、搜索框……但这些各种各样的“框”，都只是在特定语境下才有意义。比如词霸里的词典框，用户只有在获取单词释义时，才会到这个框里输入内容；同样，用户在词典框里输入别的需求，词典框也不会给用户任何有意义的反馈。而李彦宏所提到的“框计算”的“框”，用户可以输入任何类型的需求，从某种意义上来说，这个“框”是万能的，因而也必须是“智能”的。

其次，由于“框”能在互联网可选范围内根据用户需求自动匹配最佳的操作系统特性。就像微软的视窗操作系统，上面可以运行 Office、浏览器、杀毒软件等各种各样的应用软件。如今，词典、计算器、日历等简单应用已经能通过百度框直接运行，视频、杀毒、游戏、购物等互联网应用近期也有可能被框直接启动，如果越来越多的应用确实能在“框计算”平台上运行，“框”将对整个互联网产业的升级和发展产生的拉动效应。

第二，框计算利于电子商务的发展。

百度基于搜索引擎的 B2C 战略将对电子商务行业带来很大影响，百度的“框”将更多地体现智能化的理念，会促使更多地传统企业将网络平台作为将来发展的方向，可能在未来 B2C 行业竞争会更加激烈，智能化的搜索选择将决定你是否出现在几亿网民面前的重要因素。关键词将成为“框计算”里重要的一个环节，更为智能化的语义理解，将更多地依赖于众多网络，在未来，也许只有更大的匹配度才能被搜索引擎抓取。同时“框计算”将通过后台分析对结果进行指向性的展示，这赋予搜索引擎更大的价值，也许没有搜索到关键词，但百度的“框计算”还是有可能将对象匹配到意向性内容，这些都可能对 B2C 产生很大的影响。

2.7 百度搜索服务

2.7.1 百度网页搜索

1. 百度网页搜索概述

百度是中国互联网用户最常用的搜索引擎，每天完成上亿次搜索；也是全球最大的中文搜索引擎，可查询 8 亿中文网页。在互联网中，任何信息都是以网页的形式呈现出来的，所有的搜索都可以看成是网页搜索。网页搜索是一个搜索引擎的基本功能，百度就是以网页搜索作为基础的。

百度网页搜索首页地址：

（1）http：//www. baidu. com/。

（2）http：//www. baidu. com. hk/（香港）。

（3）http：//tw. baidu. com/（台湾）。

（4）http：//jp. baidu. com/（日本）。

2. 网页搜索结果页面

（1）搜索结果标题。点击标题可以直接打开该结果网页。

（2）搜索结果摘要。通过摘要用户可以判断这个结果是否满足用户的需要。

（3）百度快照。“快照”是该网页在百度的备份，如果原网页打不开或者打开速度慢，可以查看快照浏览页面内容。

（4）相关搜索。“相关搜索”是其他和用户有相似需求的用户的搜索方式，按搜索热门度排序。如果用户的搜索结果效果不佳，可以参考这些相关搜索。图 2-5 是“视频”的搜索结果页。

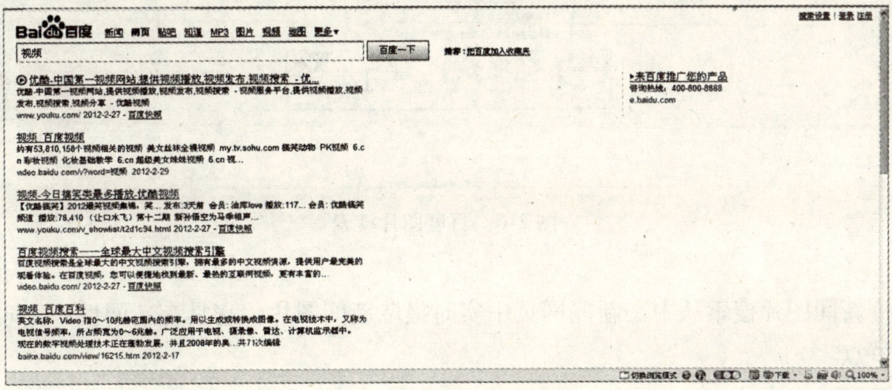

图 2-5 百度搜索结果页

3. 网页搜索特色功能

（1）百度快照功能。

（2）相关搜索功能。

（3）拼音提示功能。

（4）错别字提示功能。

（5）英汉互译词典功能。

（6）百度计算器和度量衡转换功能。

（7）专业文档搜索功能。

（8）股票、列车时刻表和飞机航班查询功能。

（9）支持高级搜索语法功能。

（10）高级搜索、地区搜索和个性设置功能。

2.7.2 百度图片搜索

1. 百度图片搜索概述

百度图片搜索引擎是世界上最大的中文图片搜索引擎，从数十亿中文网页中提取各类图片，建立世界第一的中文图片库。百度图片搜索首页地址：http：//image. baidu. com/，如图 2-6 所示。

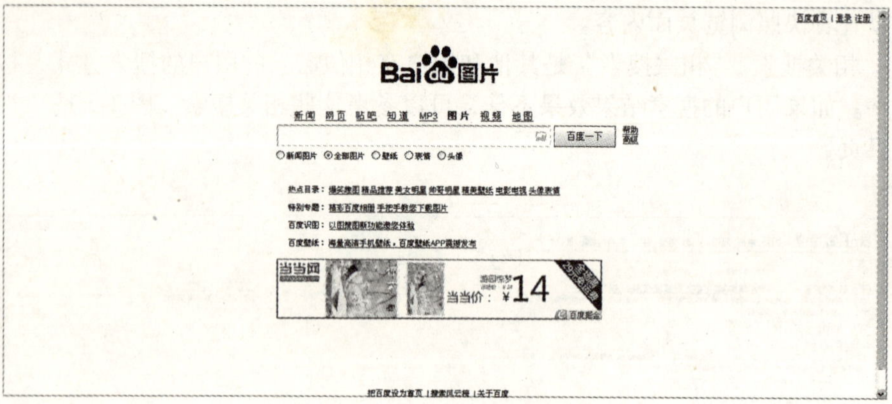

图 2-6　百度图片搜索

百度新闻图片搜索从中文新闻网页中实时提取新闻图片，它具有新闻性、实时性、更新快等特点。

2. 实用功能

（1）筛选栏。

筛选栏在搜索结果页面的左侧，默认为隐藏状态。用户可以使用该工具栏，同时对搜索结果的尺寸、颜色和类型进行筛选。

（2）高级搜索语法。

把搜索范围限定在特定网页中——ft，如果知道网页中有需要找的图片，可以把搜索范围限定在这些网页中。使用方式是：在查询内容的后面加上“ft：网页地址”。例如，想搜索出现在百度贴吧中范冰冰的图片，查询方式：范冰冰 ft：tieba. baidu. com，搜索到图片的来源地址均包含 tieba. baidu. com。

把搜索范围限定在特定站点中——site，如果知道某个站点中有需要找的图片，可以把搜索范围限定在这个站点中。使用方式是：在查询内容的后面加上“site：站点域名”。例如，搜索存在百度空间相册里范冰冰的图片，查询方式：范冰冰 site：hiphotos. baidu. com。搜索到的图片的 URL 地址均包含 hiphotos. baidu. com。

注意：“网页地址”或“站点域名”，不要带“http：//”；另外，“ft:”与“网页地址”、“site:”与“站点域名”之间，不要带空格。

（3）明星结果页。

当用户输入的关键字为某位明星时，搜索结果将按壁纸桌面、生活照等进行分类。用户可以通过点击标签，进行分类浏览。

3. 百度识图

随着网络的发展，图片信息也呈现出了海量化的趋势。有的时候，单单是使用关键词来搜索图片的话，很难找到需要的结果，而且搜索过程会十分浪费时间。在这种情况下，一些根据图片内容而不是关键词的搜索引擎诞生了。这些搜索引擎可以根据用户上传的图片来进行搜索，也就是说，图片名称中的关键字不作为搜索的依据，而是根据上传图片的内容进行搜索，返回给用户相似图片的信息。这代表了图片搜索的发展趋势，在这种环境下，百度新推出了“百度识图”功能，也就是根据图片内容检索的搜索方式。

不同于百度图片搜索的一般模式，在只有图片的情况下，百度识图可以解决用户的一些特殊需求：

（1）帮助了解人物的相关信息，如姓名、新闻等。

（2）帮助了解图片背后的相关信息，如拍摄时间、地点、背后的一些故事等。

（3）帮助用户查找相似图片或者原图。

（4）帮助用户查看图片被引用的信息。

常规的图片搜索，是通过输入关键词的形式搜索到互联网上相关的图片资源，而百度识图则能实现用户通过上传图片或输入图片的 url 地址，从而搜索到互联网上与原图相似的其他图片资源，同时也能找到这张图片相关的信息。百度识图可以提高用户搜索的效率，符合图片搜索的发展趋势。

2.7.3 百度视频搜索

百度视频搜索是全球最大的中文视频搜索引擎，拥有最庞大视频资源库，也拥有最多的中文视频资源。在百度视频搜索可以找到最新、最热、最全的中文视频。百度视频首页地址：http：//video. baidu. com/，如图 2-7 所示。

图 2-7 百度视频搜索

百度视频搜索操作简单，在搜索框中输入关键词搜索就可以得出结果。百度视频搜索对于视频分享网站产生了巨大的影响，百度视频的上线，对于视频共享的网站来说是个好消息，百度利用自己庞大的流量和索引技术使得更多的网民能够更方便地访问视频共享网站，会给视频共享网站带来新的流量。同时，百度视频也引起视频网站的竞争加剧，资源充足的网站借此获得更多流量和知名度，而内容贫乏的网站则处于竞争劣势状态。

作为最大的中文视频搜索网站，百度视频搜索有自己的网络视频协议。《互联网视频开放协议》是百度视频搜索制定的搜索引擎视频源收录标准，网站可将发布的视频内容制作成遵循此开放协议的 XML 格式的网页（独立于原有的视频发布形式）供搜索引擎索引，将网站发布的视频主动、及时地告知百度搜索引擎。采用了《互联网视频开放协议》，就相当于网站的视频被搜索引擎订阅，通过百度搜索引擎，网民将有可能在更大范围内更高频率地访问到网站视频。

2.7.4 百度地图

百度地图搜索是百度提供的一项网络地图搜索服务，覆盖了国内近 400 个城市、数千个区县。百度地图可以查询街道、商场、楼盘的地理位置，也可以找到离用户最近的所有餐馆、学校、银行、公园等。还提供了丰富的公交换乘、驾车导航的查询和最适合的路线规划等功能。

百度地图首页：http：//map. baidu. com，如图 2-8 所示。

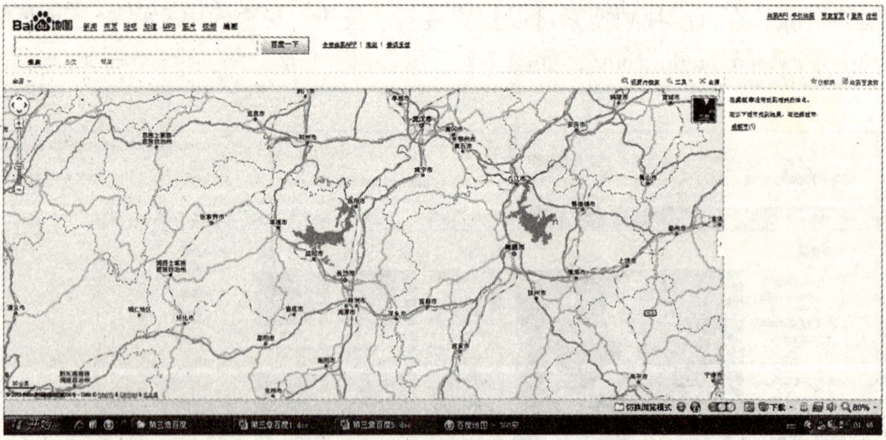

图 2-8 百度地图搜索

2.7.5 百度新闻

2003 年 7 月，百度推出新闻搜索功能，其内容不含任何人工编辑成分，没有新闻偏见，真实地反映每时每刻的新闻热点，突出新闻的客观性和完整性。

百度新闻首页地址：http：//news. baidu. com，如图 2-9 所示。

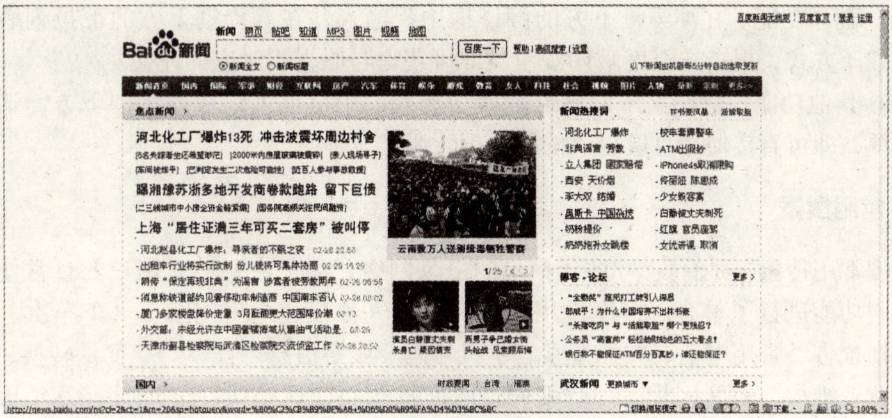

图 2-9 百度新闻搜索

百度新闻搜索非常简单，只要在搜索框中输入任意一个词即可搜索出所有和该词相关的新闻。其搜索方式与传统的搜索方式有很大的不同，不仅将搜索结果限定在"新闻"这个类别，最大的区别在于百度新闻可以浏览新闻的内容，从某种意义上来说，这个功能其实是将百度新闻上升成为了一个新闻门户网站。百度新闻浏览功能，让百度不仅可以满足搜索的需求，也能够满足网上冲浪的需要，同时增加了用户访问数量。

2.7.6 百度 MP3

百度 MP3 是一个主要提供歌曲搜索的搜索引擎，是全球最大的中文 MP3 搜索引擎。百度拥有庞大 MP3 歌曲链接库。百度 MP3 搜索拥有自动验证链接有效性的卓越功能，把最优的链接排在前列，最大化保证用户的搜索体验。同时，通过歌曲名或是歌词片断，都可以用来搜索用户想要的歌词。百度 MP3 为用户提供最新、最热的歌曲和丰富、权威的音乐排行榜，指引华语音乐的流行方向。百度 MP3 主页：http：//mp3. baidu. com/。

2.7.7 百度搜索其他产品

1. 词典

百度词典是百度公司推出的一套英汉互译在线翻译系统。它支持强大的英汉汉英词句互译、中文成语的智能翻译功能，还提供译后朗读功能。百度词典首页：http：//dict. baidu. com/。

百度词典搜索支持全面的英汉词典、汉英词典、汉语字典、汉语词典、汉语成语词典功能，以及强大的中英文自动翻译功能。

（1）词典功能。百度词典搜索的使用很简单，无论是要查询英文的汉语解释，还是要查汉语的英文解释，或是查询汉语单字、词语、成语解释，均只需在一个搜索框内直接输入，按回车键或点击“百度一下”按钮，即可得到用户想要查询的内容。

（2）翻译功能。在搜索框下方的翻译框中，输入并在翻译框下方的下拉列表中选择相应的翻译方式，再点击百度翻译按钮，即可获得与原文相对应的译文。

（3）其他功能。除了支持词典与翻译功能外，用户也可以在搜索框下方，选择所有网页选项，即可直接使用百度提供的网页搜索服务。

2. 常用搜索

百度常用搜索，是百度2008年推出的一款网络产品，主要针对用户的日常使用频率高的搜索功能进行了整合。百度常用搜索有：天气预报、地图搜索、火车车次、航班班次、电视预告、常用电话、文档搜索、手机号码、股票信息、计算器、度量转换、英语辞典、消费者维权、地区区号、邮政编码、政府机构、交通处罚、IP 地址、万年历、历史上的今天、成语字典、汉语字典、百科词典、货币兑换、天气查询。

百度常用搜索极大地便捷了搜索用户，也使百度的搜索更为直观和更具有目标性，在用户体验方面也获得了良好的效果反馈。

2.8 百度导航服务

2.8.1 百度网站导航

网址导航是一个集合较多网址，并按照一定条件进行分类的一种网址站。网址导航方便网友们快速找到自己需要的网站，而不用去记住各类网站的网址，就可以直接进到所需的网站。现在的网址导航一般还自身提供常用查询工具，以及邮箱登录、搜索引擎入口，有的还有热点新闻等功能。网址导航从诞生的那一刻起，就凭借其简单的模式和便利的服务以及好的用户体验深得民心，不过也注定其发展与竞争都将成为互联网网站中竞争最激烈的类别，发展至今，更是成为互联网大佬们最大的竞争对象。百度网址导航网站列表如图 2-10 所示。

2.8.2 百度团购

百度团购导航网是 hao123 团购导航升级，汇集了国内主流团购网站最新最全的团购信息，为网友带来全新团购消费体验。

团购在过去几年还是一个新鲜的名词，现在已经成为一种“常识”。无论是周末外出休闲，还是购买日用商品，团购都成为了首选。百度团购就是在这一背景下产生的，人们可以使用百度团购查找全面的团购信息，这不仅会增加百度用户的访问数量，也影响到团购网站的发展，同样也使团购同行竞争加剧，大型的团购网站由于信息全面会得到更好的

名站	百度、新浪、搜狐、网易、腾讯QQ、MSN中文网	更多>>
新闻	新浪新闻、人民网、新华网、中央电视台、凤凰网、联合早报	更多>>
邮箱	163邮箱、126邮箱、雅虎邮箱、新浪邮箱、搜狐邮箱、QQ邮箱、Hotmail	更多>>
音乐	百度MP3、QQ163、yymp3、爱听音乐、一听音乐、好听音乐网	更多>>
小说	起点中文、潇湘书院、幻剑书盟、红袖添香、小说阅读网	更多>>
手机	新浪手机、手机之家、友人网、网易手机、捉鱼网、中国移动	更多>>
游戏	17173网游、太平洋游戏、4399小游戏、多玩游戏、新浪游戏、电玩巴士	更多>>
软件	华军软件园、天空软件站、太平洋下载、新浪下载、驱动之家	更多>>
基金	天天基金网、中国基金网、博时基金、华夏基金、南方基金	更多>>
博客	百度空间、新浪博客、网易博客、51博客、QQ空间、MSN空间	更多>>
交友	世纪佳缘、百合交友、爱情公寓、珍爱网、嫁我网	更多>>
证券	东方财富网、证券之星、搜狐财经、金融界、新浪财经、路透财经	更多>>
论坛	百度贴吧、天涯社区、校内网、ChinaRen、猫扑、西祠胡同	更多>>
军事	中华网军事、铁血军事、新浪军事、凤凰网军事、西陆军事	更多>>
人才	前程无忧、中华英才、智联招聘、中国人才热线、528招聘网	更多>>
银行	工商银行、招商银行、农业银行、建设银行、中国银行、交通银行	更多>>
汽车	汽车之家、中国汽车网、太平洋汽车、新浪汽车、网上车市、爱卡汽车	更多>>
体育	新浪体育、搜狐体育、鲨威体坛、ESPN中文网、NBA中文网	更多>>
购物	淘宝网、卓越网、当当网、易趣、拍拍网	更多>>
视频	优酷网、土豆网、新浪播客、百度视频搜索、PPS网络电视	更多>>

图2-10　百度网址导航图

发展，而小型的网站则越发困难。百度团购首页地址：http：//tuan. baidu. com/，如图2-11所示。

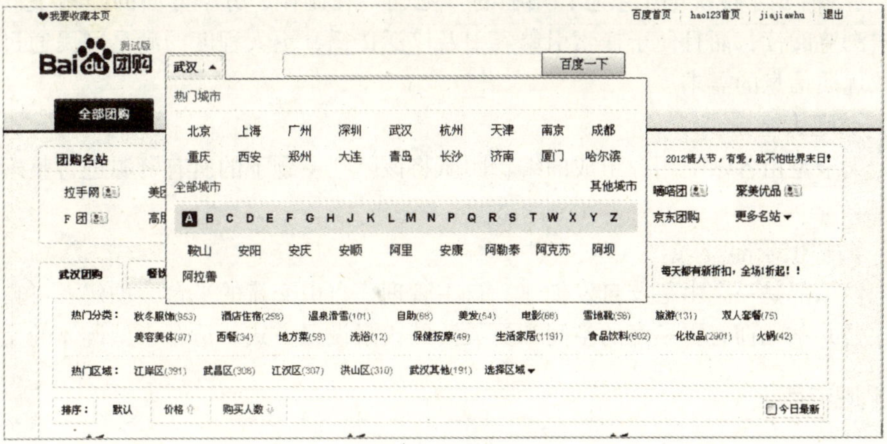

图2-11　百度团购

百度团购包含了各种团购信息，用户只需在搜索框中输入想寻找的团购信息，然后点击搜索，就可以看到百度团购返回各大团购网站关于这条团购信息的内容。

2.9 百度社区服务

2.9.1 百度贴吧

1. 贴吧概述

百度贴吧是百度旗下独立品牌，于2003年12月3日上线，百度贴吧是结合搜索引擎建立的一个在线交流平台，让那些对同一个话题感兴趣的人们聚集在一起开交流和互相帮助。贴吧是一种基于关键词的主题交流社区，它与搜索紧密结合，把握用户需求，通过用户输入的关键词，自动生成讨论区，使用户能立即参与交流，发布自己所拥有的其所感兴趣话题的信息和想法。2009年12月，tieba. com独立域名正式启用。

2. 贴吧产品

（1）i贴吧。

i贴吧是用户在贴吧的个人中心，可以记录心情和新鲜事，关注贴吧各路达人，获取自己的粉丝。通过与其他用户亲密互动，形成稳定的好友关系，让贴吧生活更丰富多彩。也可以根据个性化需求关注喜欢的贴吧，最新的精品贴子、图片、视频、热门转贴等内容都可以通过i贴吧获取。通过i贴吧，还可以关注到好友动态，增强了平台的实用性和用户黏度。

（2）吧刊。

“吧刊”有别于传统电子杂志，贴吧的“吧刊”在制作、分享方面的门槛很低，不仅便于用户浏览阅读，而且便于搜索引擎索引及广泛传播，更大程度的满足网民通过互联网搜索获取优质信息的需求。

（3）贴吧大全。

贴吧大全是由各贴吧用户组成的编辑团队将该贴吧主题下的所有资源进行整理和展示的平台。

（4）贴吧俱乐部。

贴吧俱乐部是一个由吧友自发创建、自主管理、自由交流的平台，创建者可自动成为吧主，比公共贴吧拥有更私密的空间和更灵活的权限设置方式，适合小型群体的交流。

3. 贴吧特点

（1）人工信息聚合方式对搜索引擎的补充。

贴吧可以使人们从机器的搜索过渡到人工的信息整合中。拥有不同资源的人们在这里实现信息的分享，而且信息需求与供给关系更明确，信息针对性更强。因此，贴吧成为对搜索引擎的一个补充。

（2）共同兴趣爱好者的快捷聚集地。

百度贴吧最重要的特点就在于，它利用自己在搜索引擎领域的知名度与地位，为各种兴趣爱好者的聚集提供了一个最便捷的方式。

（3）封闭式交流话题带来的深度互动。

与很多社区不同的是，贴吧创造的社区是一个话题非常封闭的社区。多数贴吧的成员更愿意围绕一个封闭的主题来展开交流，促进了互动深度的不断挖掘。

（4）“粉丝文化”的催化剂。

百度贴吧的迅速走红，是与“粉丝”及“粉丝文化”的流行紧密相关的。在“粉丝文化”的发展过程中，百度贴吧也起到了重要作用。

（5）文化研究的新途径。

由于贴吧话题的封闭性特点，网民的深度互动为文化产品、文化现象的研究提供了一种非常直接的渠道。

（6）媒体开放新平台。

旨在通过引入各地都市媒体与贴吧地方用户深度互动，打造跨媒体的综合互动平台，增强都市媒体对本地网民的影响力。贴吧媒体开放平台主要包含三方面的内容。首先是媒体身份的认证，贴吧将对加入媒体给予官方认证，方便贴吧用户鉴别媒体身份，赢得网民关注。其次为媒体互动机制，通过媒体认证的 i 贴吧和媒体的专门贴吧新闻版面，热点信息可以突破媒体形态的限制，网络热点和报纸热点随时互通，并可以随时收集反馈并持续跟进。最后，贴吧将与各区域认证的都市媒体联合共建地方贴吧，利用当地媒体的本地化运营优势，结合百度地方贴吧在区域的影响力，为各地网民提供更强大的互动平台。

2.9.2 百度知道

百度知道是一个基于搜索的互动式知识问答分享平台，于 2005 年 6 月 21 日发布，并于 2005 年 11 月 8 日转为正式版。百度知道的域名为：http：//zhidao. baidu. com/，如图 2-12 所示。

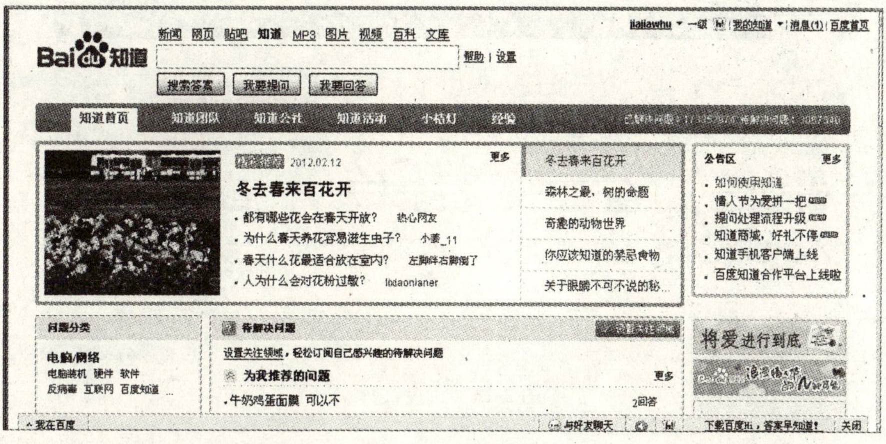

图 2-12 百度知道

“百度知道”，是用户自己根据具有针对性地提出问题，通过积分奖励机制发动其他用户来解决该问题的搜索模式。同时，这些问题的答案又会进一步作为搜索结果，提供给其他有类似疑问的用户，达到分享知识的效果。

百度知道的最大特点，就在于和搜索引擎的完美结合，让用户所拥有的隐性知识转化成显性知识，用户既是百度知道内容的使用者，同时又是百度知道的创造者，在这里累积的知识数据可以反映到搜索结果中。通过用户和搜索引擎的相互作用，实现搜索引擎的社区化。

百度知道也可以看做是对搜索引擎功能的一种补充，通过对回答的沉淀和组织形成新的信息库，其中信息可被用户进一步检索和利用。百度知道可以说是对过分依赖技术的搜索引擎的一种人性化完善。

2.9.3　百度文库

1. 概述

百度文库是供网友在线分享文档的开放平台。用户可以在线阅读和下载涉及课件、习题、考试题库、论文报告、专业资料、各类公文模板以及法律文件、文学小说等多个领域的资料，不过需要扣除相应的百度积分，平台所累积的文档，均来自热心用户上传。

百度文库自身不编辑或修改用户上传的文档内容。用户通过上传文档，可以获得平台虚拟的积分奖励，用于下载自己需要的文档。下载文档需要登录，免费文档可以登录后下载，对于上传用户已标价的文档，则下载时需要付出虚拟积分。当前平台支持主流的 doc (. docx)、. ppt (. pptx)、. xls (. xlsx)、pdf、txt 文件格式。百度文库首页：http://wenku. baidu. com/，如图 2-13 所示。

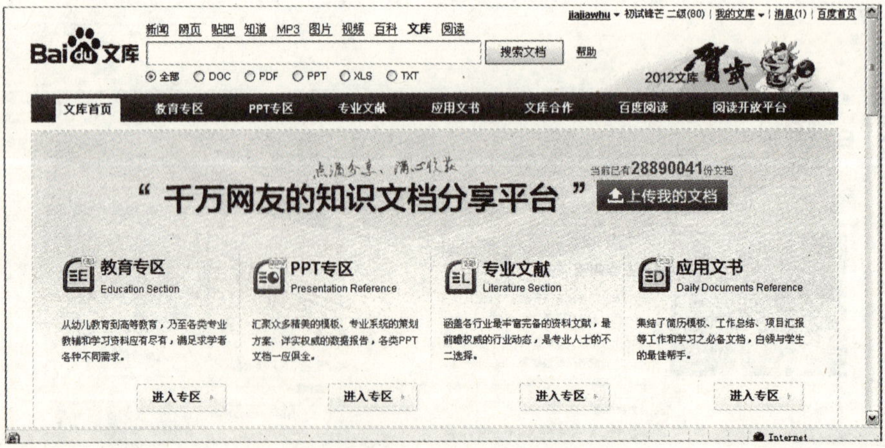

图 2-13　百度文库

2. 百度文库发展历程

2009 年 11 月 12 日，百度知道文档分享平台测试版上线，随后百度知道文档分享更名为“百度文库”，并且升级了部分功能。2010 年 3 月 26 日，百度文库支持书签。2010 年 4 月 29 日，支持文档批量上传。2010 年 7 月 5 日，手机版文库上线。2010 年 7 月 23 日，手机文库新域名产生。2010 年 9 月，百度文库“文档专辑”新功能上线。2011 年 2 月，文库首页改版。

3. 百度文库功能特色

第一，上传文档，分享知识与快乐。文档分享是一个开放的资源获取平台，所积累的每一份文档都来自广大网友的共享。上传文档的操作很简单，只要拥有一个百度账号，同时在电脑上存有符合文档格式的附件，即可完成上传操作。

第二，良好的在线阅读体验。文档分享支持在线阅读附件中的内容，并提供了缩放、全屏等功能。

第三，下载文档。每份文档页面下方都有一个下载文档的 button，点击后可以进行文档下载。

第四，检索文档与翻屏阅读。支持对文档附件的全文检索。支持以三页为一组的检索，当前检索会显示当前三页内的检索结果，用户可以通过点击“前三页”和“后三页”查看更多的检索结果。在阅读器的上方和下方有一个半透明的小滑块，点击此处可以实现对文档的翻屏阅读。

第五，评价文档。用户可以根据对文档的综合评价打分，同一个用户 ID 只能为同一个文档评价一次。

4. 文档专辑介绍

文辑是用户对文库文档的整理，是公开分享给所有用户的，所以在创建的时候要方便其他用户的阅读，文辑标题和文辑介绍要尽可能丰富和客观，贡献一份优质的文辑能为其他人带来很多方便，也能为自己带来文辑财富值。

（1）创建文档专辑。

创建的文辑只能修改文辑介绍、分类以及添加文辑文档，创建者不能删除文辑。

①在分类页和文辑详细页以及我的文库的页面点击创建文辑的按钮来创建文辑，用户需要登录以后才可以创建，二级以上（含二级）用户才有创建权限。

②填写文辑的标题、介绍、分类，然后为文辑填写几个关键词（非必填项）。

③文辑中收录的文档链接最少为三个，非文库的文档链接是非法的。

（2）评价文档专辑。

在文辑的详细页，点击文辑文档列表最下方的评价的星星来评价文辑的得分，一个用户不能为同份文档重复评价打分。

（3）添加文档到文辑。

在文档阅读页点击加入文辑，点击文档要加入的文辑，确定即可。

（4）修改文辑。

在用户创建的文辑页面点击修改文辑信息，选择需要修改的部分进行修改，然后再重新提交。

5. 获取财富值和经验值

文库的积分分为经验值和财富值两部分。经验值是根据用户在文库的行为获得，同时，经验值决定了用户在文库的等级，用户也会随着经验值增加而晋级并获得更高的头衔。财富值是通过用户在文库的优质文档贡献获得，同时，百度 Hi 的积分可以兑换文库的财富值。文库的财富值可用来在文库下载文档。

2.9.4 百度百科

百度百科是一部内容开放、自由的网络百科全书，旨在创造一个涵盖所有领域知识、服务所有互联网用户的中文知识性百科全书。百度百科本着平等、协作、分享、自由的互联网精神，提倡网络面前人人平等，所有人共同协作编写百科全书，让知识在一定的技术规则和文化脉络下得以不断组合和拓展。为用户提供一个创造性的网络平台，强调用户的参与和奉献精神，充分调动互联网所有用户的力量，汇聚上亿用户的头脑智慧，积极进行交流和分享，同时实现与搜索引擎的完美结合，从不同的层次上满足用户对信息的需求。

百度百科的首页地址：http：//baike. baidu. com/，如图 2-14 所示。

图 2-14　百度百科

百度百科可以称得上是一部由全体网民共同撰写的百科全书。始于 2006 年 4 月，已收录网民贡献的 70 多万个词条。用户只需要注册并登录，就可以创建并编辑词条。每个用户可以根据个人理解，详细定义自己所要创建的词条。每个词条的内容最多不可超过 20000 字。每个词条可以上传一张图片。当某些词条内容参照了其他书籍、网页等他人文章，必须标明出处。如有知识产权等纠纷，需回答者本人承担相应法律责任。参考资料最多不可超过1000字。用户要为创建的词条设置合理的开放分类，以方便该词条被网友浏览。用户最多可以设置5个开放分类，彼此之间用“，”隔开。开放分类是比传统的目录式分类更灵活、更具自主性的分类方式。用户不必将创建或编辑的词条强制归入某个已经设定好的分类，而是直接根据词条内容来添加相关的开放分类。例如，可以给词条“珠穆朗玛峰”添加“西藏”、“喜玛拉雅山脉”、“地理”等开放分类。如果为词条添加了开放分类，那么当其他网友浏览这些开放分类的时候，就能同时看到该词条，从而增加了该词条被浏览的机会。同时，用户也可以看到跟自己添加了同样开放分类的词条，并通过相近的词条与其他网友产生更多的关联和互动。

2.9.5 百度空间

1. 百度空间概述

百度空间，是中国最大的在线交友社区，于2006年7月13日正式开放注册。百度空间是百度公司推出的一项个人博客空间服务，其主要功能有博客、网络相册、网络交友等。百度空间的特点是速度快，空间稳定且易被百度搜索收录。百度空间同时提供1GB的网络相册空间。

百度空间主页：http：//hi. baidu. com，如图2-15所示。

图2-15 百度空间

2. 百度空间功能特色

百度空间是继百度贴吧、百度知道、百度百科后第四个百度社区产品，是百度社区化中十分重要的一个功能。是对百度社区化的进一步完善。百度空间是一种个人博客，用户可以使用百度空间发表文章、上传照片、结交好友。同时，百度空间还拥有搜索功能。百度空间提出了“搜索+博客”的概念，具体来说，就是通过关键词搜索，能够发现用户博客的人不再是误打误撞，而是有着相同爱好的人，具有更强的相关性。

百度推出百度空间这一功能，是各大网站在博客领域竞争白热化的结果。像新浪、搜狐、腾讯、博客网等老牌博客已经占据了相当的市场份额，而与聊天软件紧密结合的QQ zone、MSN博客也有得天独厚的资源，百度的强劲对手Google凭借收购Blogger. com介入博客领域，在这样一种环境下，百度推出百度空间就是为了填补其在博客领域的空白。面对博客领域的激烈竞争，百度凭借巨大的访问数量和人气，以及“搜索+博客”的新概念，迅速脱颖而出，成为中国最大的在线交友社区。

随着互联网的不断发展，一些新兴的社区化服务越来越多地被人们所接受。博客在几年之前还不被人们所熟悉，而现在已经是家喻户晓的事物。在这样一种趋势下，各大网站都推出了自己的社区化服务，为网站争取更多的流量和人气。社区化一个很大的优势就在于，可以为网站争取很多潜在的访问量，比如一个不知道百度的人，可能通过阅读百度空间的文章而访问百度。因此，社区化已经成为了各大网站竞争的必要手段。

2.9.6 百度社区服务其他产品

1. MP3音乐掌门人

百度音乐掌门人就是给用户一个空间，把钟爱的歌曲重新归类、包装成专辑，并与大家分享；给用户一个捷径，享受广大网友的推荐；给用户一个平台尽情抒发。给用户搭建一个桥梁，在音乐世界里找到志同道合的朋友。

2. 搜藏

百度搜藏为学术研究人员、网络小说爱好者、Blogger到普通网民等各类人士提供资料收藏及搜索服务。百度搜藏是免费的网络收藏夹，包括搜索、收藏、分享。百度搜藏能够帮助用户高效地收藏、整理网络资源，无论用户到哪里，都可以随时随地浏览、搜索和使用收藏的资源。

3. 百度经验

百度经验是百度于2010年10月推出的一款生活知识系新产品。它主要解决用户“具体怎样做”，重在解决实际问题。在架构上，整合了百度知道的问题和百度百科的格式标准。百度经验首页：http：//jingyan. baidu. com/，如图2-16所示。

4. 百度身边

“百度身边”是以美食、购物、休闲娱乐、酒店、健身、丽人、旅游等为主，并提供便民服务和优惠信息的本地生活信息搜索和分享平台，通过用户贡献的方式汇集本地商户信息以及点评信息，为用户的消费决策提供支持。目前得到大量用户的关注与参与，并且累计了大量原创的点评信息，开通了包括北京、上海、广州、深圳、重庆的5大城市，全面覆盖全国范围300多个市级城市。百度身边首页：http：//s. baidu. com，如图2-17所示。

图 2-16　百度经验

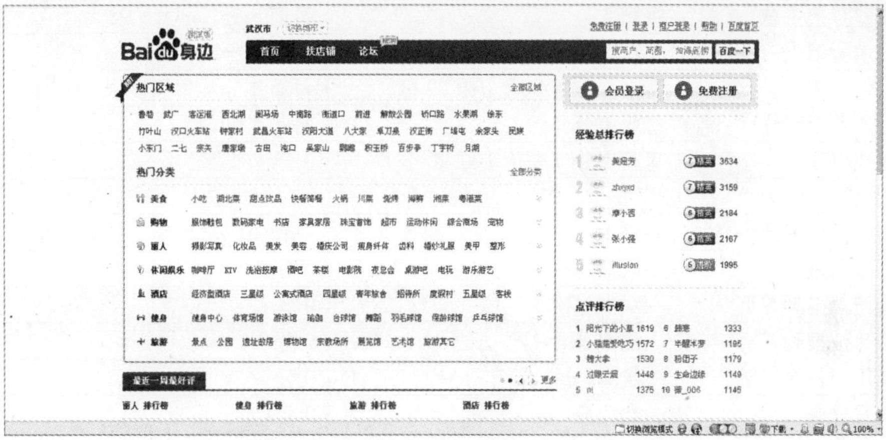

图 2-17　百度身边

5. 百度旅游

百度旅游是一个旅游信息社区服务平台，旨在帮助准备出游的人更好更快地作出行前决策，满足用户在旅行前中后各种与旅游相关的需求。百度旅游于 2011 年 4 月 28 日正式上线。百度旅游主页：http：//lvyou. baidu. com，如图 2-18 所示。

“百度旅游”积分体系分为经验值和财富值两部分，每个用户都会有一套属于自己的经验值、财富值、等级。经验值是用户可以通过在百度旅游上的优质贡献来获取财富值。积分规则如图 2-19 所示。

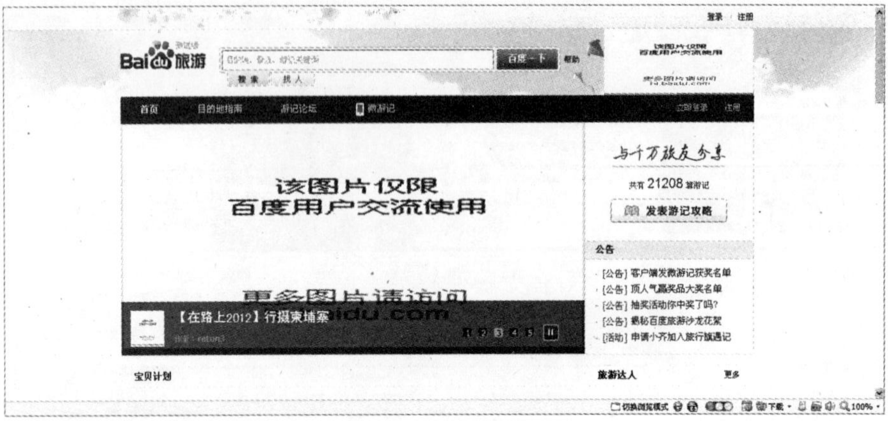

图 2-18　百度旅游

操作项	经验值	财富值
日常操作		
创建游记主题	每篇 5 分	每篇 5 分
新增游记	每篇 5 分	每篇 5 分
编辑游记	每篇 2 分（每天上限 20 分）	每篇 2 分（每天上限 20 分）
新增游记图片	每张 1 分	每张 1 分
发表回复	每篇 1 分（每天上限 20 分）	0 分
奖励		
游记被加为精华	一篇 10 分	一篇 10 分
旅游之星	一次 20 分	0 分
游记被推到首页	一次 10 分	0 分
图片被推到首页	一次 5 分	0 分
新用户首次登录	一次 20 分	0 分
每日登录	一次 2 分	0 分
积分降低		
游记帖被删除	扣除通过它们所获相应收益	
游记图片被删除		
回复被删除		
原创作者被删除		

图 2-19　百度旅游经验积分规则

随着经验值的增加用户也可以晋级并获得更高的头衔。另外，用户可以通过写游记等操作不断增加积分，用户的等级也会随积分不断晋升。等级规则如图 2-20 所示。

6. 百度新知

百度新知是一个基于搜索的社会化问答网平台，于 2011 年 6 月 8 日正式上线。百度新知并非独立品牌，而是和百度知道、百度百科等同属于搜索社区产品。百度公司收购了国际域名 xinzhi. com，目前需要邀请码才能注册登录，如图 2-21 所示。

等级	积分	头衔
1 级	0-100	旅游新秀
2 级	101-400	旅游新秀
3 级	401-800	初级旅友
4 级	801-2000	初级旅友
5 级	2001-4000	初级旅友
6 级	4001-7000	初级旅友
7 级	7001-10000	初级旅友
8 级	10001-14000	中级行者
9 级	14001-18000	中级行者
10 级	18001-26000	中级行者
11 级	26001-36000	中级行者
12 级	36001-50000	中级行者
13 级	50001-70000	中级行者
14 级	70001-100000	高级旅行家
15 级	100001-140000	高级旅行家
16 级	140001-220000	高级旅行家
17 级	220001-300000	高级旅行家
18 级	300001-	高级旅行家

图 2-20　百度旅游用户经验等级

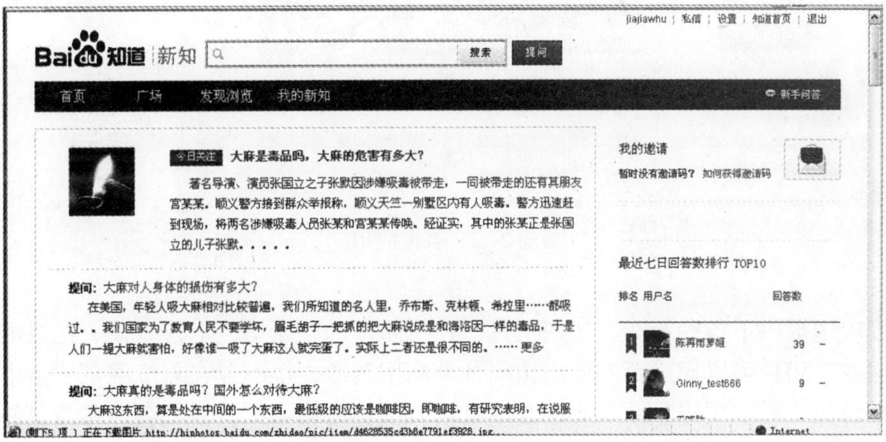

图 2-21　百度新知

百度新知是一个社会化高端互动问答交流平台，旨在让用户在这里可以找到志趣相投的朋友，可以自由的抒写心中的疑问，可以找到可信赖的回答，可以广泛参与讨论，还可以关注感兴趣的问题、话题、人并接收他们的最新动态。新知平台融合了各个行业和领域的精英，是共同构建的高质量问答知识社区。

和百度知道这类开放式的问答平台不同，社会化问答网站更强调人和关系所产生的价值，而互动的话题往往也更加的专业。

2.10 百度游戏娱乐

2.10.1 百度应用

百度应用是一个面向用户的应用分享平台，其应用资源主要由第三方开发者或提供商通过百度应用开放平台提供。用户只要在百度搜索框中输入应用名称等关键词，系统就能自动识别，通过框计算将最符合用户需求的结果以一种崭新的展现方式直接展现给用户——用户在搜索结果页上即可直接玩游戏、看电影，进行各种应用的交互操作。百度应用首页地址：http：//app. baidu. com/，如图 2-22 所示。

图 2-22 百度应用

百度应用提供了各种游戏、实用工具、在线阅读的电子书、电视直播、在线电台等在线应用服务，用户可以通过百度应用访问各种应用资源，也可以在百度网页搜索中找到想要的应用资源。百度应用是一个应用统一平台，可在搜索结果页找到各种高质量的应用。

2.10.2 百度 Ting!

百度旗下音乐平台 Ting! 于 2011 年 6 月正式上线。Ting! 拥有百万正版授权曲库，提供免费下载、在线播放等音乐服务。以“透过技术与艺术并重的服务，使听众随时随性享受音乐，让音乐人找到知音且取得商业成功”为使命，为音乐产业建立共赢生态链，影响中国数字音乐产业发展。

百度 Ting 首页：http：//Ting. baidu. com/，如图 2-23 所示。

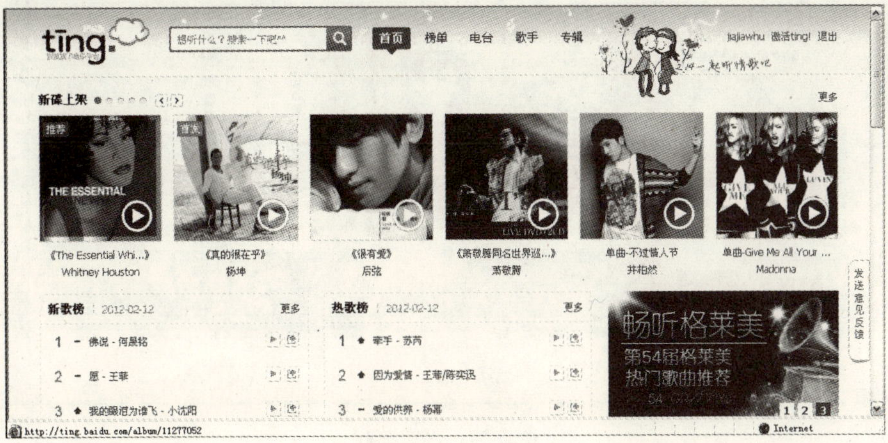

图 2-23 百度 Ting！

Ting！允许用户在线收听、下载合法授权音乐，并创建音乐库，而且该项服务将融入更多社交网络元素。Ting！采用类似音乐社区的概念运营，同时提供免费和收费两方面的服务，并有将用户向购买 CD 引导的措施。

2.10.3 百度游戏

1. 百度游戏概述

百度于 2007 年 9 月 19 日宣布游戏频道正式上线。百度游戏频道将游戏资讯搜索和玩家社区结合起来，除了提供游戏资讯的搜索外，还将互联网社区的运营经验加入到游戏频道中。百度游戏首页：http：//youxi. baidu. com/index. html，如图 2-24 所示。

2. 发展历程

2007 年 9 月 19 日，百度游戏频道正式上线了，游戏频道定位为最大的中文游戏搜索社区。游戏频道与诛仙、武林外传、完美世界、魔兽世界、征途、春秋 Q 传、光线飞车、劲舞团八个游戏实现了合作，并且默认的首页是诛仙。每个游戏都是独立的搜索页面，与游戏整合在一起，首页提供两大选项：重要游戏资料与最新游戏话题，可以方便的点击进入游戏社区。

2008 年 4 月 22 日，百度游戏频道推出百度游戏娱乐平台，并将原频道所属域名用于新平台的使用。该平台的模式是由百度提供平台入口及推广资源，由专业的游戏运营商提供具体游戏的运营维护。百度游戏的首批合作伙伴包括盛大、成都梦工厂、新娱兄弟、欢城互动四家游戏运营商。在这一模式下，百度与游戏提供商进行收益分成。首批上线的一共有 8 款网页游戏，分别为《纵横天下》、《方便面三国》、《乱舞春秋》、《帝国崛起》、

图 2-24 百度游戏

《XBA 篮球经理》、《天空左岸》、《兵临城下》。

2010 年 1 月，百度成立游戏事业部，推出面向第三方的游戏开放平台，开始深度切入与游戏厂商的合作。数据显示，目前百度游戏平台共有 30 多款游戏上线，累计注册用户超过 5000 万，其中活跃用户约 3000 万。

3. 百度游戏资讯

百度游戏资讯提供海量的游戏信息，包括上线的、非上线的、或者测试的游戏信息，用户只要登录百度游戏资讯网首页就可以得到想知道的游戏信息。百度游戏资讯首页：http：//07073. baidu. com/news/，如图 2-25 所示。

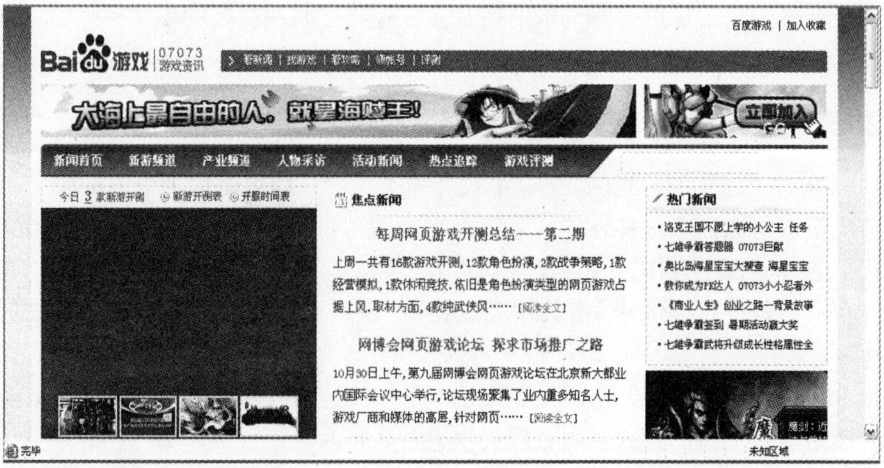

图 2-25 百度游戏资讯

2.11 百度移动服务

百度在拓展服务领域的同时，也在迅速将服务拓展到移动市场。百度移动服务包含移动搜索、掌上百度、手机输入法、百度·易平台、百度手机地图五大服务。

1. 移动搜索

百度移动搜索就是百度搜索在移动手机上的客户端，现在已经推出了 iPhone 版本、Android 和 WinPhone7 版本的“百度搜索”。移动搜索不仅聚合了百度最优质的搜索资源，百度网页、新闻、地图、视频等八大类的细分搜索服务，且新增了语音搜索和百度 Ding 功能，用户可随意切换领域，更可通过指尖快速找到精确的搜索结果。

据了解，“百度搜索”和此前推出的掌上百度相比，将更加专注于搜索的应用，将更加多元、细致的满足用户的深度搜索需求。

除了为用户细分常用的八大类搜索、语音搜索和 Ding 服务，百度移动搜索还在首页为热搜榜、hao123 导航、贴吧、小说等优质内容和服务提供了入口。同时，也非常注重细节方面的设计，客户端为用户提供了多种可自由更换的精美壁纸，彰显用户个性。

2. 掌上百度

掌上百度是百度公司开发以改善无线用户使用百度产品时的体验的手机软件。虽然不是浏览器，但是访问无线端的贴吧、知道是通过百度数据接口直接调用数据，速度远远快于其他基于 WAP 的浏览器，且浏览产生的流量很低，极大地节省了开支。此外，焦点新闻、天气、热门关键词、浏览历史等实用的信息功能也已同步推出。

掌上百度有着以下的特色功能：

(1) 节省流量。为了提升用户的无线搜索体验，百度对搜索结果进行了页面压缩的技术优化，掌上百度可以直接访问互联网网站，节省流量。百度贴吧、百度知道是通过百度数据接口直接调用数据，速度远远快于其他基于 WAP 的浏览器，且浏览产生的流量很低，极大地节省了开支。

(2) 即拍即传。掌上百度提供即时上传照片的功能，可以第一时间和网友分享讨论。

(3) 登录保持。无论是登录搜索，知道或者贴吧，只需登录一次百度账号，就能永远保持登录状态。

(4) 无验证码干扰。掌上百度专为手机用户设计了发贴和提问流程，不用输入验证码。

(5) 浏览效果佳。掌上百度无论是搜索结果，还是浏览问题和帖子，视觉效果都远远优于同类产品，同时带给用户最佳的浏览体验。

(6) 热门关键词随时知。掌上百度实时更新当前最新最热的关键词，无论是国家大事、热点新闻还是娱乐头条，都能随时查看全文。

(7) 掌上百度，论坛管家。掌上百度将各大热门论坛整合，为用户提供了丰富的论坛入口，全面支持论坛的注册、登录、发贴、回贴、验证码等功能，极大地提高了用户在操作时的便利程度。在浏览方面，采用百度的网页处理技术，在加快浏览速度的同时，为用户节省更多流量。

（8）掌上百度，资讯随身。掌上百度在百度搜索服务的支持下，为用户提供丰富的新闻内容源，同时利用百度先进的页面转码技术，对页面内容进行处理，不仅能够让用户快速的看到各类资讯，更为用户大幅度的节省了手机流量。

3. 手机输入法

百度输入法支持全拼、简拼、笔画、双拼、模糊音等多种输入方式，并且还采用了“点划结合”专利技术。在词汇量这一关键指标上，百度手机输入法超出了已有的输入法产品40%的容量。百度手机输入法还拥有强大的DIY能力，外观、操作习惯、词库等都能自定义，用户可定制属于自己的输入法。此外，网络功能强大，支持用户词库在线备份、在线更新新词热词等。

4. 百度·易平台

百度·易平台是一个深度整合了百度核心技术及服务的智能终端软件平台，具有极强兼容性。它不仅整合了百度的智能框搜索技术，强大的云服务，以及包括地图、掌上百度、易Ting、易阅和百度输入法等百度特色应用，同时通过定制和内嵌合作，为传统移动终端产品带来强大的云服务能力，通过创新的商业模式，解决移动终端厂商最大的短板，为开发者、厂商及上下游产业链带来商业价值。百度·易平台有以下的特色：

（1）智能框搜索。终端产品在开机后几秒钟内即可搜索，可以让用户快速直达所需搜索内容。语音搜索，即说即搜；程序内划词搜索，随划随搜；智能语义分析，精准识别需求；本地+云端数据全面匹配，精准呈现搜索结果。

（2）强大云服务。初始180G云端存储空间，可免费升级至无限量；支持本地文档、图片、音乐、视频的同步和通信录、程序进度的备份；一处上传，处处同步，网络信息，随心收藏；自动与百度庞大的云端数据库进行匹配，如有记录无需上传，更新文件，只上传更新部分，节省流量。

（3）贴心本地功能。百度·易平台包括多种本地功能，主要包括：智能拨号、来电归属地显示、流量监控、来电反骚扰、祝福短信、反恶意吸费、统一账号、易商店等功能，为用户的工作和生活带来便利。

5. 百度手机地图

百度手机地图客户端，支持全国2800多个县市地图浏览，快速定位、搜索地点、公交、驾车和步行路线，支持离线地图下载。百度手机地图主要的功能包括：

（1）搜索功能。

在搜索功能方面：除了支持一般地点、类别检索外，百度手机地图诺基亚版客户端开始支持商铺检索和对公交、地铁站点的检索。

在路线规划方面：百度手机地图除了支持基本的路线规划之外，更可以支持各位用户根据“时间、距离以及是否乘坐地铁”的不同方案来进行排序和重新规划。

附近搜索：支持以任意地点为中心，查找周边的设施或具体地点，并给出距离中心点的距离，方便用户规划行程；配合定位和路线规划，利于用户出行导航。

（2）定位功能。

实时路况和路况预测：对于手机地图用户，对这两个功能的依赖相对而言要比 PC 端用户更为强烈，而百度手机地图从 WM 版本客户端开始便一直支持该功能。

实时定位功能：百度手机地图支持实时更新用户位置，且当用户运动时给出运动方向，为下一步行为给出清晰指引，用户可以随时查看方向。

（3）保存和分享功能。

另存地图：保留当前屏幕截屏到手机，贴心省流量，不用联网，也可随时查看预先查好的地点和线路。

发送给好友：任意查询的结果，都能随时以短信或彩信形式直接发送给好友，而好友除了可以在彩信上、文字上查看之外，更可以通过附带的链接地址直接访问百度手机地图看到所发送的位置。

收藏地点、线路：遇到心仪或常用的地点和线路，可以直接收藏，随时调出查看。

（4）快捷按键功能。

手机上的“*”是放大，“#”是缩小，“9”代表下一个搜索结果，而“0”则是定位键，点击即可查看目前所处的位置。

2.12 百度站长服务

2.12.1 百度数据研究中心

百度作为最大的中文搜索引擎网站，每天响应数亿次网民的搜索请求。搜索的“关键词”忠实记录了网民主动提出的各种搜索需求，百度在此基础上建立起庞大的网民行为数据库。百度将每天数以亿计的搜索数据进行深度挖掘。从而实现更多商业价值。百度数据研究中心主页：http：//index. baidu. com/，如图 2-26 所示。

百度数据研究中心以这些海量数据搜索为基础，辅以科学的统计分析方法和丰富的行业研究经验，推出了百度行业报告，为企业提供决策依据。在该产品主页上可以看到，目前的百度行业报告已经覆盖银行、基金、网络游戏、汽车、化妆品、家电六大行业。这些行业报告精准、全面，对吸引企业在互联网上的广告投放很有意义。

2.12.2 百度风云榜

1. 百度风云榜概述

（1）百度风云概念。

图 2-26 百度指数

百度搜索风云榜是百度网页搜索中，事件，娱乐，生活等十几种类型的热门搜索内容的集合。百度搜索风云榜能够实时更新当前网友最关注，搜索最热门的内容，保证用户以快速便捷的方式对自己感兴趣的内容进行关注。百度风云榜每天发布的关键词风云榜，系根据前一天 0：00—24：00 的搜索量统计自动计算生成，每天早上自动更新。

（2）名词解释。

排名：该关键词搜索量在该分类中的当天排名。

关键词：用户搜索所用关键词，点击可以在新窗口中打开该关键词搜索结果页。

今日搜索量：当天早上自动统计的该关键词前一天 0：00—24：00 的搜索量。历史总搜索量：该关键词进入中文搜索风云榜后的每天搜索量相加总和。Top50 上榜天数：该关键词进入该分类 Top50 排行榜的天数。

日平均数：该关键词的历史总搜索量日平均数。

上升最快：取当天搜索量排名前 5000 个关键词，用它们的当天排名与前 1 天的排名比较，排名上升变化最快的关键词。前 1 天排名低于 5000 的关键词排名记为 5001。

2. 百度风云功能介绍

（1）百度搜索风向标。

百度搜索风向标以 flash 动画的形式将热点内容滚动的显示在网站首页，滚动显示的关键词是百度用户正在搜索的关键词，系统定期自动从日志记录中抽取关键词，搜索风向标将其显示在显示屏上。当鼠标移动到搜索风向标的时候，图片会放大预览，让用户能够从图片判断自己是否对该部分内容感兴趣。

（2）实时热点。

实时更新的热点词汇以列表的形式展现在网页最主要的部分，这部分热点多为新闻热词，搜索热词等，用户可以点击热词开始网页搜索，或者在百度搜索风云榜中浏览相关详细介绍。

（3）七日关注。

这个板块展示了七天之内搜索热词的搜索频率，并且可以关注这些词的热度是有所上升还是下降。

（4）现有内容模板。

百度搜索风云榜现有的主要内容模板包括：实时热点排行榜 Top50、七日关注排行榜 Top50、今日热门搜索排行榜 Top50、世说新词排行榜 Top50，事件、人物、娱乐、生活、奇艺、汽车、游戏、电脑、教育、金融、手机、小说。

2.12.3 搜索开放平台

1. 百度搜索开放平台概述

百度搜索开放平台，是网页搜索端框计算的资源数据提交平台。通过框计算实现的结果，具有以下特点：

（1）最大程度理解用户需求。

（2）返回给用户最恰当和优质的资源。

（3）最优化的样式展现。站长和开发者可以直接提交结构化的数据到百度开放平台，实现在关键词选择、排序位置、更新频率以及展现样式方面更精准、更优化、更丰富的强大应用，获得更多有价值的流量，使用户获得更好的搜索体验。

百度搜索开放平台首页：http：//open. baidu. com/，如图 2-27 所示。

图 2-27 百度开放平台

2. 资源收录标准与提交流程

百度开放平台收录商品类、招聘类、客服类、下载类、电视节目类和快递类 6 大资源，对每一类资源都制定了明确的资源收录标准和优化的资源提交流程。用户可以通过点击进入平台查看每类资源的详细信息。如果有多个同质资源提交审核，并都符合资源收录标准，那么平台会根据资源在覆盖面、时效性、准确性、完整性、原创性、权威性、稳定性以及页面组织等方面进行综合考虑，选择其中最优质、最能满足用户需求的资源推送上线，其他资源将会收录进入平台优质资源储备库。在资源质量相当的情况下，根据先到先得原则收录。线上的资源需要保持其在覆盖面、时效性、准确性、完整性、稳定性以及页面组织等方面的水准。如果线上资源质量下降，不再能满足用户需求，平台会将其下线，更换其他同质资源。因此，优质资源储备库中的资源的格式需和线上资源保持一致，以备资源替换的需要。如果用户的资源质量大大优于线上同质资源，用户可以提交申请，并提供充分的数据证明以供审核，如果审核通过，平台将对资源进行更换和调整。如果用户提交的资源不在上述类别，但是用户的资源符合以下条件，用户可以选择其他类资源进行提交。

（1）“确定性”数据。

（2）数据精确全面且及时更新。

（3）服务高度稳定，快速响应。

提交其他类资源，用户可以查看平台为用户提供的模板，并选择适合用户资源的模板提交用户的资源。审核结果会在七个工作日内通过邮件通知用户。资质申请通过后，用户的资源可以进入平台优质资源储备库。资源收录拓展到相应领域时，平台会优先考虑收录用户的资源并在第一时间通知用户。

2.12.4 站长平台

1. 百度站长概述

百度站长平台是一个服务于百度网页收录的数据提交平台。通过本平台网站的有效数据将更容易、快速、全面地被百度网页收录。百度站长平台的功能如下：

（1）大批量向百度推送希望收录的数据；

（2）在一定程度上减轻抓取产生的额外负担；

（3）网页更容易被百度收录，新增和删除数据，更快被百度所知道；

（4）查看数据的详细统计等其他附加功能。

2. 百度 sitemap 协议

百度 sitemap 协议是百度支持的网页收录标准，站长可以将网站中的网页 url 制作成标准的 sitemap 文件，用于指引百度搜索引擎快速、全面地抓取或更新网站上内容及处理错误信息。

百度 sitemap 支持标准的 XML 格式 sietmap 文件以及文本格式的 sitemap 文件，如果有多个 sitemap 文件，还可以使用 sitemap 索引文件提交。sitemaps 协议格式由 XML 标记组成。sitemap 的所有数据数值应为转义过的，文件本身应为 UTF-8 编码。

2.12.5 百度联盟

1. 百度联盟简介

百度联盟提供互联网流量变现专业服务，帮助挖掘流量的推广价值，同时为推广客户提供回报。百度联盟与网站、软件、网吧、电信运营商、终端厂商等多类伙伴合作，打造简单、可依赖的专业媒体平台。迄今为止，百度联盟已推出搜索推广合作，网盟推广合作，开放平台合作，新业务合作等多种业务合作形式。此外，百度联盟先后推出先锋论坛、联盟志、大联盟认证、常青藤成长计划和互联网创业者俱乐部等多项举措帮助伙伴成长，并汇集伙伴力量发起联盟爱公益平台。到2011年，百度联盟累计注册网站超过50万，日均曝光量超过45亿次；并与国内外五百余款知名软件、几十家网吧应用服务提供商合作，将搜索服务推送到上亿台电脑终端上。

2. 百度联盟发展历程（见表2-1）

表2-1 百度联盟发展历程

年份	会员成分	重要事件
2002	413万	百度联盟正式成立
2003	1064万	正式运营搜索流量合作分成的商业模式
2004	1090万	开始电信渠道的开拓与建设，取得南方电信及北方网通数省合作的突破性进展
2005	2121万	打造并推广百度联盟；另一龙头产品百度主题推广12月，建立二级联盟体系，构造联盟产业健康的生态环境，促进联盟通路的专业化发展
2006	7518万	首届百度联盟大会 百度联盟积分奖励 计划启动 《联盟志》创刊 召开百度先锋论坛
2007	2.0470亿	第二届百度联盟峰会大联盟认证上线百度TV业上线真心服务三大承诺
2008	4.1840亿	第三届百度联盟峰会 方案团队正式成立 合作推广业务上线 百度知道联盟成立 百度统计正式上线

续表

年份	会员成分	重 要 事 件
2009	6.9767 亿	第四届百度联盟峰会蓝天 365 诚信行动启动 常青藤成长计划启动 网盟推广正式上线 百度广告管家正式上线 联盟爱公益行动启动
2010	7.581 亿	第五届百度联盟峰会 互联网创业者俱乐部 百度联盟爱春雨行动 框广天地，搜赢未来百度营销中国行 互联网创业者训练营 百度广告管家全网开放 百度统计全网开放

3. 业务范围与介绍

（1）搜索推广合作业务。

百度联盟搜索推广合作，是为合作伙伴提供的搜索支持服务。合作伙伴通过网站、软件、网吧等渠道，在让自己的用户便捷地使用搜索引擎的同时，还能根据用户搜索的关键字显示最相关的百度推广内容，从而为合作伙伴带来收入。百度联盟合作业务包括网站合作、软件合作、网吧合作以及其他战略合作。

网站合作：拥有网站即可申请搜索推广合作。通过把百度搜索框代码投放到任一网页，就可以向自己的用户提供搜索推广合作功能，并获得百度推广分成。

软件合作：软件作者或软件公司可申请参与百度工具栏产品合作、地址栏产品合作、软件直接调用搜索合作、软件网站投放搜索框等合作方式，提供高质量搜索服务的同时，也可获得百度推广分成。

网吧合作网吧软件提供商可以通过设置浏览器首页为百度、百度地址栏合作和添加百度搜索桌面快捷等方式与百度展开合作。

其他战略合作：百度联盟与联通、电信、移动、手持设备，电脑终端等运营商有不同层次的战略或业务合作，为细分到地市区县的用户服务。

（2）网盟推广合作业务。

百度联盟网盟推广合作业务通过网站页面的内容，将与主题最相关的百度推广投放到网站相应的页面，为推广客户和网站主带来推广内容投放效益的最大化。网站用户通过点击文字链产生收入，网站主就可以从百度获得相应的分成。

（3）新业务合作业务。

随着业务发展，百度联盟不断推出新型合作计划。2011 年百度新业务产品形式主要包括百度鸿媒体、百度 TV 和其他 CPA/CPS/CPL 等。

百度鸿媒体是百度推出的精准展示类广告网络，依托百度先进的技术实力和庞大的网民行为数库，对网民的上网行为进行个性化的深度分析、聚类，按广告主需求精准锁定目标网民，进行一对一传播。百度联盟可以帮助品牌广告主找到目标受众，在中高端媒体的优质位置上展现包括视频、富媒体在内的多种高冲击力创意广告，可以提升中高端媒体流量变现能力，实现中高端媒体的品牌广告价值。

（4）开放平台合作。

百度应用开放平台合作是开发者及应用提供者通过加入百度应用开放平台而获得基金奖励的业务合作模式。百度应用开放平台是一个开放式的数字产品平台，通过百度搜索的精准定位，将在线应用直接展现给亿万网民，同时开发者还能获得百度应用开放平台提供的基金奖励。自百度应用开放平台上线以来，已经吸引了包括在线小游戏、在线阅读、在线视频、在线工具等众多优质内容的加入。

（5）百度 TV。

百度 TV 是百度推出的视频推广业务，能发掘互联网媒体的显性价值，为推广客户带来“声、光、电”的网络传播效果。通过网站、软件以及网吧等媒体投放代码，根据页面内容、阅读人群、地域等诸多要素，匹配出最适合的视频推广内容。

2.12.6 百度推广

1. 百度推广简介

百度推广是由百度公司推出，企业在购买该项服务后，通过注册提交一定数量的关键词，其推广信息就会率先出现在网民相应的搜索结果中。就是当用户利用某一关键词进行检索，在检索结果页面会出现与该关键词相关的广告内容。关键词广告是在特定关键词的检索时才出现在搜索结果页面的显著位置。百度按照实际点击量（潜在客户访问数）收费，每次有效点击收费从几毛钱到几块钱不等，由企业产品的竞争激烈程度决定的。

2. 百度推广优势

（1）全球最大中文搜索引擎，覆盖面广。

全球最大中文搜索引擎百度，每天有超过 6000 万人次访问百度或查询信息，是使用量最大的中文搜索引擎。经中国电脑教育报万人评测及 IResearch 等著名咨询顾问研究表明，百度成为网民最常使用的和最受欢迎的中文搜索引擎。

（2）按效果付费，平均成本低，投资回报高。

百度推广是按照给企业带来潜在新客户的访问量计费，企业可以根据自己的需要，灵活控制推广力度和投入。

（3）针对性强，帮企业找到潜在目标客户。

百度推广让企业注册有针对性“产品关键字”（即企业产品或服务的具体名称），使企业产品网页出现在相应搜索结果最靠前的位置，让真正对企业产品感兴趣的潜在客户直接了解产品和服务信息。

（4）全面支持企业全线产品推广。

百度推广可以同时注册多个“产品关键字”，数量没有限制，通过注册大量“产品关键字”使得企业的每一种产品都有机会被潜在客户发现。

（5）专业服务团队，全程贴心服务。

专业客户服务中心，为用户提供全程跟踪个性化服务，确保客户利益得到保证。

3. 百度推广交易流程

百度推广按照给企业带来的潜在客户的访问数量计费，企业可以灵活控制网络推广投入，获得最大回报。操作步骤如下：

第一步：企业选择推广关键词，百度联盟网站，发布推广信息；

第二步：潜在客户在百度搜索，或者浏览百度联盟，点击企业推广信息；

第三步：客户与企业进行联系洽谈，达成交易。

4. 百度推广计费方式

点击价格取决于企业与其他客户该关键词的排名、出价和质量度，最高不会超过为关键词所设定的出价。如果企业关键词排在所有推广结果的最后一名，或是唯一一个可以展现的推广结果，则点击价格为该关键词的最低展现价格。质量度越高，该关键词的最低展现价格就相对越低。每个关键词的点击价格分别如下：

（1）关键词的点击价格肯定不会超过自己设定的出价。

（2）在同一排名上，质量度越高，需要支付的点击价格就越低，建议不断优化质量度以降低推广费用，提升投资回报率。

（3）竞争环境随时可能发生变化，即使出价不变，同一关键词在不同时刻的点击价格也可能不同。

5. 百度推广托管

百度推广托管主要包括关键词策划、URL 链接、结构优化、创意优化等。以下简要介绍：

（1）优化的账户结构。

审视每个推广计划和推广单元，看是否可以有优化的空间。从推广目的出发，为实现不同的推广目标建立不同的推广计划，并将意义相近、结构相同的关键词划分到同一推广单元，针对关键词撰写创意，并控制每个推广单元内关键词的数量，以保证这些关键词与创意之间具有较高的相关性。尽量保证在每条创意中都使用通配符。

（2）改进创意的撰写质量。

创意撰写的基本原则是要确保语句通顺、意义完整。高质量的创意一方面可以吸引网民关注，提高点击率，另一方面，也有利于增强搜索词、关键词与创意的相关性，从而提升质量度。优化创意的一个重要方法就是在创意中插入通配符来获得更多的飘红。可以通过创意报告来对比、评估创意的吸引力，并不断优化。

（3）选择合适的访问 URL 和显示 URL。

访问 URL 的选择应根据创意和关键词不同而不同，为保证推广效果，建议将网民直接带至包含推广结果中所提供的信息的网页。对于显示 URL，建议直接使用完整的域名，在增强网民信任感的同时，也便于网民的记忆，加深对网站的印象。也可以通过调整显示 URL 的表现形式，如首字母大写等，来吸引网民的关注。

（4）选择更具体、商业意图更明显的关键词。

不同网民在使用同一搜索词时，搜索需求可能是多种多样的，如搜索“法语”的网民可能是在寻找专业的法语培训机构，也可能只是想了解关于法语的基本常识。相对来说，搜索“法语培训”、“法语培训寒假班”的网民明确地表达了对法语培训的需求，会更关注和重视相关的推广结果，也更有可能访问企业网站做进一步的了解。因此，更具体、商业意图更明显的关键词往往也是点击率相对更高的关键词。

（5）优化匹配方式。

按照“由宽到窄”的策略来选择匹配方式，即新提交的关键词尽量设为广泛匹配，并保持至少两至三周的时间用以观察效果。在此期间，可以通过搜索词报告来查看关键词匹配到了哪些搜索词。如发现不相关的关键词，并通过百度统计发现不能带来转化，可以添加否定关键词来优化匹配结果。如搜索词报告表现仍然不理想，可以使用更具体、商业意图更明显的关键词，或尝试短语匹配或精确匹配。

（6）调整出价，即每次最高点击价格。

根据关键词的效果和预算情况，对推广单元或关键词的出价进行调整。

（7）修改推广设置，包括推广地域、推广预算等。

结合分地域报告来评估在各推广地域的投资回报率，调整在各地域的推广方案。企业在评估效果、衡量投入产出比的基础上，结合推广下线时间，定期对每日预算进行调整。由于百度的流量一直处于自然增长中，如果企业希望覆盖这部分新增的潜在客户，那么企业预算应保持同样的增长趋势。

百度推广托管、优化是一个逆水行舟，不进则退的过程，企业要委托专业 SEM 机构管理，持续关注账户表现，在观察、总结的基础上摸索更符合自己推广目标的优化方法，或委托专业的搜索引擎营销机构代为管理。

2.12.7 广告管家

1. 广告管家简介

百度广告管家，是一款免费、专业、易用的在线广告管理系统，该系统帮助网站站长轻松实现专业的广告位管理、广告投放和数据统计。

百度广告管家提供了广告投放管理、收益优化、定向投放、广告托管、广告数据统计报告等功能，几乎涵盖了目前所有网站站长的广告管理需求。登录百度广告管家，广告投放管理可以支持对固定、弹窗、漂浮三种类型的广告位投放的管理操作，并提供按地域、接入方式、日期、浏览器、浏览器语言、操作系统、来源域、分辨率、被访 URL 等定向投放方式的管理。广告计费方式提供按日、按展现、按点击三大主流计费方式。

2. 广告管家特点

百度广告管家使用比较简单。首先需设置网站广告位和广告内容，然后将广告位与广告关联起来，最后获取两段代码，插入网站源码对应的位子，其中每一项设置均有好几个个性化的选项。广告管家的特色如下：

（1）精准投放。

可以根据访客的地区、接入方式、来访时间、浏览器、浏览器语言、操作系统、电脑分辨率、来源域、被访链接等分别投放广告。

（2）根据投放策略自动管理广告。

广告主可以按照按日、按展现、按点击3种主流计费方式三种方式设置广告，百度广告管家按照广告性质不同对广告进行不同管理。例如：按日展现，规定的日期结束后，就会自动撤换广告；按点击展现，可以设置总金额和点击单价，百度广告管家会自动计算账户余额，当余额不足时立即停止广告投放。

（3）免费的广告图片、flash空间。

可以免费存储广告中的图片、flash到百度空间中，节约流量，加快网站显示速度。

（4）提供广告展示量、点击率的详细报告。

（5）所有广告均在百度广告管家中管理。

使用百度广告管家后，不用因为更改广告位而修改源码，也不用到后台修改，所有广告操作都在广告管家中完成。

3. 广告管家其他功能

百度广告管家提供免费的广告存储空间，支持文字、图片、Flash、富媒体四种格式广告物料，这一功能为网站站长节省带宽流量同时也提高了工作效率。数据统计分析报告为用户提供了广告报告、销售报告、网站资源报告等三大类九种数据分析报告，这种梳理后的报告可分日期、分地域、分广告、分广告位四种方式呈现，网站站长通过报告及时地了解网络广告推广效果，并及时作出调整，这种细分式的报告相比单一的统计报告更有价值，网站站长不需购买或使用其他的数据监控服务软件，节省了成本，提高了工作效率。

收益优化功能对于闲置的广告位可选择自动使用网盟推广合作进行补余，大大提升了网站的收益。

2.12.8 百度指数

百度指数（http：//index. Baidu. com）是以百度网页搜索和百度新闻搜索为基础的免费海量数据分析服务，以反映不同关键词在过去一段时间里的“用户关注度”和“媒体关注度”。让用户可以发现、共享和挖掘互联网上最有价值的信息和资讯，直接、客观地反映社会热点、网民的兴趣和需求。它以曲线图、相关新闻、专业评论的方式为用户进行分析。用户关注度是以数千万网民在百度的搜索量为数据基础，以关键词为统计对象，科学分析并计算出各个关键词在百度网页搜索中搜索频次的加权和，并以曲线图的形式展现。媒体关注度是以百度新闻搜索中与关键词最相关的新闻数量为基础。统计关键词被新闻媒体曝光的次数，并以柱状图的形式展现。指数每天更新一次，并且提供用户“1 个月”、“3 个月”、“6 个月”和最长“1 年”的时间区间。同时，根据不同的关键词。机器自动从百度新闻搜索中获取与该关键词最相关的 10 条热门新闻，并将新闻按时间顺序均匀分布在“用户关注度”的曲线图上，以字母表示。每个字母对应一条新闻。

进入百度指数首页。在搜索框内输入一个关键词进行搜索，即可搜索出对应的指数数据。如果存在唯一的关键词，将会进入指数数据查询结果页面，在这里，能查看到该关键词的详细数据和曲线图。如果不存在唯一的关键词，将会进入指数列表选择页面，在这里，能查看到所有包含所输入关键词的其他相关指数。点击其中任意一个指数的链接，将会进入指数数据查询结果页面，查看该关键词的详细指数信息。百度指数注册用户有权添加还没有的关键词到百度指数当中，并且将被系统记录为该关键词的首次添加者。但想要注册成为百度指数用户，必须要获得百度指数邀请信。

通过百度指数，用户可以开放式检索、发现和追踪社会热点和话题；跟踪新闻事件点，预知媒体热点；获取行业关键词指数，掌握商机；开放式获取互联网权威数据，进行科学研究；监测网站关键词变化数据。

2.12.9 百度应用开放平台

1. 百度应用开放平台简介

百度应用开放平台是一个面向用户的应用分享平台，其应用资源主要由第三方开发者或提供商通过百度应用开放平台提供。用户只要在百度搜索框中输入应用名称等关键词，系统就能自动识别，通过框计算将最符合用户需求的结果以一种崭新的展现方式直接展现给用户——用户在搜索结果页上可直接玩游戏、看电影，进行各种应用的交互操作。

在百度上搜索关键词时，一个可以直接点击操作的应用模块取代了以往的网页链接，出现在搜索结果页的最上端，这一功能便是百度应用开放平台。百度应用开放平台涵盖游戏、在线娱乐、安全杀毒、生活常用工具等诸多领域。百度应用开放平台是百度“框计算”理念下的重要布局，基于新的百度应用开放平台，更多优质的互联网应用资源将得以与网民需求直接对接，当用户在百度搜索内输入相关请求时，这些应用会直接呈现在搜索页面上，用户无需其他操作即可在线使用，真正实现“即搜即用”。以小游戏“连连看”为例，在百度网页中输入“连连看”并点击搜索时，搜索结果列表最上端出现了一张图文并茂的包罗各种“连连看”游戏的橱窗展示区，随意点击其中一个，就可以直接在页面上开始游戏；而搜索“豆瓣电台”时，搜索结果的首条位置则是一个可以直接播放的豆瓣电台播放器。

2. 百度应用开放平台产生背景

百度应用开放平台产生的原因有以下的四点：

第一，在中国当前没有一个非常的主流的全开放的超级应用开放平台。互联网上有很多开放平台，但是相互间合作不尽如人意，从而导致整个应用成本相对偏高。

第二，这是第一个问题带来的，也就是因为没有这样大型的应用平台，所以导致应用门槛相对偏高。

第三，大多开放平台合作应用纯免费，缺少普遍稳定的合作收益模式。在国内很难通过收费的方式让大家获得充分的收益，于是就造成了很多的开发者其实不愿意到国内来发展。

第四，对于版权的保护缺少合理机制，后续创新缺少动力。我们可以发现一个问题，Facebook 是基于 Web 端的平台，里面有超过 50% 是华人开发，但是这些人都不愿意回国，于是，是否能够搭建这样一个桥梁，一端是开发者，另外一端是用户，一边让开发者获得充分的收益，另外一边让用户获得更好的体验，成为了一个新的命题。

基于以上四点原因，百度开放平台应运而生。

3. 百度应用开放平台盈利模式

百度提供的收益模式有收费应用分成，增值应用的收费分成，还有免费应用捐赠。但是最核心的，就是百度应用开放平台跟百度联盟团队携手推出的百度应用成长基金。它就是致力于要解决广大的免费应用无法获得收益模式的基金，这个基金是由百度投入的。计费的方式就是以用户的有效使用次数进行计数，根据不同的分类，不同的类别定出不同基金奖励的额度，只要你的应用受欢迎，只要你的应用的用户体验好，百度应用开放平台会给你分更多的钱。百度应用开放平台将这个基金总结成两个特征：第一合作上限有参与，第二用户收益有分成。百度应用开放平台希望能够全面的结束广大海外开发者免费打工的时代。

除了这些收益模式之外，另外很重要的一点就是品牌展现。很多的网站都跟百度应用开放平台合作，除了流量、用户，以及能获得直接收益以外，还有最核心的一点就是对品牌的展示。

2.13 百度软件工具

2.13.1 百度软件简介

百度软件开放平台向全球互联网用户提供绿色、安全、开放的软件服务。对用户而言，可以更方便、快捷地找到所需客户端软件；对于软件厂商而言，可以更好地推广自身软件产品；对下载站和 IDC 而言，可以获得海量百度流量，提升企业价值。百度软件开放平台的推出，推动软件产业的良性发展，打造绿色软件产业生态链。百度软件首页地址：http：//soft. baidu. com/。

2.13.2　百度软件工具介绍

1. 百度浏览器

百度浏览器充分发挥了百度在云端和客户端的核心优势，结合了百度搜索应用平台，并背靠百度的框计算战略。百度浏览器的主要特色：

（1）简单可依赖的界面，简洁易操作的设计。

（2）安全浏览模式融合了沙箱技术和 IE 保护模式的优点，创造出更加安全的上网环境。

（3）依托百度搜索亿万级数据，打造智能地址栏。

（4）无需调用其他下载程序，使用浏览器内建的下载可以完成大多数下载任务。

（5）支持导入本地 ie 收藏夹的内容和 html 文件，针对 IE、360、搜狗、傲游、QQ、世界之窗、chrome 等浏览器的 html 也可一键导入。

（6）文字、图片、链接可以随意进行拖曳。

2. 百度影音

百度影音是百度公司推出的一款全新体验的播放器，支持主流媒体格式的视频、音频文件，实现本地播放和在线点播。

百度影音支持网页播放和播放器播放两种播放模式，而且都可以在播放完毕后得到一部完整影片。百度影音播放采用的是 P2P 原理，下载速度相对不错，播放很少会有停滞卡壳的现象。并且允许用户在播放过程中自由拖曳或利用左下角按钮查看下载详情，同时也支持缓冲位置自定义。

3. 百度 Hi

百度 Hi 是百度公司推出的一款集文字消息、语音视频通话、文件传输等功能于一体的即时通讯软件，主要有百度好友、兴趣搜人、兴趣群组、百度空间、密友排行、邮箱登录、皮肤换色等功能模块。

百度 Hi 是打通和整合百度社区产品的通行证。用户能从百度空间页面上添加好友到百度 Hi；在贴吧、空间、知道等页面上向百度好友发起的即时通话；贴吧的吧主可建立属于该贴吧的百度 IM 群；用户可在群里向贴吧“图片库”上传图片；与百度音乐掌门人结合，可在好友列表里实时显示出好友发布的专辑；建立基于 IM 的社区聊天室。

百度 Hi 特色功能介绍：

（1）增加百度知道、百科的提示功能。

在百度知道里的问题有了新答复、答案被采纳为最佳答案，或是在百度百科里编辑的词条被采纳为优质版本，百度 Hi 都会弹出提示消息框。

（2）显示好友空间最新动态。

鼠标放在好友头像上能看到好友空间的最新情况。

（3）增加“找朋友”功能。

点击“看看谁在线”可以查看当前在线用户及详细资料，并可随时添加用户聊天。

（4）可设置消息提示模式。

不同的上网环境，不同的聊天需求，选择合适的消息提示模式，设置方法：菜单>>系统设置>>通知和声音。

（5）增加临时会话功能。

百度 Hi 可以增加临时会话和“找朋友”功能，百度知道、空间、百科消息提醒功能。

2007 年度中国互联网调查统计数据显示，中国 IM 市场规模已达到 47.5 亿元人民币。2009 年，这一市场规模已达到了 87.6 亿元。显然，超过 30% 的市场年增长速度，加之 IM 软件的用户黏性，这是不断吸引新的竞争者加入的主要原因。2009 年 3 月百度 Hi 的同时最高在线人数曾经突破 130 万！

4. 百度工具栏

百度工具栏是一款免费的浏览器工具栏，支持用户添加自定义按钮，可以将其他网站的搜索引擎添加到自定义按钮，并能直接对该网站进行搜索服务。主题按钮可一次下载一个系列的多个按钮，还可以提交自己制作的按钮与人分享。

百度工具栏自定义搜索功能，可以实现对其他网站的搜索。搜索框内嵌风云榜、掌握热门关键字、支持百度账号自动登录、整合百度空间、百科和搜藏功能、随意定制个性化首页。同时还提供 IE 首页保护、广告拦截、上网伴侣等多种功能。

5. 百度输入法

百度输入法是百度公司提供的免费输入软件。它基于百度搜索技术，拥有强大的词库，支持 Windows XP、Vista 和 Windows7 系统。目前，百度输入法手机版最先发展，并迅速得到了手机用户的青睐，尤其是在塞班 S60 第五版全触屏手机系列中，有不俗的表现。百度为不同平台提供了输入法工具，其中包括 Windows 平台的拼音输入法、日语输入法，手机平台的手机输入法，以及在线输入法，旨在加强用户体验。

百度输入法的特点：

（1）综合效率高。

百度手机输入法支持全拼、简拼、笔画、双拼、模糊音等多种输入方式。百度手机输入法拥有点划结合专利技术，1 按键区域+4 方向=5 种输入，配合创新人机界面，解决触摸屏设备单手快速输入问题。并可以在不切换的情况下，直接输入中文、英文、符号和数字等。不仅给你极佳的单手输入体验，同时带来极高的输入效率。配合百度强大而精准的词库，极大提升了输入效率。

（2）搜索速度快。

百度手机输入法内置了手机桌面搜索框，将上网搜索步骤减少至最少。手机搜索框，只需要 3 个步骤：快捷键启动搜索框——输入关键词——搜索。

（3）个性化十足。

百度手机输入法可以变换各种皮肤，让输入过程也变得个性化。百度手机输入法的换肤能力不是简单美化界面，有强大的扩展功能，支持自定义码表、按键和界面布局等，可定制丰富的个性化 DIY 输入方式，自定义快捷键，实现不同的输入体验。百度手机输入法还提供个人词库在线备份与恢复功能，更换手机时，不必重新积累词频排序与个人输入习惯设定。

6. 千千静听

千千静听是一款免费的音乐播放软件，拥有自主研发的全新音频引擎，集播放、音效、转换、歌词等众多功能于一身。有小巧精致、操作简捷、功能强大等特点，被网友评为中国十大优秀软件之一，并成为目前国内最受欢迎的音乐播放软件之一。

千千静听拥有自主研发的音频引擎，支持 DirectSound、Kernel Streaming 和 ASIO 等高级音频流输出方式、64 比特混音、AddIn 插件扩展技术，具有资源占用低、运行效率高，扩展能力强等特点。

千千静听支持 MP3/mp3PRO、AAC/AAC+、M4A/MP4、WMA、APE、MPC、OGG、WAVE、CD、FLAC、RM、TTA、AIFF、AU 等音频格式以及多种 MOD 和 MIDI 音乐，以及 AVI、VCD、DVD 等多种视频文件中的音频流，还支持 CUE 音轨索引文件。

千千静听支持高级采样频率转换（SSRC）和多种比特输出方式，并具有强大的回放增益功能，可在播放时自动将音量调节到最佳水平以实现不同文件相同音量；基于频域的 10 波段均衡器、多级杜比环绕、交叉淡入淡出音效，兼容并可同时激活多个 Winamp2 的音效插件。

千千静听支持所有常见的标签格式，包括 ID3v1/v2、WMA、RM、APE 和 Vorbis 等，支持批量修改标签和以标签重命名文件，轻松管理播放列表；并且采用 freedb 接口实现自动在线获取 CD 的音轨信息的功能。

7. 百度浏览伴侣

百度浏览伴侣是一款丰富浏览器功能、提升浏览器上网体验，集全方位百度搜索服务于一身的浏览器辅助工具。百度浏览伴侣主页地址：http：//banlv. baidu. com/，如图 2-28 所示。

图 2-28　百度浏览伴侣

2.14 百度其他服务

2.14.1 百度翻译

1. 百度翻译概述

百度翻译是一项免费的在线翻译服务，支持中文和英文、中文和日文之间的文本、网页翻译功能，输入要翻译的文本或者网页地址，敲回车键，或者鼠标点击百度翻译按钮，即可获得和原文或者原网页相对应的翻译结果。

网页支持自动检测语言，无须选择翻译方向，百度翻译自动检测语言并给出相应的翻译结果。也可以点击下拉菜单选择特定的语言翻译方向，如“英→中”。

2. 文本翻译结果说明

（1）单词翻译结果，如图 2-29 所示。

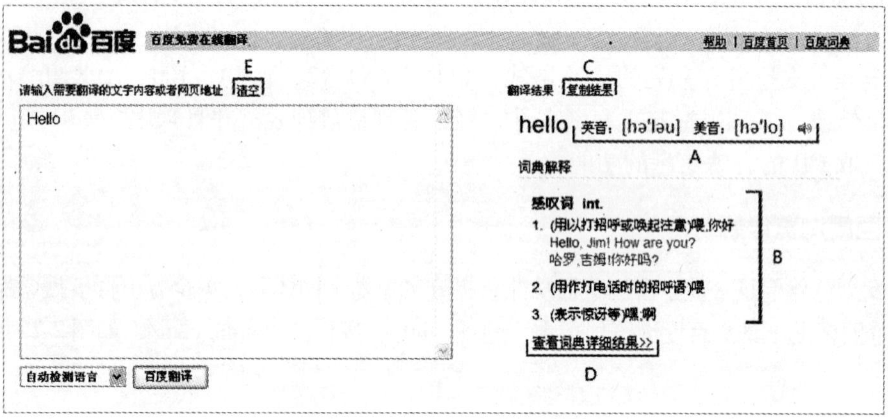

图 2-29 百度单词翻译结果页

（2）短语、句子、段落、文章翻译结果。

网页将文本框内的文本翻译结果显示在输入框右侧的输出部分，如图 2-30 所示。

双语飘色对照：在结果显示页用鼠标移动到译文中的文字上，相应的原文和译文都飘色显示，可以逐词逐句地进行双语对照，如图 2-31 所示。

3. 网页翻译结果说明

百度翻译提供网页翻译功能，在输入框中输入需要翻译的网页地址，点击翻译按钮后，即可得到翻译后的网页。网易结果如图 2-32 所示。

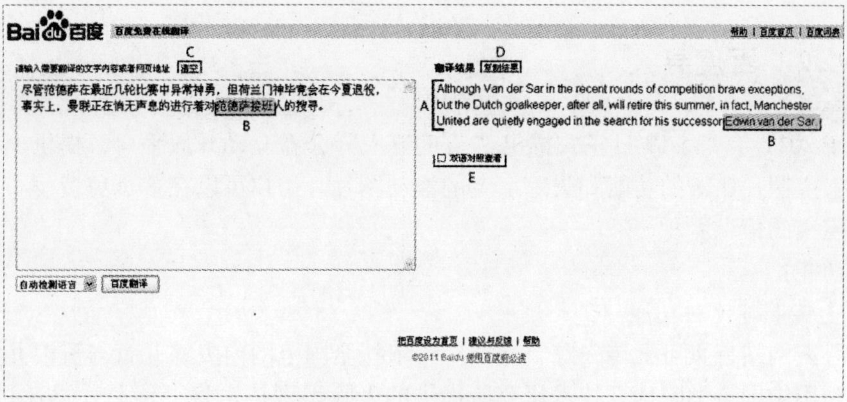

图 2-30　百度文档翻译结果

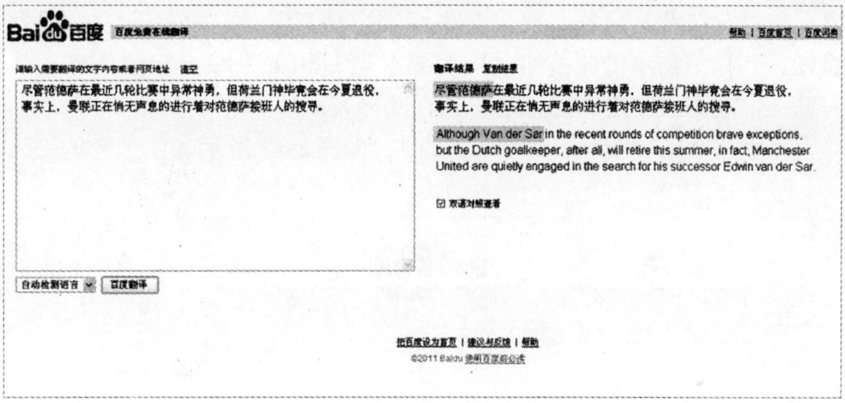

图 2-31　百度翻译双语飘色

图 2-32　百度网页翻译结果页

2.14.2 百度寻人

百度于2011年2月19日正式推出“百度寻人”公益互动开放平台，提供上传失踪宝宝及流浪宝宝照片比对的功能和失踪宝宝的滚动图片。用户可以在首页免费发布失踪宝宝或者流浪宝宝的信息。

主要功能：

（1）上传照片比对功能。

百度寻人网站首页可上传失踪宝宝照片，依托全国范围内失踪儿童与流浪儿童的开发数据库，利用中国科学院计算技术研究所提供的人脸识别技术将上传照片迅速进行比对，将比对结果反馈给用户。

（2）免费发布信息功能。

百度寻人首页有“我是家长，要发布失踪宝宝信息”或“我是网友，要发布流浪宝宝信息”按钮，用户只需单击此按钮，按照要求填写相关失踪宝宝的信息，就可以快速免费地将失踪宝宝或流浪宝宝的信息发布到百度寻人网站。

百度寻人首页：http：//xunren. baidu. com/，如图2-33所示。

图2-33 百度寻人

2.14.3 百度公益

百度公益专题页面集成百度咨询频道即时收录的所有公益活动的新闻、百度贴吧里与公益活动相关的各种帖子以及各种公益组织的介绍与链接方式。通过这一平台，团结明星、公益组织、个人公益爱好者的力量，提供一个供多方自由交流的机制，以推动公益事业的发展。

百度公益首页：http：//gongyi. baidu. com/，如图2-34所示。

图 2-34 百度公益

作为中文互联网最大的搜索引擎和虚拟社区，百度汇集了中国互联网主流用户的关注力，为公益事业的成功提供了高度的人员关注度。

2.14.4 百度基金会

百度公益基金会是由百度公司于 2010 年 8 月发起，2011 年 1 月经北京市民政局审核批准成立，并由北京市民政局主管的地方性非公募基金会。北京百度公益基金会的原始基金为 2000 万元，由百度在线网络技术（北京）有限公司捐赠。

百度基金会的宗旨是：以信息技术打造公益平台，弥合信息鸿沟，促进知识共享，构建和谐社会。基金会的业务范围包括：资助青少年、弱势群体、贫困地区与公益机构提高信息技术应用水平，推动建立公益信息平台，资助救灾、教育、环保等公益项目。百度基金会关注“知识教育、环境保护、灾难救助”三大领域。基金会的 LOGO 也是由代表这三个领域的三颗心组成，如图 2-35 所示。

百度基金会
Baidu Foundation

图 2-35 百度基金会 LOGO

2.14.5 百度盲道

百度盲道是为视障人士提供上网阅读信息、参与社区互动、听歌、访问互联网上其他相关网站的特殊入口。百度盲道于2007年4月25日上线，包括7项主要的搜索服务，分别是盲道版的百度新闻搜索、百度网页搜索、百度MP3搜索、百度贴吧、百度知道、百度百科、hao123网址导航，与普通网页不同的是，每个功能页面布局很简单，没有登录入口和五花八门的图片。它主要的目的就是简化屏幕显示的信息，便于读屏软件的使用。

2.14.6 老年搜索

2009年4月9日，百度正式发布专门为中老年人群量身定制的搜索产品——百度老年搜索，此搜索是百度在2009年的首个新产品。百度老年搜索是继“百度少儿搜索”、“百度盲道”之后，百度又一次为细分弱势群体推出的特色化搜索引擎服务项目。

2009年10月26日，百度老年搜索实现了Web手写输入功能，用户可以直接通过鼠标移动来输入汉字，为不习惯键盘打字的用户使用搜索引擎带来便利。百度始终以“弥合信息鸿沟、共享知识社会”为企业社会责任战略目标，百度老年搜索进一步弥合中老年上网人群与互联网间的信息鸿沟，让他们也能和其他网民一样共享网络信息。

百度老年搜索的核心要旨是：让中老年用户最便捷地获取信息，找到所求。它主要为中老年用户提供以下三大类的服务：

（1）提供字体更加符合中老年用户体验的主页界面以及搜索结果。

（2）整理和开发出了让中老年用户能够需要和使用的实用性网站。

（3）在数百万网站中遴选出适合中老年用户的常用网站，并进行了分类收录和及时更新。

2.14.7 专利搜索

百度专利搜索服务于2008年1月1日上线。尽管百度在搜索市场占据着超过80%的市场份额，但来自竞争对手新兴搜索业务的市场蚕食，对百度来讲是不可小视的。加强搜索市场在垂直和细分行业的服务是百度必须做的，百度宣布推出的专利搜索服务就是百度完善搜索服务的举措之一。

据国家知识产权局统计，截止到2007年11月，包括发明专利、实用新型专利和外观设计专利在内的各类专利受理总量接近400万件，已经进入世界前五位。百度作为全球最大的中文搜索引擎，每天接受来自世界138个国家数亿次的搜索查询，在这样一个广泛的平台上提供专利搜索服务，毫无疑问将使我国的专利信息资源社会效应最大化。百度不仅为广大网民检索专利技术及其相关法律信息提供便利，也为增强中国企业的竞争力提供支持。

据世界知识产权组织统计，世界上90%～95%的发明能在专利文献中查到，并且许多发明只在专利文献中披露。可以说，专利文献几乎记载了人类取得的每一个新技术成果，是最具权威性的世界技术的百科全书。百度专利搜索也将和百度知道、百度百科及百度图书搜索一起，构成网民最便捷的网络知识互动社区。

百度专利搜索的使用很简单，只需在一个搜索框内直接输入想要找的内容按回车键或点击“百度一下”按钮，即可得到最符合要求的内容。也可以选择按发明名称搜索方式搜，这种搜索方式有助于更快更准确地找到想要的结果。在搜索结果页，点击链接可进入阅读，百度专利搜索结果页如图 2-36 所示。

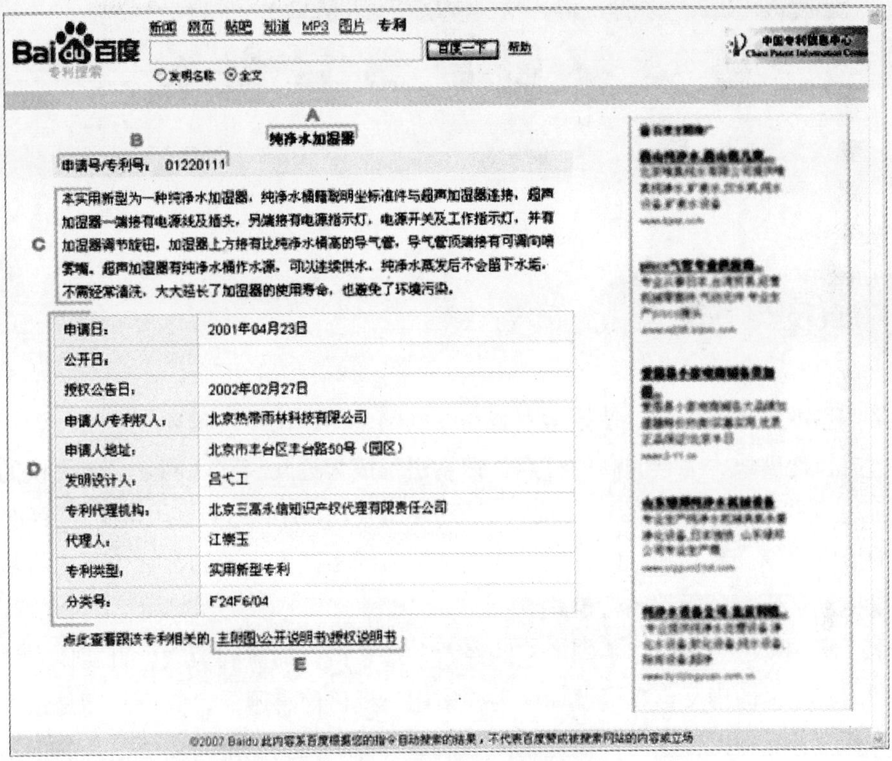

图 2-36 百度专利搜索结果页

2.14.8 百付宝

百付宝是由百度在 2008 年 9 月 25 日晚 8 点正式推出的 C2C 支付平台——北京百付宝科技有限公司（以下简称百付宝公司），由全球最大的中文搜索引擎公司百度所创办，是在线支付应用和服务平台。百付宝首页地址：http://www.baifubao.com/，如图 2-37 所示。

百付宝提供网上支付和清算服务，为用户提供了在线充值、交易管理、在线支付、提现、账户提醒等功能，实行双重密码设置和安全中心的实时监控功能给百付宝账户安全提供了双重保障。

图 2-37 百度百付宝

2.15 百度盈利模式

网络信息的爆炸式增长，使搜索引擎在互联网中的地位越发重要。网络搜索行业具有市场大、成长速度快、毛利润高的特点，搜索引擎成为近几年互联网上最大规模的经济业务之一。2005 年，全球最大的中文搜索引擎——百度在纳斯达克成功上市。百度作为中国本土的搜索引擎。以其独特的盈利模式成功地演绎了搜索市场的神话，下面将从百度的盈利手段出发，研究分析其经营模式。

搜索引擎在发展过程中，不断地实践经营，探索可行的盈利模式。百度作为搜索引擎工具，利用其强大的中文信息资源库，为检索用户提供信息服务，其商品即是信息资源获取地址，其服务是帮助百度用户在互联网的信息资源中找到满足需要的信息。近年来，百度的主要盈利模式渐趋明朗，其所提供的服务和内容呈日益多元的趋势。百度作为一个企业，需要面对两种极为重要的客户：一种是普通的百度用户。即使用百度进行信息检索的一般网民；另一种是与百度有直接经济交易的商业客户。对于前者，百度向其提供信息检索服务，赚取的并非金钱收益，而是网络点击率。对于后者，百度向其提供技术或广告宣传，并取得实质的经济收入，这是百度得以持续扩大再经营的资金来源。

检索用户与商业客户是百度存在并发展至今的趋动力，两者缺一不可。百度凭借其搜索技术及信息资源库，吸引了广泛的网络用户，在这个稳定的群众基础上，形成了属于百度的品牌效应，包括稳定的百度检索使用率，相对较高的检索匹配率，检索结果的点击率等。这个效应背后隐藏着的宣传商机被挖掘出来。于是，有了关键词广告市场的开发。至此，百度发展了一种高效的盈利模式。

2.15.1 技术转让

搜索引擎技术的开发成本很高，对于一些需要利用搜索技术。但其核心业务不是搜索服务的企业来说，不愿将巨额的人力、物力花费在搜索引擎技术的研发上，更倾向于从经营大型搜索引擎的企业购买相关的搜索技术。百度作为全球最大的中文搜索引擎，其强大的中文信息处理技术及其他的搜索引擎相关技术都可作为其技术产品出售。为其带来经济收益。一般的门户网站、网络销售网站、职位检索网站等都会应用到相关的搜索技术，是技术授权的可行市场对象，如百度曾经向新浪转让搜索引擎技术。这种盈利方式主要是在较大门户网站和搜索引擎公司之间进行，虽然发生金额较大，但频率较低。

2.15.2 固定排名

固定排名模式是指企业将按照在关键词搜索页面的排名依次出现，企业为此向网站支付广告费。固定排名作为关键词广告的主要形式之一，其操作简单，从技术角度而言容易实现。百度在其搜索结果返同页面的左右两侧分别设置固定排名位置，左右两侧一般固定两个排名，紧接固定排名的推广商家则按照顺序轮流显示，自由度相对较大。返回搜索结果的右侧是百度进行同定排名招商的地盘，是百度的推广专栏，商家只要定期支付相应关键词及排位的费用，便可在百度搜索结果的右侧以超链接的方式显示其相关产品的信息。

2.15.3 竞价排名

所谓竞价排名是按照出价高者排名靠前的原则，对购买了同一关键词的网站进行排名，当用户提交相应关键词进行检索时，竞价较高的网站就会出现在检索结果页面较前位置的一种推广方式。搜索引擎按照点击量对网站进行计费，竞价排名的结果与检索结果同时显示在检索页面的左侧，对于购买了相应关键词排位的商家，其产品信息、相应网址链接会出现在检索结果的前几位，并在相关信息的右下方以“推广”字样呈现。竞价排名的操作流程：企业申请注册→提交关键词→协定每次点击计费→预付排名费→显示排名→新企业提出申请→协定每次点击计费→预付排名费→重新排名。例如，某销售鲜花的商业网站 C 为推广其产品，打算购买关键词“鲜花”，在百度搜索引擎中的第 N 个排位。首先，C 向百度提出竞价排名服务申请，成为百度的广告客户，使得 C 网站的网页数据纳入百度数据库；其次，C 提交关键词“鲜花”，百度对其所有提出“鲜花”关键词竞价排名的客户进行比较，给出第一位到第 N 位的排名价格；再次，C 与百度协商价格，确定排位，交易达成；最后，如果再有其他客户出更高价格的话，相应的提名将会按照价格从高到低开始新一轮的竞价排名。

对于百度搜索引擎而言，竞价排名盈利模式是百度获得高收益的手段，也是百度对海量网页进行有效管理的手段。百度的经济收入约 80% 来自于竞价排名所带来的广告收入。2005 年，百度更是凭借其竞价排名模式的成功运作一举摘得“中国企业年度营销创新奖”

桂冠。但同时，竞价排名也是对海量网页进行有效管理，提高检索效率的一种协调方案。在网络环境下，拥有很多有用、常用的商业词汇是网站经营者的一种追求。因为只有当网站中的商业词汇较多、较精准，用户进行信息检索的时候，他们的网站才会出现在检索结果列表中较前的位置，为更多潜在消费者所认识。于是，一些网站经营者便有了关键词作弊行为，在自己的网页中添加更多的相关词汇，让网页内容更相关。如果形成这样的作弊习惯，对于检索用户来说，无疑是件烦恼的事，并影响到用户对搜索引擎效能的评价。因而，百度从经济收益的角度、信息资源管理的角度，衡量协调广告客户与检索用户之间的利益关系，采用广告位置明买明卖的方式，提供广告平台给有需要推广商品的企业。

对于竞价排名的企业而言，竞价排名是宣传商品的有效方式。在“眼球经济”的时代，企业力求让自己的商品与服务在第一时间、在最显眼的位置赢得消费者的关注。在“网络经济”的时代，企业力求让自己的商品与服务网页得到最多的点击与浏览。搜索引擎的检索功能、结果返回链接、竞价排名三者相结合、恰好满足了企业推广商品与服务的需要。中小企业由于自身实力有限，无法支付大额广告费，因而也就不能够做大型的广告宣传。搜索引擎这种价格相对便宜的方式给中小企业搭建了一个网络广告平台。百度的搜索引擎竞价排名服务，不点击不收费，点击一次只按 0.1 元计费。这些措施在给企业带来收益的同时，大大降低了广告费用，尤其受到中小企业的青睐。但是，由于竞价排名的结果与用户检索结果同时返回，误点或恶意点击行为常有发生。而竞价排名广告是按照点击率收费，大部分百度搜索引擎的用户对于这些商品并没有购买需求，其误点或恶意点击行为所带来的广告费用的增加全部由企业承担，无形中增加了企业的经营成本。这点不足有待完善。

对于百度的检索用户而言，竞价排名的结果有利有弊。当检索用户恰好有购买需求，而竞价排名企业所提供的商品或服务满足所需时，竞价排名的结果就成为检索用户与商业客户的桥梁，节约了用户的时间成本，互惠互利。当检索用户没有购买商品的需求时，竞价排名的结果与检索结果混合显示，会对用户的检索体验产生影响，使其产生检索效率不高的印象。由于竞价排名使得搜索引擎将出价较高的企业网站排在结果页面的最前面，而这些网页内容与用户所提交的检索关键词相关度并不一定成正比例。这样一来，检索结果排名靠前的多为商品推广信息，导致内容相关度不高，容易给检索用户对检索结果的相关性、准确性产生怀疑，最终影响了搜索引擎的公众形象。针对这一点，百度必须协调好检索用户与企业客户的利益关系。

2.15.4 搜索收费

2005 年 5 月 18 日，百度推出实行包月收费方式的影视搜索服务，这是百度推出的第一项面向个人用户的收费服务。2005 年 8 月 10 日，百度又赶在七夕节前推出了供网民传递祝福的收费产品——百度传情，网民需要通过百度的个人在线支付体系，用百度币进行支付后方能使用该服务。据媒体报道，今后百度围绕搜索引擎将为用户提供诸如精确搜索、虚拟社区、内容发掘等收费服务。

事实上，百度推出搜索收费服务项目，除了要解决网络版权问题外，更主要的目的是通过与企业合作进军电子商务领域。百度通过与中国电信和网通等电信运营商、招商银行和工商银行等网络银行、银联和网银在线、支付宝在线支付公司、盛大虚拟货币发行公司等大类具有支付功能的公司签订合作协议，目前已成功打造了收费平台。百度还大张旗鼓地推出百度币，在收费平台上扮演着“硬通货”的角色。此外，百度目前最大的收入来源——竞价排名业务还可能使自己卷入服务的竞争当中。毕竟他们的用户与阿里巴巴这样的网站有很大的重叠性，如果能够开发出更强的商务搜索服务，基于自身的流量规模，百度很可能给这个领域带来巨大的冲击。

从百度影视的推出到百度传情的上线，从广结金融支付盟友到百度币的推行，习惯了免费百度的用户正被百度收费策略的推进与业务步伐的提速而潜移默化地改变着。但是，包括百度影视、百度传情以及百度币等一切与收费有关的新服务或新举措，与百度的搜索主业相比，在用户中的影响都还非常有限。百度搜索收费能否成为其又一高效的盈利模式，现在暂不能下定论。因为搜索收费推行的时机问题、用户的免费习惯问题等都需要较长的时间进行摸索与探讨，操之过急可能会适得其反。

2.15.5 无线搜索

无线搜索是基于移动网络搜索技术的总称，用户可以通过短信息、无线应用协议、互动式语音应答等多种接入方式进行搜索，获取互联网信息、移动增值服务及本地信息等信息服务内容。用户还可以通过选择搜索结果并定制相关移动增值服务。无线搜索的出现，真正打破了地域、网络和硬件的局限性，满足了用户随时随地的搜索需求。同时，移动增值服务业务的快速成长为无线搜索行业的发展提供了机遇。基于手机的无线搜索服务通过自然语句搜索用户关注的信息与服务，这在一定程度上扩大了搜索用户的规模。庞大的手机用户成为无线搜索的潜在用户，该类用户区别于互联网用户的特征对搜索技术的功能实现提出了更高要求。而且无线搜索基于移动网络的特点使得该服务拥有了可实现易操作的收费体系。根据百度战略发展和合作部总监介绍，百度和诺基亚也将在整个大中华区内的中文市场上，把百度的搜索服务植入诺基亚的手机产品中。

2.16 百度的发展经验小结与百度的未来展望

2009 年百度推出“框计算”，2010 年，百度宣布未来的发展战略目标是做全球最大的媒体平台。综合来看，百度所提出来的“框计算”，以及百度的媒体平台战略，实质上就是实现一个开放平台的目的，要把所有用户的需求无论是在找信息，还是其他各种各样的信息服务，都集中在一个平台内，用一个平台满足用户的所有需求，换言之就是把更多的流量、更多的内容都导入到这个平台，为用户提供基于互联网的一站式服务。这个平台能够做到什么程度，做到什么规模，这对百度产生直接影响。

百度开放平台的信息提供的海量性、自由性、客观性，使用户形成应用依赖，更重要的是，它激发了用户对信息搜寻的主动性，这种主动性包含着对资讯和信息更为强烈的使用和参与动机，积极的、有目的的使用工具，让用户在获得资讯和娱乐中体验到了久违的参与感，这种参与感意味着一种乐于对资讯和信息加以选择、诠释和回应的状态。这是在传统大众传播里无法感受得到的，甚至在门户网站当年为吸引注意力而提出的所谓“网上冲浪”中也体会不到。于是，搜索引擎以工具属性产生了强烈的集聚效果，赢得了大众公信力的口碑，被认为是可信赖的、使用度很高的信息获取渠道的同时，让互联网的另一个基本结构特征“交互性”终于得以显露，交互性的特征，让用户依赖更强，在平台经济里我们称之为用户黏度。用户依赖将网络效应很快发挥到了极致，市场集中度也迅速提高，用户越来越集中于少数几个搜索引擎平台，自此，百度搜索引擎实现了互联网真正意义上的平台效应，从而形成了巨大而稳固的媒体影响力。

有人曾经这样描述百度所构建的未来社会，用户打开电脑，就像打开电视机一样，不需要什么操作系统，而是屏幕里面直接会出现一个百度的搜索框。用户在这个搜索框里找到所有的基于互联网的应用。在2010年的“百度技术创新大会”上，就已经示范了互联网所有能想到的应用都通过这个“框”直接启动。当然百度的“框计算”对应于Google的“云计算”。云计算是要把所有的应用放在服务器端，Google试图利用这样的网络服务，让用户逐渐脱离对微软操作系统的依赖。对于操作系统的战略需求Google一直都是其发展的重点，安卓系统在移动互联网领域的不俗表现也正验证了这一点。关于Google的发展将在后续篇章专门介绍。

百度以绝对的市场占有率优势已然成为全球最大的中文搜索引擎。它的成功正是得益于专注在中文搜索领域，而中文又是全世界最多人用的交流语种。这一块对于Google来讲则是一个薄弱环节。百度仅用四年时间在中国市场上就远远领先于Google。百度目前拥有全球最大的中文信息数据库，比Google中文更准确、更全面，百度对中文搜索市场的深刻理解和把握，以及对用户的习惯和爱好的了解都大大胜过Google。

而这一点恰好反映了作为新媒体对于传统媒体来说有一个不可比拟的竞争优势，就是注重用户体验。这是在传统媒体领域从未有过的。对于百度来说，用户体验永远是第一位的，对于中国用户而言，百度的用户体验一定是优于Google的。2004年李彦宏就在公司的会议上提出百度要不遗余力的为用户提供五星级的服务要求。“快，准，全，新，稳”成为百度对其搜索服务的最基本的要求。作为一个搜索引擎，最重要的是让用户在最快的时间内找到他们需要的产品和信息，然后离开，而不是让用户花费大量的时间去学习如何使用你的产品，甚至在打开页面的时候产生疑惑，无所适从。百度的竞价排名的推广页是呈现在搜索结果的左侧还是右侧，就是一个很经典的案例。看似简单无奇的问题，却在百度实施的过程中基于用户体验的考虑出现了分歧，倾向于向右的人则基于网页功能清晰明了的考虑，而倾向于向左的人则基于对中国网民搜索习惯的尊重。是向左还是向右，竞价排名系统启动前，百度通过网上问卷、坊间走访等多种形式进行调查研究，最后确定竞价排名的推广网页选择性的呈现在搜索结果首页左侧上方，用推广两字加以区隔和提醒，其选择数量保守。这样做的好处有，第一，它符合中国网民的搜索习惯，中国网民不管普通用户还是商品搜寻者早已习惯左侧内容，对右侧的推广产品大多视而不见，如果推广的网页放在右边，这样很可能使想要寻找产品的人失去获得信息的机会，对网民和竞价排名的用户都是不公平的，也影响到用户体验。第二，参与竞价排名的用户，其网页应该获得像其他非竞价排名用户一样的相同空间的呈现权利，由于它参与了竞价排名，通过付费而获得优先呈现的机会，但这并不意味着百度在抓取网页时就应该将它排斥在外，这对竞价排名用户是不公平的。第三，竞价排名网页以“推广”字样加以区别，并且只有首页有保守性的呈现，可以使想寻找产品的人在第一时间发现目标网站，而普通用户可避开最前面几个“推广”的商业网页，直奔主题。百度的算法其基本逻辑就是让搜索用户的体验最优。

百度发展的趋势，显而易见的是将向服务型企业转型。凭借平台的优势无限接近信息使用零成本的方式，不断将网络用户、通讯用户、传统媒体用户的消费行为聚合，最终将用户的工作、生活，乃至整个人生都纳入到平台之中，以提供全方位的信息服务，其中既包括社会福利性的免费使用，也包括盈利性的有偿购买。在此基础上筛选商业价值高的用户和根据用户的特点对市场细分，为商业价值高或者有特定需求的用户提供个性化定制服务。平台化的网络媒体逐步成为一个可突破现在几乎所有产业界线的复合型超级垄断者。

如何处理商业利益和维护社会公信力两者的平衡，也是百度发展带给我们的另一个重要启示。搜索引擎这一技术不仅是谋取商业利益的手段，而且是一种网络新媒体，它担当着相应的媒体责任。这个媒体责任体现在两个方面：第一，搜索引擎帮助用户获取信息，正确引导用户的舆论导向。搜索引擎不直接生产内容，它只以搜索结果的形式，客观公正地给用户提供互联网上的内容，只有正确引导舆论，才能公开、公平、公正，也正是整个传媒业一直致力的理想目标。第二，搜索引擎也需要提供必要的人工干预，而且是规范人工干预，不能对网络信息传播放任自流，要用技术分析加人工干预的手段对有害信息和不良信息进行过滤，严格屏蔽有害信息和不良信息，确保内容安全健康。只有规范地运用人工干预，才能充分发挥好搜索引擎的传媒功能。目前，法律还没有专门针对网络传播立法，对搜索引擎出现的一些新问题，已有的法规也没有涉及，我们有必要加快这方面的法律法规建设，同时，政府有必要对搜索引擎行业加强监管。与政府监管相比，搜索引擎服务商和整个互联网行业的自律及公众的监督，显得更有效率。

THE FUTURE OF MEDIA SERIES

3 / 全球最大搜索引擎——Google

Google 功能应用：

- Google 网页搜索
- Google 图片搜索
- Google 视频搜索
- Google 新闻
- Google 购物
- Google 翻译
- Google—Gmail
- Google 音乐
- Google 问答
- Google Scholar
- Google 财经
- Google 图书
- Google 博客
- Google 日历
- Google 照片管理软件
- Google 文件
- Google 输入法
- Google 移动服务
- Google+
- Google 纵横
- IGoogle

图 3-1　Google 网站功能图

3.1 Google 简介

在互联网极度发展的时代，上网成为一种潮流，而 Google 则成为了人们使用互联网的一种习惯。作为目前互联网上功能最强大的搜索引擎，Google 的索引目录中已经储存有 81 亿个网页。用户可以使用 100 多种语言文字进行搜索。现在，Google 平均每天接受的搜索次数达2亿人次，几乎占全球所有搜索量的1/3，而且这一数字还在不断上升。Google公司是由两个斯坦福大学博士生拉里·佩奇和谢尔盖·布林于1998年9月组建的。公司提供的唯一服务就是搜索引擎。2000年7月，Google替代Inktomi成为Yahoo公司的搜索引擎，同年9月份，Google成为中国网易公司的搜索引擎。Google因其具有界面简洁、易用、快速、相关性强等优点，深受用户的喜爱。

目前越来越多的公司都依赖Google来加强其网站的搜索能力。继2000年7月Google代替Inktomi成为Yahoo公司的搜索引擎后，2002年10月Yahoo！正式宣布与Google续约，继续采用Google提供网页搜索服务，同时，它将原来默认的目录网站搜索结果改为网页搜索。2002年5月，美国在线时代华纳（AOL Time Warner）旗下的美国在线（AmericaOnline，AOL）与Google直布合作，美国在线从今夏开始在AOL、ComPuserve，AOL COM、Netscape服务的检索区域导入Google的检索技术。此外，Google也为诸如Sony、AT&T、Cisco Systems、Procter&Gamble及IDG在内的多家知名企业的公司网站提供搜索服务。

随着各类搜索引擎的风起云涌，发展中的Google不能满足于只是做一个被动地搜索互联网信息资源的入门网站，而是想扩大规模，发展成为统领一切资源以在互联网发放的知识平台。Google主动分析用户的需求，在需要之处创新，也爱在大家意想不到的地方极度创新。从学术论文到电视影片、地上的市街、天上的月球，Google无所不搜。如今，Google每个月会推出1~2项创新搜寻服务。创新速度之快，连美国《商业周刊》（*Business Week*）都将Google名列“全球最创新企业”前20名。这些特色搜索总能给人眼前一亮的感觉。

3.2 Google与传媒

Google，毋庸置疑，是世界上最大的专业提供搜索服务的网络媒体。从整个搜索引擎发展历程来看，Google于1998年成立，成为搜索引擎发展进入垄断竞争时期的显著标志。Google的发展是真正意义上的基于全球的视野，所以，我们说，Google是一家全球化的公司，某一单个市场上的表现和成败，并不妨碍它成为全球首屈一指的网络新媒体。

Google一词源自一个数学名词“Googol”，指代10的100次方，表明了Google搜索引擎的服务宗旨是组织网络上无穷无尽的资源，也显示了公司想征服网上无穷无尽信息资源的雄心。基于这样的理念，Google从一开始就意识到，要以最快的速度提供最精确的搜索结果，则需要一种全新的服务器设置。大多数的搜索引擎依靠少量大型服务器，这样，在访问高峰期速度就会减慢，Google开发出自己的服务基础结构和具有突破性的PageRank技术，使搜索方式发生了根本性转变。Google搜索技术的突破性在于利用相互链接的个人电脑来快速查找每个搜索的答案。这一创新技术成功地缩短了响应时间，提高了可扩展性，并降低了成本。与此同时，Google不断对其后端技术改进，以使其技术效率更高。

于是，Google凭借不断研发新技术来提供更有效率搜索结果，为综合性门户网站提供网络搜索技术支持服务，迅速成长为全球知名的高科技网络公司。2002年，也就是

Google 成立后的第四年，有统计数据显示，全球网民每个月花在 Google 上的时间在 1500 万小时左右，每个月 Google 的访问人数超过 2800 万人，有 80% 的互联网搜索是通过 Google 完成，Google 市场份额升至 27. 16%，取代了 Yahoo 的搜索引擎霸主地位（Yahoo 市场份额从 2001 年的 41. 41% 降至 2002 年的 26%），跃居第一。

Google 已经有名词成为了一个动词，成为了“寻找答案”的代名词。也就是从它开始，“用户体验”的重要性成为网络新媒体发展中前所未有的重要程度，而且，全球网民还创造了一个当时令人惊叹但是这个世界发展至今已经早已接受的词汇：Google Media（G 媒体）。在用户心里，Google 已经成为一家跟电视广播没有什么区别的传媒公司，商业公司利用 G 媒体刊登广告大赚其钱，娱乐圈的明星则千方百计让自己在 Google 上的个人搜索排名上升，这可代表了他们在当今走红的指数。Google 独创的算法以及站点排名，使得许多企业、组织和个人趋之若鹜，G 媒体也因此赢得了巨大的公众注意力。Google 从搜索公司到媒体形象的转变，在 2005 年 Google 的市值一举超过美国时代华纳时得到全球的确认，当时华尔街评论到，Google 已经成为全球最大的传媒公司，要知道，2005 年的时代华纳可是包括全美最大互联网服务公司美国在线（AOL）的横跨传统媒体和互联网的超级传媒航母，而 Google 仅仅主要凭借以广告收入为主要收入来源的盈利模式，而且仅仅成立才 7 年，就把比自己销售收入高 10 倍、产品多元而丰富的传媒巨头甩到了身后，一举成为全球传媒业的新贵。

的确，单纯把 Google 看成是一家互联网企业似乎已过时，互联网只是 Google 的一个载体，而搜索引擎只是它的一个基本服务应用，通过互联网和搜索服务，Google 提供了内容丰富的产品和服务，完全具备了媒体的传播特质。按照华尔街的投资定义，Google 所经营的业务属于“互联网信息提供商”产业，而以时代华纳为代表的传统媒体巨头们列属于“娱乐并多样化”产业，两者归结都似乎切合各自的身份，而且到 2010 年的时候，《福布斯》全球企业 2000 强排行榜的数据统计时，依然是将 Google 与其他传统媒体巨头划分为不同的行业，仍然将 Google 划分到软件与服务型企业，而不是传媒业。

当时的路透社报道称，“Google 超越时代华纳而成为世界最大的传媒”，并且似乎不愿意就此更正并撰文说，Google 与时代华纳同在的传媒业，应该是一个更加广泛的定义。可以说，Google 的出现，重新定义了传统传媒业的产业界限，传媒业也从此进入到一个两极时代：传统媒体代表一极，以电视、电影、出版物、网络作为传播载体，而新兴的网络媒体代表另一极，以互联网为主要载体。

Google 在技术不断取得突破的同时，寻找到了合适的商业模式。Google 的收益主要来自两个方面：搜索技术授权和网络广告。前者是 Google 成立初期最早创建的赢利模式，即向综合性门户网站或大型企业机构网站提供搜索技术支持服务，按照搜索的次数来收取授权使用费；而后者则是 Google 推出的广告服务 AdWords，即关键词广告，就是根据用户的浏览或搜索历史将广告放置在特定人群眼前，保证广告效果达到最大化，同时广告出现在网民利用 Google 搜索得到的结果右侧的位置，而不是出现在搜索结果中，保证 Google 搜索结果的公正、客观的搜索排名。广告收入占到 Google 总收入的 2/3。也就是说，广告收入支撑起 Google 庞大的搜索工程，成为维持搜索引擎运作的主要经济来源。

2004 年 8 月，Google 在美国纳斯达克交易所上市，其市值一度达到 2000 亿美元，相当于很多中小国家全部企业的价值。Google 以强大的资本市场为后盾，加大了基于信息搜索的延伸类产品的开发投入，也加快了全球扩张战略实施的步伐，进一步巩固了其在全球的搜索引擎霸主的地位，将其他的竞争对手远远地甩在后面，Google 搜索引擎全球垄断市场格局就此形成。2006 年 4 月，Google 正是以这样的姿态正式进入中国市场。

Google 基于互联网信息搜索平台，共开发了 65 种产品，而其中的 47 个产品目前还没有产生收益。但这些产品将为 Google 巩固未来市场的话语权。美国资深 IT 评论家 John Battelle 曾在“Google 财经频道”产品推出时评价道：“无论 Google 承认与否，这都标志着 Google 的一个转型，即正变得越来越媒体化。”Google 逐渐为自己树立起“人类知识领域数字化的代言人”的形象，Google 进入当地市场时和各种文明正面相撞，甚至遭致各种投诉与阻击，现实了其作为传媒所具有的全球巨大影响力。而且，Google 利用互联网的无限延展性，通过提供翻译服务，让全球各地网民可以通过网络搜索一切自己需要的信息。在这一点上，传统媒体的受众就显得比较被动，Google 的用户可以凭借自己的兴趣决定自己是否去点击广告，而传统媒体却往往是填鸭式强行推向用户，而且你如果不懂外语的话，收看外语新闻或者阅读外文杂志显得寸步难行。在信息的及时更新方面，Google 可以每 15 分钟更新一次，这显然与传统媒体高下立现。

正如俗语所言，市场无定势。Google“世界最大的媒体”的地位和头衔随着 2005 年 Facebook 的横空出世而显得不再名至所归，另外 2009 年苹果凭借 iPhone 的崛起，进一步重新定义了传媒经济的视野，成为目前世界上当之无愧的最有价值的企业，Google 所面对的竞争显得更为激烈。不过我们能够看到的是 Google 正在从容应对。当然从本身的立业之本的搜索业务来说，在全球扩张的过程中，所遭遇的本地化的问题是其遇到的最大问题。从“用户体验”的角度来说，用户对其服务的要求是会水涨船高。以中文搜索为例，假设 Google 要检索四亿中文网页，而中文网页在其中占 5%，那么 Google 总共就要检索 80 亿网页，而百度基本只为中文搜索服务，所以它只需要为这四亿中文网页提供假设 1000 台服务器，但为了实现同样的效果，Google 则需要投入 20000 台服务器。实际上，Google 根本不可能单独为这四亿中文网页提供服务器，更不可能把这些服务器搬到中国来，在并发访问量增大的情况下，就从根本上影响了 Google 的访问速度和响应速度，而用户对本地化的搜索服务需求与日俱增，受地域的限制，Google 的转化成本太大。相较而言，雅虎的本地化做得比 Google 要好，雅虎在中国市场上收购 3721 就是一个很好的例子。3721 的本地化购物搜索非常好，加上本地化的商业搜索，更具竞争优势。

话再说回来，Google 是如何应对来自 Facebook 和苹果的激烈竞争，从中我们也能发现媒体经济市场的重心已经向网络媒体倾靠。

Google 与 Facebook 在市场价值的重心方面还是具有明显的差异性。Facebook 是一个社区网站，而 Google 则是一个全能的搜索引擎。然而，两者的差异正在不断多元化的交叉战略合作中，变得越来越小。Facebook 的增长惊人。理论上 Facebook 可以网络社交到这世界上的任何人。难得的是，Facebook 的用户人群正在实现全龄化，更多的中老年用户正在成为 Facebook 的粉丝，他们的加入使得 Facebook 具备了网络媒体新门户的巨大潜力。

这很自然地迫使Google选择了向网络社区迈进，仅与网络社区相关的资产并购就非常可观。以下这些公司的所有者均为谷歌，充分展现出谷歌全面出击的战略意图——视频共享（Video Sharing）：YouTube；博客工具（Blogging Tool）：Blogger. com；网络百科（Wiki）：Knol；网络社区（Social Networking）：Orkut；图像分享（Image Sharing）：Picasa；社区搜索（Social Search）：Aardvark；此外，谷歌还开发出自己的网络社区GoogleBuzz。而Facebook的应对也是迅速展开全面的战略合作。2010年2月，微软与Facebook达成一项涵盖全球市场的新协议，继续为Facebook提供搜索广告，为用户提供更丰富的问题解答，帮助用户作出更加迅速、明智选择的智能工具等。Facebook用户将可在搜索商业信息的同时看到地图及其他有用信息，而不仅仅是导向相关公司网站的链接。比如：用户以“比萨”为关键字进行搜索，搜索结果中除了导向必胜客和多米诺网站的链接，还将包括比萨图片、烹饪方法以及如何到达距用户最近的比萨店等信息。2010年6月，Facebook与雅虎（Yahoo）达成合作协议，双方互相开放各自的用户资料并同步更新，这是双方在2009年底达成为期十年的搜索广告协议中的重要内容之一。尽管这些战略合作的目标都指向与谷歌的竞争，但更有效的竞争方式是直接与对手达成双赢合作，最大限度地减少交易成本，获得投资收益。2010年3月Facebook宣布与Google和MySpace进行合作，Google随即公布了可将Facebook社区网络用户实时更新的内容纳入其主要搜索结果的技术。

Google与苹果之间更是竞争与合作并存。两者都极富远见地努力拓展其产业价值链，包括收购一系列内容提供商和研发增值服务的技术公司。由于Google和苹果都是积极的战略扩张者，因此两者在竞争中的合作更为频繁。它们的竞争源于苹果对手机引擎的进军，在手机搜索引擎这一领域，Google、苹果和微软已经是竞争对手。苹果与Google在搜索引擎领域就展开了激烈的并购竞争。2009年秋天当苹果有意收购移动广告公司AdMob时，Google随后以7.5亿美元抢购了AdMob，从而把广告市场从传统网络平台扩展到移动网络平台。作为回应，苹果旋即宣布收购AdMob的主要竞争对手Quattro Wireless，以发展苹果的移动网络平台搜索功能，从而与起家于搜索引擎的Google正面展开竞争。Google于2010年9月与美国在线（AOL）续签了一项为期5年的合作协议，Google将其搜索引擎直接链接到美国在线的主页，以显示来自个人电脑和手机的内容搜索结果。苹果则于2010年8月25日与迪斯尼公司达成协议，以期从ABC获得强大的内容支持。此协议一旦生效，大量苹果用户将有机会通过苹果的iTunes看到ABC的电视节目。当然，如果想要成为那个最终一统天下的大赢家，更有效的竞争方式是尽早与对手达成双赢合作，以最大限度地减少交易成本，获得更大规模的用户和市场增长率，所以合作还是苹果和谷歌之间的主旋律。据StatCounter的相关数据，谷歌目前占据了全球手机搜索引擎市场的97.83%，雅虎和微软的Bing分别以1.19%和0.38%紧随其后。在美国本土市场上，竞争态势也基本一致，谷歌的市场份额高达97%，雅虎和Bing分别是1.9%和0.75%。在这种情形下，即使苹果选择不与谷歌合作，据高德纳咨询公司（Gartner）的数据分析，到2010年底，谷歌的手机操作系统Android成为全球第二大手机操作系统，不久就将超越苹果手机。因此，在与谷歌保持合作的前提下，苹果与微软的合作成了苹果与谷歌竞争的最有效途径，不仅把更多无谓分化在大量不同公司里的技术和市场有机融合在一起，更重要的是它自动而有效地实现了用户行为的持续整合，为所有涉足新媒体增值领域的公司创造了一个良性循环的产业生态环境，一方面通过“融多于一”持续提升新媒体产业集成度，另一方面又通过“化一于多”不断拓展新媒体产业的价值边界。2010 年 6 月 7 日，苹果宣布将在苹果手机上兼容微软开发的搜索引擎 Bing，同时继续保留谷歌作为苹果手机的默认搜索引擎。

Google 与苹果的竞合最大的看点在于旨在整合网络媒体产业链的平台之争。媒体经济市场的发展逐渐形成共识，即未来的战略高地就在于平台之争，谁占据了平台，谁就控制了未来互联网的发展命脉，谁就将获得绝大多数用户。美国的莱文森在研究“新新媒体”的时候指出，媒体演化的下一个阶段是传递新新媒体的载体硬件的发展，这些硬件设备将一切新新媒体的内容送达每一个人的手掌、眼睛和耳朵。Google2011 年以 125 亿美元收购摩托罗拉移动，旨在加强硬件实力，以控制平台的入口与苹果竞争。另外 Google 在竞争中最大的砝码在于基于移动互联网的移动智能终端操作系统 Android。

美国调查公司 IDC 于当地时间 2013 年 2 月 14 日公布的全球智能手机市场调查结果显示，2012 年第四季度（10～12 月），配备 Google 移动操作系统 Android 的终端和配备苹果“iOS”的终端（iPhone）的总出货量占了全球市场 91.1% 的份额。这两大平台手机的总出货量为 2.076 亿部，比上年同期的 1.22 亿部增加了 70.2%；2012 年全年的出货量为 7.224 亿部，市场份额由去年的 68.1% 扩大至 87.6%。单独来看，2012 年第四季度 Android 产品的出货量为 1.598 亿部，同比增加 88%，份额为 70.1%；而 iOS 产品的出货量为 4780 万部，同比增加 29.2%，份额为 21.0%。全年出货量方面，Android 产品为 4.971 亿部，iOS 产品为 1.359 亿部（见图 3-2）。由此可见，Android 系统在市场占有率方面位居第一（见图 3-3）。

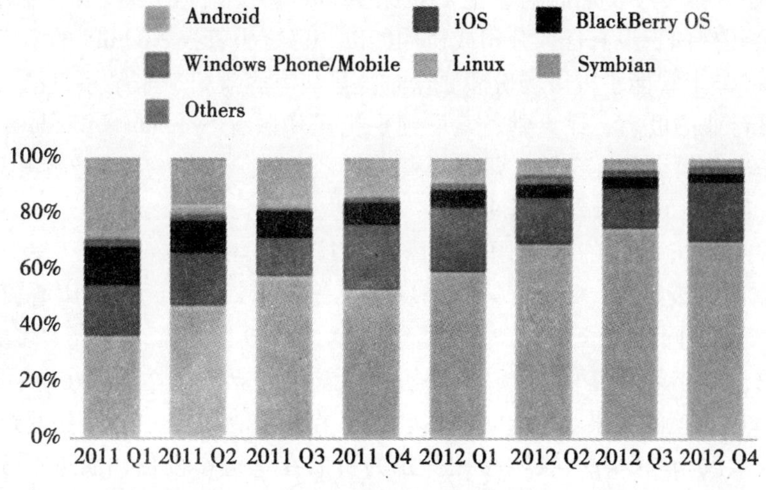

图 3-2　全球智能手机市场份额分布图

虽然 Android 系统的市场占有率稳居第一，但是由于本质为开源，Android 系统发展

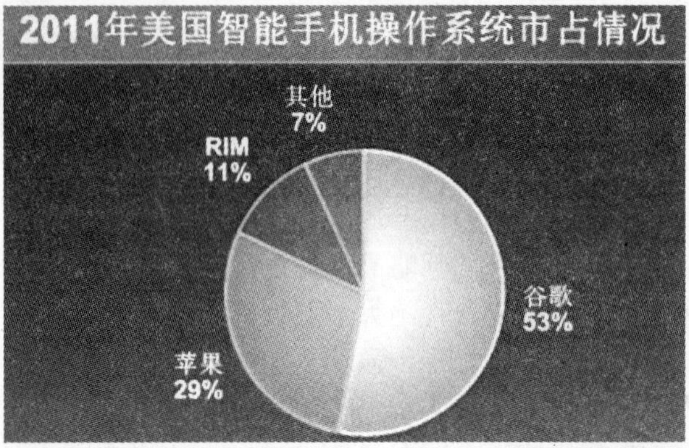

图 3-3 2011 年美国智能手机操作系统市场占有率分布图

至今，几乎完全是脱离 Google 的控制，这是其未来发展的最大隐忧。Google 前 CEO 埃里克·施密特（Eric Schmidt）曾表示，Google 从一开始就对 Android 有一个非常明确的收入模式：赠送 Android 系统给智能手机厂商，让 Google 成为默认的搜索、地图和电子邮件提供商，并且从广告中产生收入。按照这种模式，Google 根本不需要去管用户用的是哪种官方版本或“变种”Android，只要搭载谷歌应用即可。所以作为开源软件提供商，Google 从一开始就没有“掌控”Android 的欲望和理由。单纯靠市场竞争而形成的 Android 产业，变得让开发者“不那么舒服”，一些无法适配所有 Android 机型的小开发商应用，落到用户手里时可能会无法运行或导致死机，带来不好的用户体验，Google 花费巨大开发的新版本系统往往在手机厂商需要为新品添加噱头的时候才会用上，有业界人士评价到，Android 系统版本的无序发展状态，正对整条 Android 产业链产生反噬效果。如此一来，包括 Google 公司在内，没有任何公司或机构能以一己之力管控 Android 的多版本弊端。这无疑让 Android 站上智能手机市场份额顶点时，只能靠客观份额来维系自己的地位。从传统电子游戏机行业的世嘉、任天堂、索尼到手机操作系统 Symbian、Windows Mobile 的发展现实不止一次的教训告诉我们，即便份额、适配软件、游戏、应用遥遥领先，亦绝不代表一劳永逸。崩塌，可能只是瞬间的事。

另外一件 Google 所面临的难题是对摩托罗拉移动收购后的整合（表 3-1）。Google 2012 年第四季度财报显示，Google 第四季度营收为 144.2 亿美元，同比增长 36%；净利润为 28.9 亿美元，同比增长 7%。各项指数显示的都较为正常，符合大多数人的预期，但是摩托罗拉移动业务第四季度亏损 3.53 亿美元，不包括一次性项目在内亏损 1.52 亿美元，成为 Google 业绩的拖累。Google CFO 帕特里克·皮谢特表示，摩托罗拉移动的业绩将继续出现较大波动。Google 收购摩托罗拉的目的在于进军硬件，而进军硬件是 Google 不得不做的一件事。因为对于 Google 来说，当初收购摩托罗拉一是为了专利，二是为了统一软件和硬件，目的都是为了控制平台入口。Google 以搜索起家，而当搜索成为人们获取信息的入口之后，谷歌开发出了自己的浏览器——而浏览器则是互联网同时也是 PC 搜索的入口。Android 是操作系统，同时也是移动互联网的入口，也是未来人们接入谷歌各项服务的入口。于是围绕这个入口，谷歌做了两件最重要的事情：一是收购摩托罗拉，这是更为上游的一个入口，二是开发知识图谱并推出 Google Now，将人们进入移动互联网的入口显性化。PC 搜索在不同浏览器中的体验并无太大差异，但不同硬件设备对 Android 的支持千差万别。因此谷歌需要借助摩托罗拉来提升硬件产品对 Android 的支持。Google Now 是这样一项服务，对由 GPS 获得的定位信息和位置信息等地理相关信息、日历信息、以及使用了哪些关键词搜索等各种信息加以分析，事先可觉察用户所需信息并予提供。这项服务无需特别的设定也无需搜索，能够自动预测并提供用户需要的信息。

前景是美好的，道路是曲折的。Google 对摩托罗拉移动的整合过程显然比外界的预期要漫长而艰难。在完成对摩托罗拉收购的近一年里，Google 的主要工作是将摩托罗拉移动机顶盒业务甩卖，并将其生产线外包出去。尽管摩托罗拉移动在去年 10 月份也发布了几款新手机，但影响有限，并未对市场造成杀伤力。Google 何时才能真正利用摩托罗拉移动交出有水准的作品，尚是个未知数。

表 3-1　**谷歌历史上最大的五次收购**

时间	收购对象	业务范围	所在国	收购金额
2011 年 8 月 15 日	摩托罗拉	移动设备制造	美国	$ 12,500,000,000
2007 年 4 月 13 日	DoubleClick	在线广告	美国	$ 3,100,000,000
2006 年 10 月 9 日	YouTube	视频分享	美国	$ 1,650,000,000
2005 年 12 月 20 日	AOLB	宽带接入	美国	$ 1,000,000,000
2009 年 11 月 9 日	AdMob	移动广告	美国	$ 750,000,000

3.3 Google 指导方针

Google 成立的使命是：“Google 的使命是整合全球信息，使人人皆可访问并从中受益。”

Google 联合创始人拉里·佩奇说过，“完美的搜索引擎应做到确解用户之意，切合用户之需”。Google 推出搜索服务之初，发现输入搜索查询后就能迅速得到正确答案。Google 之所以取得成功，正是因为能比其他搜索引擎更快更好地找到合适的结果。

随着技术不断的发展进步，网络的面貌已经发生了翻天覆地的变化。Google 意识到搜索是一个不可能完全解决的问题，因此，公司不断挑战现有技术的极限，努力提供快速、准确且易于使用的服务。无论搜索用户是在波士顿使用计算机，还是在曼谷街头拿着手机漫步，他们都能获得这样的服务。Google 还从搜索的过程中吸取经验，从而应对更多的挑战。在继续向未来迈进之际，Google 公司会遵循以下核心原则，规范自己的行动。

1. 以用户为中心，其他一切水到渠成

创建伊始，Google 就以尽可能提供最佳的用户体验为中心任务。不管是设计新的互联网浏览器，还是采用新的首页外观都非常谨慎，确保它们最终可以满足用户的需求，而不是达到内部目标或底线。首页界面简单明了，网页载入十分迅速。公司从不对外出售搜索结果中的展示位置。对于广告，公司不仅清楚地将它们标记出来，而且广告内容也与搜索结果相关，从而确保不会分散用户的注意力。在开发新的工具和应用程序时，公司秉承这样一种理念：设计出来的产品应该非常出色，用户无需再去考虑其他设计。

2. 专心将一件事做到极致

搜索是 Google 的事业。公司拥有世界上规模最大的研究团队之一，可以心无旁骛地攻克搜索问题，知道自己擅长什么，也知道如何才能做得更好。会对难题持之以恒地反复研究，因此，公司能够解决复杂的问题，即使搜索服务已经在为数百万用户提供快捷、流畅的信息搜索体验，公司仍能不断对其进行改进。这也有助于掌握到的知识技术应用于 Gmail 和 Google 地图等新产品。希望将强大的搜索功能应用于未曾探索过的领域，并帮助用户更多地获取和使用生活中不断增加的信息。

3. 越快越好

公司希望用户在首页上花费的时间越短越好，这样的理念在世界上也是独一无二的。公司不断精简网页并提高服务环境的效率，一次次地打破自己创造的速度纪录，现在的平均搜索结果响应时间仅为几分之一秒。公司推出的每款新产品都非常注重速度，无论是移动应用程序还是“Google Chrome 浏览器”(一种旨在跟上现代网络速度的高速浏览器)都是如此。而且，始终致力于提高所有产品的运行速度。

4. 网络也讲民主

Google 搜索之所以成功，是因为它有数百万在网站上发布链接的用户；他们帮助公司确定哪些网站提供了有价值的内容。在评估每个网页的重要性时，公司采用了 200 多个指标以及各种技术，其中包含公司专利算法 PageRank™，它可以分析出哪些网站被网络中的其他网页“票选”为最佳信息来源。随着网络规模的扩大，这一评估方法也会越来越完善，因为每个新网站在提供信息的同时，也是另一张待统计的选票。公司还使用同样的思路，积极地进行开放源代码软件的开发，并在许多编程人员的共同努力下，不断推出各种创新产品。

5. 信息需求无处不在

现在，人们越来越多地使用移动设备，因为他们希望随时随地获得所需的信息。Google 不断开创新的移动服务技术，推出新的移动服务解决方案，帮助全球用户在自己的手机上执行各种各样的任务，比如查看电子邮件和日历活动以及观看视频，更别说在手机上通过多种不同的方式使用 Google 搜索功能了。此外，希望通过 Android 在全球范围内激

起更强的移动服务创新意识。Android 是一个免费的开放源代码移动平台，它将开放性这一塑造互联网不可缺少的因素带入了移动世界。Android 不仅能使客户受益，让他们拥有更多选择余地和更富创意的移动体验，也为运营商、制造商和开发人员创造了营收机会。

6. 赚钱不必作恶

作为一家公司，Google 的收入来源分以下两种：其一是向其他公司提供搜索技术，其二则是向广告客户提供在 Google 和其他网站上投放广告的服务。在世界各地，成千上万的广告客户使用 AdWords 推广他们的产品；无数发布商通过 AdSense 计划投放与自己网站内容相关的广告。为了确保最终能够服务所有用户(无论他们是否属于广告客户)，Google 制定了一系列有关“我们的”广告计划和做法的指导原则：

除非广告内容与搜索结果页的内容是相关的，否则，不允许在搜索结果页上显示广告。公司坚信只有广告与用户要查找的内容相关时，它提供的信息才能为用户所用。因此，可能会发现，某些搜索结果中完全不包含任何广告。公司相信，广告即使不花哨也能取得应有的效果。所以，拒绝弹出式广告，因为这会妨碍用户阅读所请求的内容。还可以发现，如果文字广告与受众高度相关，则点击率就会远远高于随机显示的广告。任何广告客户(无论规模大小)都可以从这种针对性极强的广告媒介中受益。

在 Google 上投放的广告总是明确地标记为“赞助商链接”，因此，这些广告不会破坏搜索结果的完整性。不会通过操纵排名将公司合作伙伴放在搜索结果中排名靠前的位置，也没有任何人可以购买到更高的 PageRank。用户信任 Google 的客观公正性，Google 也不会因为任何短期利益而去破坏这种信任。

7. 信息无极限

一旦 Google 索引中的互联网 HTML 网页数量超过其他任何搜索服务，工程师就会将精力转到那些以前不太容易获得的信息上。为此，有时只需将新的数据库集成到搜索中即可(例如添加电话号码和地址查询以及商家目录)，但有时还需要付出更多富于创造性的努力(例如增加更多的搜索功能，包括新闻存档搜索、专利搜索、学术期刊搜索以及对数十亿图片和数百万图书的搜索)。

8. 信息需求无国界

Google 公司是在美国加利福尼亚州成立的，但其目标是帮助全世界使用各种语言的人获取信息。为此，在 60 多个国家/地区设立办事处，维护 180 多个互联网域名，并且向生活在美国境外的用户提供超过半数的搜索结果。公司提供 130 多种语言的 Google 搜索界面，能让用户搜索以他们自己的语言撰写的内容；对于 Google 的其他应用程序和产品，也计划推出尽可能多的语言版本和可使用的形式。有了此翻译工具，哪怕是在地球的另一端用用户完全不懂的语言所撰写的内容，也可以被找到。

9. 认真不在着装

Google 的创始人秉承着“工作赋予挑战，挑战带来快乐”的理念创立了 Google。相信正确的企业文化更容易创造出绝妙的、富有创意的产品，而这并不仅仅意味着装一些熔岩灯和橡胶球就可以了。Google 重视团队成绩，并以促成公司全面成功的个人成就为荣。Google 对活力四射、热情洋溢的员工们寄予厚望，他们背景不同，却为工作、娱乐和生活赋予了非凡的创意。Google 的工作氛围非常轻松，但就是在排队等咖啡的过程中、小组会议上或健身房中，新的想法不断涌现，并以令人目眩的速度在彼此之间交流、经过测试，然后投入实际应用，这些新想法往往会催生出在全世界范围内广泛使用的新项目。

10. 追求无止境

Google 始终将自己在某方面的优势视为继续发展的起点，而不是终点。Google 为自己设定目前还不能达到的目标，因为只有通过不断地向这些目标努力，才可以做得比预期更好。Google 的目标就是通过创新和反复探索得到合理的结果，并以异乎寻常的方式对这些结果加以改进。例如，一位工程师发现，用拼写正确的字词进行搜索时会得到很好的效果，于是他就开始思考搜索应当如何处理错别字。正是这种思考促使他创建了一种直观且更加实用的拼写检查工具。

公司会尽力预测全球用户尚未明朗的需求走势，并开发各种可能会成为日后新标准的产品和服务来满足这些需求。以发布 Gmail 时的情况为例，与当时的其他电子邮件服务相比，Gmail 拥有的容量存储空间最大。但现在看来，提供如此大的存储空间似乎是理所应当的，这是因为如今对电子邮件的存储有了新的标准。这些都是所追求的改变，会一直探索能够标新立异的新领域。归根结底，Google 所做的一切正是来源于永不满足于现状的态度。

3.4 Google 搜索技巧

第一，关键词检索。如果要查找所有关于“污染”的中文网站和网页，在搜索框内输入一个关键字“污染”，然后点击下面的“Google 搜索”按钮(或者直接回车)，结果就出来了。但通常情况下，用一个关键词查询，会得到很多和查询目的不相关的冗余信息。

第二，逻辑检索。选择正确的关键词后，通常用多个关键字检索，运用不同的逻辑关系表达式，来缩小搜索范围，提高查询结果命中率。Google 用空格表示逻辑“与”操作：用“-”表示逻辑“非”操作。要想在删除的内容前加上减号“-”，切记要在减号前留一个空格位，即可缩小搜索范围。如“A-B”表示搜索包含 A 但不包含 B 的信息，B 前不留空格。搜索结果至少包含多个关键词中的任意一个，Google 用大写“OR”表示逻辑“或”操作。如“A OR B”，留有空格且不是小写“or”，注意：小写的“or”在查询时将被忽略，这样上述的操作实际上变成了一次“与”查询。

第三，Google 的关键字可以是词组(中间没有空格)，也可以是句子(中间有空格)，但用短语或句子表达检索要求必须加英文双引号。

第四，通配符检索，为提供最准确的资料，Google 不使用“词干法”，Google 对通配符支持也很有限，它目前只可以用“ * ”来替代单个字符，而且包含“ * ”必须用“”引起来。比如，“以＊治国”，表示搜索第一个为“以”，末两个为“治国”的四字短语，中间的“＊”可以为任何字符。也就是说 Google 只搜索完全一样的字词。例如，查询“googl”或“googl＊”。不会得到类似“Googler”或“googlin”的结果。注意操作符与作用的关键字之间，不能有空格。Google 不区分英文字符大小写，用半角英文符号。不用全角。大部分常用英文符号(如问号，句号，逗号)无法成为搜索关键字，一些出现频率极高的英文单词，如“i”，“com”，“www”等，也忽略处理。

第五，书名号使用，检索时加书名号，就不会出现与此无关的信息。除文本文件搜索外，幻灯片、MP3 等其他形式的文件检索也经常被大家忽略。在检索词后加个 PPT 后缀，可极大缩减检索结果数量。

3.5 Google 特点

3.5.1 Google 搜索引擎特点

Google 作为全球最大的多语言搜索引擎，在国际上占有的市场越来越大，成为互联网最具潜力的企业，Google 搜索引擎的主要特点：

(1)特有的 PR 技术，PR 能够对网页的重要性做出客观的评价。PR 是 Google 评价一个网站质量高低的重要标准，PR 分为十个等级，从 1 至 10，PR 越高代表网站质量和权威性越高，排名也就越靠前。

(2)更新和收录快，Google 收录新站一般在十个工作日左右，是所有搜索引擎收录最快的，更新也比较稳定，一般一个星期都会有大的更新。

(3)重视链接的文字描述和链接的质量，链接的文字描述也就是做链接用的文字，这个文字对 Google 排名起一定作用，因此，如果网站要做某些关键词，在交换链接时要用这个关键词做链向用户网站，链接的质量与链接网站的权威性和与网站是否相关有关，权威越高则网站获得的排名越高。

(4)重视 Description 描述，那些在 Google 排名好的网站在描述中匀含有关键词，而且有些重复二次，因此可推断其对描述相当重视。

(5)超文本匹配分析：Google 的搜索引擎同时也分析网页内容。并不采用单纯扫描基于网页的文本(网站发布商可以通过元标记控制这类文本)的方式，而是分析网页的全部内容以及字体、分区及每个文字精确位置等因素。同时还会分析相邻网页的内容，以确保返回与用户查询最相关的结果。

3.5.2 Google 搜索特点

Google 搜索引擎是一个利用蜘蛛程序自动地在互联网中搜集和发现信息，并由索引器为搜集到的信息建立索引，从而为用户提供面向网页的全文检索服务的互联网信息查询系统。它主要具有以下的特点和功能：

(1)采用了先进的网页级别(PageRank™)技术和超文本匹配技术；

(2)在同一个界面下，用户可以定制语言和到何种网站中进行搜索；

(3)具有超链分析的功能；

(4)遵从关键字的相对位置；

(5)提升了中文搜索引擎的相关性，而且更好地实现了检索字串与网页中文字的语义上的匹配。

3.5.3 Google 的成功特征

1. 界面简洁，简单易用，节省用户时间

Google 首页设计简洁、鲜明、大方，完全突出了搜索的功能，不但给人以开门见山的感觉，而且使人感受到其强大的内存，并引发出强烈的搜索欲望。在几款较知名的支持中文关键词的搜索引擎评测中，Google 首页界面的简洁明了也是独一无二的。

对于搜索引擎来说，它的简单、易用仍是现代用户的首选。Google 首页的简洁从一个侧面反映出其在用户操作上提供的方便、易用的特色。此外，针对用户的检索提问，Google 可以帮助用户进行拼写检查，并遵从关键词的相对位置，因此在检索结果显示中，只显示相关的网页，其正文或指向它的链接包含用户输入的所有关键词。Google 不仅能搜索出包含所有关键词的结果，并且还对网页关键词的接近度进行分析。Google 按照关键词的接近度确定搜索结果的先后次序，优先考虑关键词较为接近的结果，这样可以节省用户的时间。

2. 检索的快速及结果的全面性

Google 网站只提供搜索引擎功能，没有花里胡哨的广告。它在全世界拥有超过 10000 台 Lunix 服务器，200 多条 T3 级宽带，在超过 20 亿网页中搜索问题并回复极为相关网页的时间不超过 0.5 秒。Google 目录中收录了 10 亿多个网址，在同类搜索引擎中首屈一指。这些网站的内容涉猎广泛，无所不有。但 Google 的成功不仅来自于丰富的信息量，更在于能通过一系列革命性的新技术，包括完善的文本对应技术和先进的 PageRank™ 排序技术，赢得了用户的厚爱。随着网络的发展，Google 在不断地改进其系统，以使它适用于更广泛的人群，它能够支持 88 种语言，它的"网页快照"以及"类似网页"等功能，都能最大限度地帮助用户搜索尽可能多的相关信息。

3. 功能齐全，搜索结果精确，排序公正

与其他搜索引擎不同，Google 以其复杂而全自动的搜索方法排除了人为干扰的可能，没有人能花钱买到一个更高级别 PageRank。Google 不会为了任何商业利益篡改 PageRank，从而保证了排名的客观公正。Google 搜索就是以诚信的服务让用户非常容易地找到高质量网站。

4. 探索出一种全新的商业模式

为了维持网站的生存，同时又考虑用户的检索心理，Google 探索出一种全新的商业模式，在为搜索结果顺序付费的有厂商和消费者的利益之间寻求最佳平衡。Google 目前根据某网站有多少链接来排列该网站在搜索结果中的次序。广告客户只能以文本广告的形式链接到 Google 自己的网站上，并在搜索结果中体现。Google 不允许广告客户的投资影响搜索结果顺序。这与竞争对手 Overture Service 以投标竞价决定客户在搜索结果中次序的方法完全不同。广告收入目前已占 Google 总收入的 2/3，但 Google 的网站上却见不到广告横幅，也没有动画图片，即使是文字格式的广告，只在 15% 的搜索结果页面上才有，但其点击率据 Google 称是行业平均水平的 4 至 5 倍。这种商业模式不仅为其发展赢得了生存和再发展的可能，也赢得了用户。

3.6 Google 核心技术

Google 拥有多项专利技术，这些技术是 Google 提供各种特殊检索和特色功能的基础。在这些技术中，最核心、最关键的是 PageRank™技术和超文本匹配分析技术。PageRank™技术是 Google 检索结果的一种排序算法，中文通常译为页面级别或页面等级，根据这个算法，Google 认为每个网页都有一个反映其重要性的值，值越高表明其页面级别越高，即网面越重要；而超文本匹配分析技术（HyPerText—Matching Analysis）则是 Google 的一种匹配技术。Google 不仅仅关注关键词在网页上出现的次数，它还对该网页的内容已经该网页所链接的内容进行全面检查，从而判断该网页与检索需求的匹配程度。

3.6.1 PageRank™技术

PageRank™的基本思想主要是来自传统文献计量学中的文献引文分析，即一篇文献的质量和重要性可以通过其他文献对其引用的数量来衡量，也就是说，一篇文献被其他文献引用越多，则文献质量就越高。在这样一个假设基础之上。一个网页的质量和重要性也可以通过其他网页对其超文本链接的数量来衡量，具体来说，假如网页 A 有一个指向网页 B 的链接，则意味着网页 A 认为网页 B 是重要的。Google 根据同页被链接的数量来评定其重要性，假如有 10 个网页指向网页 A，而指向网页 B 的链接却只有 2 个，则说明网页 A 比网页 B 更加重要。

事实上，在实际计算网页的 PageRank 值时，Google 还考虑到网页 A 的所有链入网页（链接到某网页的其他网页称为该网页的链入网页）对它的推荐能力（即由于它们对网页 A 的链接，使人们认为网页 A 的重要程度）和推荐程度（即它们认为网页 A 的重要程度）。一个网页本身的 PageRank 值越高，则它对其链出网页（从某个网页链出的网页称为该网页的链出网页）的推荐能力就越大；一个网页的链出网页越少，那么它对其中一个链出网页的推荐程度就越高。

可以用以下公式来简要表达Google关于网页PageRank值的计算：

$$PR(A)=(1-d)+d(PR(T1)/C(T1)+\cdots\cdots+PR(Tn)/C(Tn))$$

其中，PR(A)是指网页A的PageRank值；

T1，T2，……，Tn是同页A的链入网页；

$PR(T_i)$是指网页Ti的PageRank值(i=1，2…n)；

C(Ti)是指同页Ti的链出网页的数量(i=1，2…n)；

d是一个衰减因子，o<d<1，通常取值为0.85。

可见，一个网页的P89eRank值，主要取决于以下三个因素：

(1)该网页的链入数量；

(2)该网页的链入网页本身的PageRank值；

(3)该同页的链入网页本身的链出数量。

显然，根据以上公式，一个网页的链入数最越多，这些链入网页的PageRank值越高、这些链入网页本身的链出数量越少，则该网页的PaEeRank值越高。

Google给每一个网页都赋予一个初始PageRank值，然后根据PageRank算法计算其PageRank值。通常情况下，Google需要根据以上这个公式进行20次的计算，才能得到最后稳定的网页PageRank值。

PageRank技术根据网页之间的链接结构对网页的重要性进行客观的评价，并将网页的PageRank值应用于检索结果的排序。这样，PageRank技术在很大程度上避免和减少了人为因素，客观地将最恰当的检索结果呈现给用户。

3.6.2 超文本匹配技术

Google在排列其检索结果时，都会考虑每个网页的PageRank值，将重要的、高质量的网页排在结果列表的前面。但即使同页的PageRank值再高，如果不能满足用户的检索需求也是毫无意义。因此Google将PageRank算法与完善的超文字匹配分析技术结合在一起。一般的搜索引擎仅仅考虑检索出现的次数，而Google还在此基础上分析关键词的字体、字号以及关键词在网页中出现的精确位置，并且对该网页的邻近网页(包括链入网页和链出网页)的内容加以分析。

Google认为，关键词在网页中出现的位置以及字体等因素，都体现了该关键词在该网页中的重要程度，比如说，如果检索词出现在网页A的标题中，而只是出现在网页B的正文中，那么在不考虑其他因素的情况下，说明网页A与用户需求更匹配。

Google还引入了锚文本(Anchor Text，即超文本链接的文字描述)对网页内容进行分析。Google会记录网页中所有的超文本链接的情况，包括该链接的文字描述(即Anchor Text)、该链接的具体对象(主要是其URL)。比如说，网页A中有一个关键词“马寅初”，该关键词存储了一个超支本链接指向网页B，这里的关键词“马寅初”就是Anchor Text。Google会记录“马寅初”以及网页B的URL。Google认为，某超文本链接的文字描述在某种程度上能更加准确地描述其链接网页的内容。在上面的例子中，即关键词“马寅初”可以很好地说明网页 B 的内容。因此，在检索匹配的过程中，Google 会考虑某网页邻近网页中的超文本链接的情况。

另外，基于文本的搜索引擎不能索引的图像、程序和数据库等非文本内容，也可以通过其链入网页中的 anchor ext 进行分析。比如说，上面提到的关键词“马寅初”链接的是一张 gif 格式的图片，那么该图片就可以通过分析关键词“马寅初”在适当的时候被检索出来。

3.7 Google 搜索方法技巧

3.7.1 与其他搜索产品不同之处

(1)在 Google 查询时不需要使用“and”，因为 Google 会在关键词之间自动添加“and”。Google 提供符合用户全部查询条件的网页。如果用户想逐步缩小搜索范围，只需输入更多的关键词。

(2)Google 在搜索中也不使用“or”。某些搜索引擎会提供一些零散的资料，而 Google 则只提供完整的搜索结果。由于 Google 不支持“or”搜索，所以 Google 无法接受“或者包含词语 A，或者包含词语 B”的网页。如要查询“牛奶”或“鸡蛋”，就必须分两次查询。一次查牛奶，一次查鸡蛋。但是实际操作时，若使用了“and”、“or”，可能不会提示出错。

(3)为提供最准确的资料，Google 不使用词干法，也不支持“通配符”(*)搜索。

(4)Google 搜索不区分英文字母大小写，所有字母均当做小写处理。例如：输入“GOOGLE”或“Google”或“google”，结果都是一样的。

3.7.2 与其他搜索产品相同之处

(1)在关键词上加双引号(一定是英文的双引号)，就能准确地查询。这个方式在查询名言警句或特有名词时特别有用。此外，一些标点符号如“+”、“、”、“-”、“,”也能做短语的连接符。

(2)通常忽略“http”和“com”等字符，以及数字和单字，此类字词过于频繁出现于大部分网页，不仅无助于查询，而且影响搜索速度。用“+”可将这些字词强加于搜索项，但“+”之前必须留一空格。例如要查询关于 OS/2 必须输入 OS/ +2。

(3)有时候，排除一些关键词比增加关键词更有利于缩小查询范围。Google 支持此项“-”功能，用以有目的地删除某些无关的网页，但减号之前必须留一空格。

3.8 Google 功能应用

3.8.1 Google 网页搜索

1. 概述

谷歌网页搜索技术，大部分在百度等搜索引擎中也适用。同样，这些搜索技术是来源于传统数据库检索技术。Google 的“网页快照”功能，能从 Google 服务器里直接取出缓存的网页。Cache 用来搜索 Google 服务器上某页面的缓存，这个功能同“网页快照”，通常用于查找某些已经被删除的死链接网页，相当于使用普通搜索结果页面中的“网页快照”功能。Google 网页搜索如图 3-4 所示，搜索网络地址：

中文网址：http：//www. google. cn/

英文网址：http：//www. google. com/

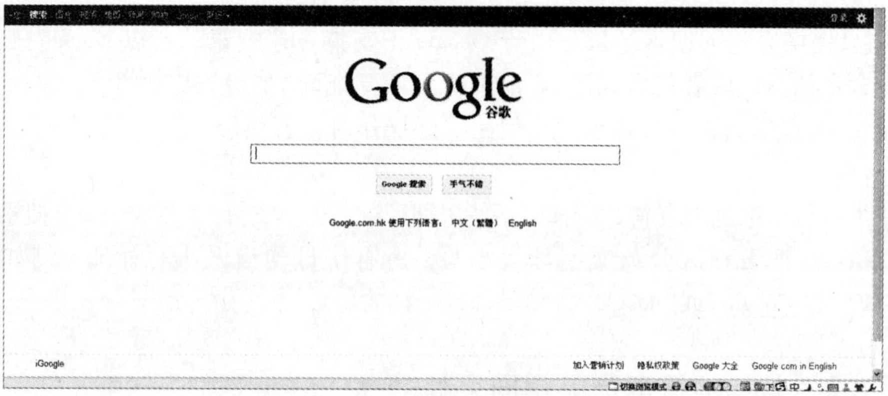

图 3-4　Google 网页搜索

2. 高级语法

(1)标题中搜索。谷歌网页搜索通常标题是内容的高度概括，在标题中搜索的结果准确率会更高。谷歌搜索中限定搜索网页或文档标题的语法是：intitle 或 allintitle。allintitle 是 intitle 的变体，相当于在各个搜索词前加上 intitle。二者差别不明显，一般直接用 intitle。例如：[intitle：市场研究报告]在标题中搜索“市场研究报告”。

(2)正文中搜索。仅仅在网页或文档的正文部分搜索。歌搜索中限定搜索网页或文档正文的语法是：intext 或 allintext。例如：[intext：市场研究报告]在正文中搜索“市场研究报告”。可以与在标题中搜索的结果(搜索结果条数、准确度)进行对比。

(3)网址中搜索。谷歌搜索中限定搜索网址的语法是：inurl。是In-系指令中最强大的一个，换句话说，这个高级指令能够直接从网站的URL入手挖掘信息，只要略微了解普通网站的URL格式，就可以极具针对性地找到所需要的资源——甚至隐藏内容。网站构建者通常将某一类信息集中在一个网站的目录中，所以搜索URL中的词本身就是对某一方面内容的一个限定。如果在加上一定的词进行组配，搜索结果将更贴近需求。

(4)锚链链接搜索。在做网站中有时候用锚点来链接一个页面中的其他部分内容，这样方便浏览和定位。如本页面上方的目录导航，就是通过锚点链接来实现的，也就是说锚点链接的内容通常是网页内容中重要的章节或内容的开始部分，因而对它们的搜索也更能反映网页的主题内容，提高搜索结果的准确度。对于熟悉网页制作的人来说，可以从网页源代码中查看有锚点的HTML代码，如这就是一个锚链的链接：

网页第一部分谷歌网页搜索在锚链链接中语法是：inanchor或allinanchor。搜索范围限制在页面的链接锚点描述文本进行搜索。例如：[inanchor：信息经济学]搜索网页中有"信息经济学"锚链链接的网页。

(5)定义搜索。谷歌网页搜索中搜索定义的语法是：define。用于搜索定义或解释。在阅读、学习、研究或撰写论文中，遇到陌生的词或缩写，可以用该语法得到确切的定义或解释。而且可以了解多种语言的定义情况。[define：文献]得到关于文献的多个定义来源。

(6)网页相关信息搜索。谷歌提供的网页相关信息搜索的语法是：info。通过这个语法能将网页的快照信息、网页链接情况、被链接情况和类似网页的信息供选择浏览。查看样例：[info：lib. nit. net. cn]，info语法是其他几个语法的集合：

(7)cache：搜索谷歌缓存的页面(快照信息)。[cache：lib. nit. net. cn]当前cache语法不支持谷歌中文，本处给的链接实例是在谷歌英文中搜索的结果。用cache语法的一般情况是：当一个链接无法访问时(或信息被屏蔽时)；当信息已经被修改，想看以前的信息时。

(8)related：搜索与特定网页相关的网站。[related：Google. cn]搜索的结果就是更多的搜索引擎。related语法对于发现某一类信息非常有用，比如当用related搜索一个图书馆网址的时候会出来大量图书馆的网站，如[related：lib. nit. net. cn]；当搜索某期刊网址的时候，能搜索出大量给学科领域的相关期刊，如[related：www. lis. ac. cn]

(9)link：搜索所有链接到某个特定URL上的页面。[link：lib. nit. net. cn]搜索链接到宁波理工学院图书馆的页面。做网站的人往往想知道是哪些网页链接了该网站。也可用于发现某一个页面(新闻、信息等)被什么网页引用(如博客中)或收藏。其实，最好的搜索策略应该是这样：[link：lib. nit. net. cn-site：lib. nit. net. cn]，删除自己链接自己的页面。

(10)site：搜索范围限制在某网站或顶级域名中。[医药 site：edu. cn]搜索我国教育科研网中关于"医药"的信息，比如医药院校或专业的信息等。这样能排除很多医药领域的公司信息。

(11)[site：lib. nit. net. cn]查看宁波理工学院图书馆的网页被谷歌收录(索引)的数量。比较不同图书馆(网站)在网络上的"大小"。[服务 site：lib. nit. net. cn]搜索宁波理工学院图书馆网站上的所有关于“服务”的页面。URL 可以带路径，现在搜索该 URL 下的所有页面。

3. 趣味应用

(1)假日图标。

谷歌每逢节假日、纪念日或重大事件，会更改首页图标以示纪念。谷歌假日图标从 1999 年至今的链接：http：//www. google. com/holidaylogos. html。

(2)随机私人相片。

随着使用数码相机拍照的人越来越多，很多人也喜欢将照片发布到网络上，网络上也有很多分享照片的网站。因为数码相机拍的照片都会产生默认的文件名，比如数码相机默认的文件名是这样的模式：IMG_ 0295. JPG，很多人往网络上传照片或给朋友发送照片的时候是不会重命名照片的文件的。因而，可以通过类似的文件名，在谷歌中搜索出很多的照片。网络地址 http：//www. diddly. com/random/就是一个根据不同品牌、型号的数码相机随机产生照片的文件名，然后到谷歌中搜索。

其实，也可以通过谷歌搜索语法，在中文版本(http：//images. google. cn/)中实现搜索某一型号数码相机的照片，如：["IMG_ ＊. JPG" filetype：jpg]，说明：分号是短语搜索符(或精确搜索符)，其中的星号是通配符 filetype：jpg 是限定搜索文件的类型是 JPG 格式。还有更多的格式，如(搜索时，多个#号用一个号＊代替)：

"dcp＊. jpg"-Kodak，range of 0 to 4000

"dsc＊. jpg"-Nikon，range of 0 to 4000

"dscn＊. jpg"-Nikon，range of 0 to 4000

"mvc-＊. jpg"-Sony Mavica

"mvc＊. jpg"-Sony Mavica

(3)重复输入一个关键词多次。

可以重复输入一个关键词若干次，然后比较搜索结果，如：“信息检索　信息检索　信息检索”，发现搜索结果数会变少，有时候也不一定会有太多变化。

(4)10 个单词的限制。

包括关键词和语法结构加在一起，超过这个限制的部分会被忽略。

(5)手气不错。

在谷歌首页，有“手气不错”这个按钮，当输入搜索词后，若按“手气不错”会直接得到谷歌认为最相关的网站。

(6)计算数字。

直接在谷歌网页搜索输入框中输入算式进行计算，除法是“/”，乘法是“＊”。用惯了网络的人，会觉得比掏出手机来按按钮要爽。

4. 网页搜索特色

(1)Google 支持多达 132 种语言，包括简体中文和繁体中文；

(2)Google 网站只提供搜索引擎功能，没有花里胡哨的累赘；

(3)Google 速度极快，据说有 8000 多台服务器，200 多条 T3 级宽带；
(4)Google 的专利网页级别技术 PageRank 能够提供高命中率的搜索结果；
(5)Google 的搜索结果摘录查询网页的部分具体内容，而不仅仅是网站简介；
(6)Google 智能化的“手气不错”功能，提供可能最符合要求的网站；
(7)Google 的“网页快照”功能，能从 Google 服务器里直接取出缓存的网页。

3.8.2 Google 图片搜索

1. 概述

Google 图像搜索，即 Google Image，是谷歌公司推出的一项允许用户搜索互联网上图片图像的服务。该服务首次推出是在 2001 年 7 月。在 2007 年，2009 年，2010 年，谷歌都对该服务进行了重大升级，主要改进了用户界面。

Google 图像搜索首页地址 http：//www. images. Google. com，如图 3-5 所示。

图 3-5　Google 图片搜索

Google 图像搜索算得上最精准的搜索，最绚丽的浏览。Google 图片搜索引擎不但可以按照尺寸来区分，同时还提供了类型(脸部特写、照片、剪贴画、素描画)，所有颜色(全彩图片、黑白图片、特定颜色，可以自己选的，共计 12 种色彩)来进行图片搜索。Google 图片搜索不仅仅是图片描述文字的搜索，还可以从图片色彩来搜索，是一个很大的进步。这些过滤器功能曾经大部分隐藏在高级图片搜索，但现在这些选项直接显示在搜索框下。Google 允许搜索十二种不同颜色的图片。Bing 和 Yahoo 却只能搜索黑白或者彩色的图片。

2. 工作原理

谷歌的图片搜索是基于图片名称、指向图片的锚文本内容，以及紧邻图片的说明等文字关键字搜索。当用户搜索图片时，页面会返回一系列符合关键字的图片缩略图。在点击缩略图后，该图片会突出显示在以出处网页为背景的一个页面上。用户可以关闭该图片，直接访问来源网站，也可以查看全尺寸的搜索结果图片。

3. 按图片查找

(1)Google 按图片查找简介。

用户在使用图像搜索时经常碰到的问题是看到一张图片，比如一个景点或不知名的事物，想要知道它的详细信息或要找到其他尺寸图片时，文字并不能完全准确表达用户的需求。这时候，用户能想到最好的办法就是通过拍摄图片，上网搜索，从而获得答案，掌握新知。

Google 图像搜索的创新功能-按图搜索，如图 3-6 所示，采用基于图片的搜索技术，改变了之前基于关键字的图像搜索模式，正好解决了用户的难题，为用户搜索信息提供了极大的便利，也是 Google 践行“整合全球信息，使人人皆可访问并从中受益”这一使命的又一举措。

图 3-6 Google 按图搜索

通过按图搜索功能，用户如果遇到自己不熟悉的建筑、想了解的景点等，都可以将图片直接拖进 Google 按图搜索的搜索框中或者把图像的 URL 地址直接复制进搜索框中，便可以得到相关的信息。用户还可以通过安装按图搜索插件，当光标指向某一图片时，点击右键即可启动图像搜索。通过这一功能，用户不仅可以找到输入图片的不同版本，还可以找到相关网站(即使没有这张图片)，同时，Google 还会提供对该图片的最佳猜测和外观类似的图片。

(2)核心技术——超大规模实时并行计算。

Google 按图搜索功能得以实现，最关键是采用了超大规模实时并行计算，可以对来自互联网的几百亿张图片进行实时的图像特征匹配，从而快速反馈给用户相关的搜索结果。

在按图搜索功能的后台，Google 会对来自互联网的几百亿张图片提取图片特征信息，每一张图片包括颜色、纹理、图片周围的文字等成千上万个图像特征。当用户在按图搜索框中上传图片时，Google 会先提取图片特征信息，依靠超大规模并行、实时的图像特征匹配，在数百毫秒内反馈给用户查询结果。并且，Google 在实现这一功能的背后，有着非常复杂的算法，考虑到图片的各种因素比如扭曲、光线变化等，可以识别更多的相关图片。

Google 在大规模文件存储系统、超大数据库和全新的并行化处理语言方面的优势，为这一功能的实现奠定了坚实的技术基础。

在 Google 图像搜索中，如果用户在 Chrome 浏览器安装相关插件，Google 图像搜索还支持按图像类型显示，按图像照相机参数和版权保护搜索，这为用户的特定搜索需求提供了很好的解决方案。

3.8.3　Google 视频搜索

1. 概述

Google 视频是互联网上最强的视频搜索引擎，可随意浏览视频网站上最热门的内容。

Google 视频搜索希望像把图书馆搬到互联网上那样将电视节目搬上互联网。2005 年 6 月 27 日，Google 公司正式推出视频搜索服务，并在其网页上增加了视频回放功能。同时 Google 还提供一个基于 VLC 的开源视频播放器插件——Google Video Viewer 1.0。Google 的视频内容来自美国广播公司、CNN 等 20 多家媒体，从诸如霹雳舞片段或者猴子玩空手道，共可以为用户提供多达上千个电视节目。用户只需要在搜索栏输入关键词(如 ipod 或 Napa Valley)，或选择高级搜索(如 title：nightline)，Google video 将立即返回最接近的视频标题或文本描述。点击搜索结果页面的视频标题，就能快速观看相关视频的静态图片、节目副本以及节目短片。Google 视频服务的视频观看器也只支持 IE5 或以上以及 Windows 版本的 Firefox 的网页浏览器。

Google 视频搜索首页地址：http：//video. google. corn/，如图 3-7 所示。

图 3-7　Google 视频搜索

2. Google 视频发展

2005 年 6 月 27 日，Google 公司正式推出视频搜索服务。Google Video 是 Google 提供

的一项视讯共享和搜索服务。与 YouTube 类似，Google Video 向用户提供必要的 HTML 代码，允许用户将选定的视讯嵌入到其他的网站的页面中。这种方法可以使用户在网站中嵌入大量的视讯而无需考虑频宽和储存容量限制的问题。在 2006 年 10 月 9 日，Google 收购了前竞争对手 YouTube，并在 2007 年 6 月 13 日发表声明，Google 视频的搜索结果将包含由网络蜘蛛在其他托管服务、YouTube 和用户上传中抓取的内容。

2009 年，Google 停止了向其 Web 服务器上传视讯的服务。2011 年 5 月 13 日起，Google Video 不再提供一般使用者影片播放的服务，以及开发使用者取回自己上传影片或是快速移转至 Youtube 的功能。企业或教育所使用的 Google Video 服务目前则不影响。

3. Google 视频功能

(1)播放热门视频。

Google 视频主页可直接从主页上浏览和播放热门视频，从而可以更轻松地通过该网站找到热门、有趣的视频。热门视频列表是基于多种信息进行编排的，其中包括共享最多的视频、观看最多的视频和嵌入博客最多的视频。

(2)搜索视图。

通过搜索视图，可以选择查看搜索结果的方式：列表视图、网格视图和电视视图。在这些视图中，可以在一侧观看嵌入视频的同时，在视频旁边查看搜索结果。通过单击右上方的灰色图标框(就在片长过滤器和排序下拉列表旁边)来尝试使用这些视图。

(3)设计视频播放页面。

Google 视频播放页面上有一个很大的视频播放器，通过它可以获得更好的视频观看效果。还可以在观看视频的同时浏览其他相关视频。

3.8.4 Google maps

1. 概述

Google 是目前被公认为全球规模最大的搜索引擎，在这里面，人们可以使用多种语言查找信息、查看股价、地图和要闻、搜索数十亿计的图片并详读全球最大的 Usenet 信息存档等。今年来，Google 新的地图服务 Google Maps 及其应用程序接口的诞生，标志着互联网地图服务的兴起。

Google Maps 是以矢量地图、卫星影像、混合三种服务模式向全球提供地图搜索和逐级缩放功能的地图服务。Google 地图覆盖面涉及全球，提供了简单易用的免费服务，含有十多种便捷功能，可以使用户在瞬间得到相关的搜索结果。

2. 发展历程

2005 年 6 月 20 日，Google Maps 的覆盖范围，从原先的美国、英国及加拿大，扩大至全球。

2005 年 9 月，Google 和北京图盟科技有限公司(Mapabc)合作出版中国大陆地区的

Google 本地。后来，Google 本地重新命名为 Google 地图。中国台湾地区的地图资料则是由勤崴科技所提供，并于 2007 年 10 月 11 日推出中国台湾地区地图。

目前 Google Maps 的美国、英国、加拿大、日本等其他地区的服务已经是完成阶段。在北美的部分地方，开通了“街景视图”服务。使用者可以通过街道上的视角查看街景(例如公交车站，商铺等)。但是该服务却有侵犯个人隐私的嫌疑，因为街景视图的照片是由 Google 的甲虫车在街上随机拍到的，街边路人的动作，停泊点上的车牌号都是一清二楚。Google 地图的中国大陆服务仍处于 Beta 测试阶段。中国香港版本于 2008 年 7 月推出。可以让使用者搜寻餐厅，亦可以建立自己的地图，与其他使用者分享有关的照片和评论。谷歌于北京时间 2010 年 11 月 30 日宣布，正式推出最新版地图服务“谷歌地球 6. 0”(Google Earth 6)，新版整合了街景和 3D 技术，可为用户提供逼真的浏览体验。

3. Google Maps 特点

(1)地图操作。

作为地图应用，地图操作的方便性在很大程度上左右用户的喜好。Google Maps 的地图操作简单，主要有移动(鼠标拖拽)、自由缩放。自由缩放支持鼠标滚动，而且可以以当前鼠标位置放大，十分方便。

(2)地图预生成。

地图并不是根据用户的请求动态生成，而是预先处理成图片金字塔，切换后做四叉树编码，存放在服务器端。当地图窗口发生移动、缩放时，只需要下载新的图片来填充新的区域，在此充分利用了浏览器的多线程同时下载的功能。另外，下载过的图片无需在此访问服务器重新下载。

(3)分析功能。

Google Maps 可以实现距离测量、最近分析、路径分析等空间分析能力。而且，在街景模式下，人们可以以 360 度视角漫游在虚拟的城市街道上，可以观赏街头景象，就如同走在真实环境的大街上。

(4)开发成本。

目前 Google Maps 提供的 API 为免费资源，只要申请一个 KEY 就能使用 Google Maps，从地图服务和开发两个层面降低了二次开发门槛，提升了地图服务水平，对于延伸地图服务有重要意义。

(5)数据更新。

Google Maps 一矢量地图和高分辨率卫星影像两种数据源提供地图服务，并由 Google 不定期进行地图更新，用户可以同步享受最新地图信息服务。不过，基于国家安全因素的考虑，还不能使用高分辨率实时卫星影像。

4. 功能剖析

(1)公交/驾车。

Google 地图能为用户提供方便具体的线路指示或公共交通信息，如图 3-8 所示。

(2)搜索。

图 3-8 Google 线路查询图

为了能方便用户迅速地找到目的地，Google 地图推出了针对不同城市和地区的点击搜索功能。即使对要查询的城市一无所知，仍然可以依靠这个功能搜遍城市的大街小巷，如图 3-9 所示。

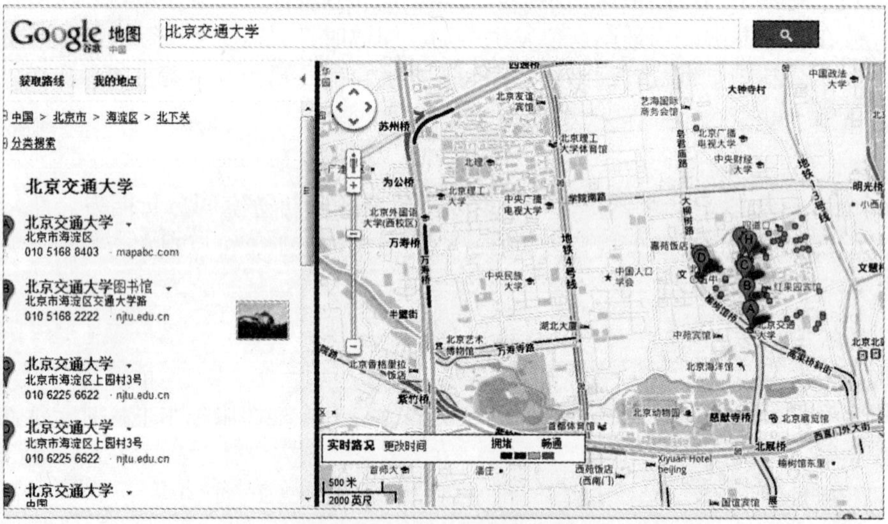

图 3-9 Google 地图搜索图

(3)搜索建议。

Google 地图的搜索建议添加了更多的搜索信息。如果用户将地图中心定位在北京，输入“北京”，地址栏就会弹出一系列北京市详细地址的搜索建议，如图 3-10 所示，包括北京各个城区。如果用户选择“北京市东城区”，继续输入“王府井”，用户就会得到“北京市东城区王府井”的搜索结果。地址本身的重要性程度决定了搜索建议词条的先后顺序。同时，用户的查询日志也是排序的影响因素。

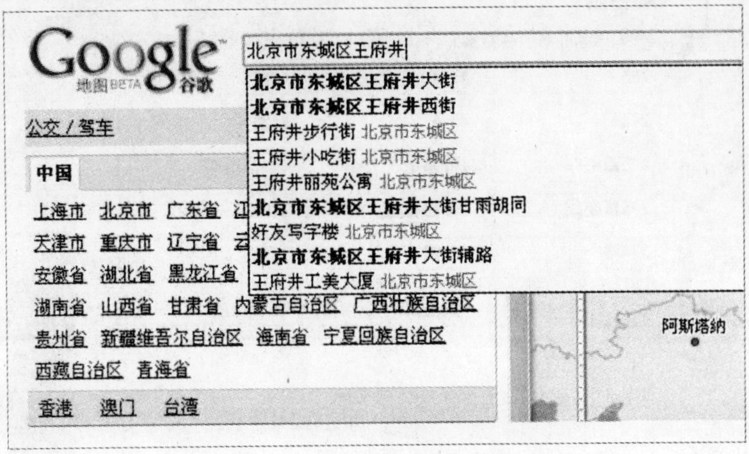

图 3-10 Google 地图搜索建议图

(4)公交地铁信息。

用户可在 Google 地图中启用公交地铁图层，以便查看某些城市的地铁站点信息。目前，Google 有北京、天津、上海、重庆、广州、深圳、南京、武汉、长春、大连等城市的地铁站点信息。当用户查看这些城市的地图时，将在地图的顶部看到一个更多按钮。只要点击该按钮并选择公交即可。当点击某个地铁站时，将突出显示经过该站的地铁线路，而其他线路将淡显。查看完地铁信息之后，可再次点击更多按钮并取消选中公交复选框，从而关闭此图层，如图 3-11 所示。

(5)搜索商家信息。

当搜索某一个商家(如必胜客餐厅)信息时，用户可以看到有关该商家的位置及电话号码全部整合在 Google 地图中。同时，也可以看到额外的信息如营业时间、付款方式、照片、用户评论等。例如，在搜索框输入必胜客，北京，然后点击搜索地图，将会看到位于北京市必胜客餐厅的信息。如图 3-12 所示。

(6)3D 功能。

从谷歌地球 4.0 开始，就添加了天空元素；上个版本添加了海洋；如今，最新版的特色在于 3D 树木效果。树木是地球自然景观的重要组成部分，6.0 中提供了超过 50 种不同树木的 3D 模拟图片，它们的数量超过 8000 万棵。用户在使用谷歌地球浏览时，仿佛置身于一片真实的森林世界。

(7)谷歌地球。

谷歌地球是一款谷歌公司开发的虚拟地球仪软件，它把卫星照片、航空照相和 GIS 布置在一个地球的三维模型上。Google Earth 于 2005 年向全球推出，被“PC 世界杂志”评为 2005 年全球 100 种最佳新产品之一。用户们可以通过一个下载到自己电脑上的客户端软件，免费浏览全球各地的高清晰度卫星图片。Google 地球分为免费版与专业版两种。

(8)天气图层。

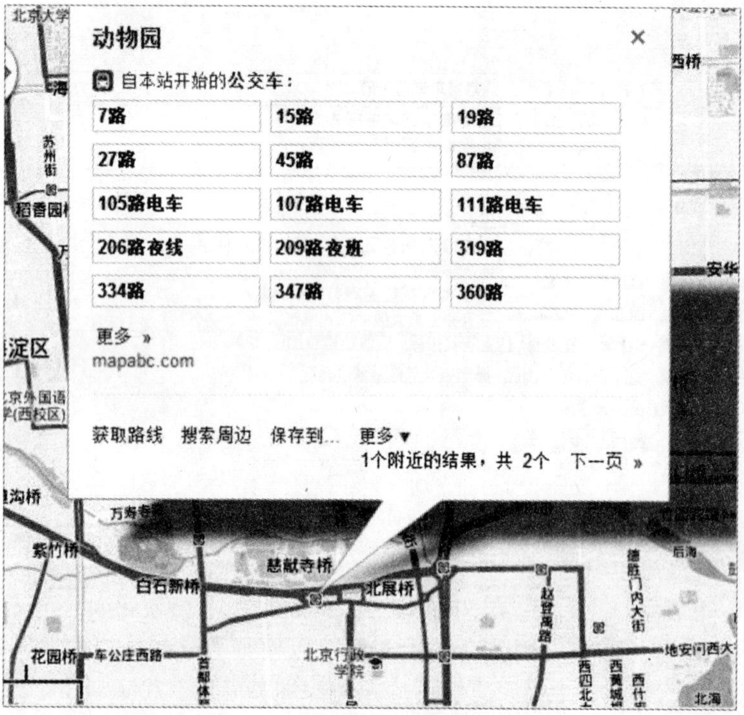

图 3-11 Google 地图公交地铁搜索

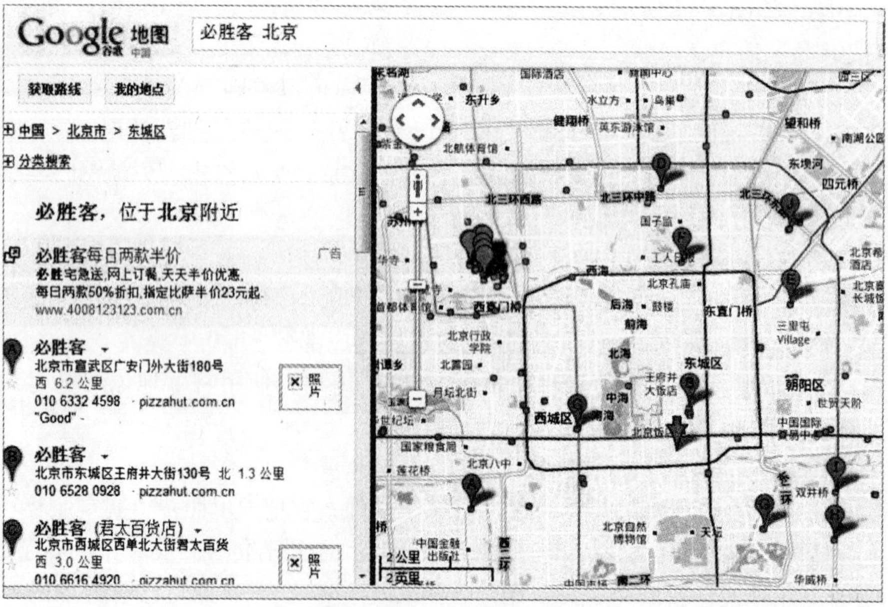

图 3-12 Google 地图搜索商家

谷歌周四(2011 年 8 月 19 日)在谷歌地图中新增了天气图层，从英国伦敦到美国新墨西哥州小城镇的天气情况都可以显示出来。在谷歌地图中，右上角将显示一个下拉菜单工具，用户可在其中选择天气情况图层。为了便于观看实际云量和天气状况，用户需要对地图缩小观看，至少缩小到国家层面水准。云量等其他可视化天气信息由美国海军科研实验室(Naval Research Laboratory)提供。

(9)语音搜索。

Google 为 Google Maps(Google 地图)增加语音搜索功能，它只支持 Chrome，提供给用户一个更快的地图搜索方式。

(10)卫星视图。

Google 地图的卫星视图功能可以轻松查看卫星上拍摄到全球各地的图片信息。覆盖全球几乎所有城市，细致到村落、街道。可使用户清晰的看见实时路况。如图 3-13 所示。

图 3-13　Google 地图卫星视图

(11)实时路况。

Google 地图的实时路况功能可以让人们随时了解各路段的实时交通流量情况等信息。绿色标志着此路畅通，红色表示拥堵，黄色表示车行缓慢。

(12)附近搜索。

Google 地图的在附近搜索功能可以方便地搜索地点附近商店、单位、景点等信息。

(13)街景视图。

Google 地图的街景视图功能可以让人们清晰地浏览地点所在的街景及周边实景。

(14)自动定位用户位置。

打开 Google 地图页面，它的地图可以根据人们的电脑信息来估计人们的所在城市。如果用户经常查询某个特定地点，例如用户的家或办公室附近的信息，可能希望将其设置为默认位置。

(15)我的地图。

Google 地图提供自定义地图功能。用户可以把自己最常用的地点全部存入我的地图，还可以添加图片及视频，从而让这些标记成为完全个性化的“您自己的地图”。也可以与家人和朋友分享这个个性化地图。

(16)本地商户中心。

人们可以通过本地商户中心创建自己的商户列表并成功上传有关商户的信息，例如地址、电话号码、营业时间、付款方式、照片等。在Google地图中搜索本地商户信息时，就可以找到商户地址、联系电话、营业时间、照片等。

3.8.5 Google新闻

Google新闻提供全面、及时的新闻报道，为用户汇集来自世界各地的新闻来源。为了公正客观没有偏见地报道任何新闻，Google新闻的产生是完全由电脑算法决定的，没有人类编辑参与其中。Google新闻首页地址：http：//news. google. cn，如图3-14所示。Google新闻提供搜索服务，结果可以以新闻发生日期(这样就不会再对新闻发生的时间感到困扰了)或相关性成类排序(也可以直接分类查看)。

图3-14 Google新闻搜索

2004年9月，Google公司推出了Google新闻简体中文版，提供全面的新闻搜索服务，并提供来自中国和全球的简体中文，它可以支持用户搜索测览来自1000多个简体中文新闻来源的新闻。结合分类和分析技术，Google新闻将来自不同简体中文语言刊物的新闻标题汇总到一起。Google新闻中文版可以直接通过http：//news. google. com或通过www. google. com简体中文界面的新闻链接访问。

2005年3月10日Google新闻增加了自定义功能，用户可以自己随意定义自己喜欢看的新闻，甚至不同语言的新闻也可以混合在一页内。这是网络新闻提供方式的一个重大革新。

到目前为止，Google新闻已是全球排名第14位的新闻网站，每天有超过700万人次在上面查询新闻信息，比CBA、BBC等专业新闻网站的浏览人次还要多。

3.8.6 Google 购物

1. 概述

Google 购物搜索引擎可以理解为搜索引擎的一种细分，即在网上购物领域的专业搜索引擎。Google 购物首页地址：http：//www. Google. cn/shopping，如图 3-15 所示。

图 3-15 Google 购物

购物搜索引擎是从比较购物网站发展起来的，比较购物最初的设想，是为消费者提供从多种在线零售网站中进行商品价格、网站信誉、购物方便性等方面的比较资料，随着比较购物网站的发展，其作用不仅表现在为在线消费者提供方便，也为在线销售上推广产品提供了机会，实际上也就等类似于一个搜索引擎的作用了，并且出于网上购物的需要，从比较购物网站获得的搜索结果比通用搜索引擎获得的信息更加集中，信息也更全面（如有些比较购物网站除了产品价值信息之外，还包含了对在线销售商的评价等），于是比较购物网站也就逐渐发展演变为购物搜索引擎。

2002 年底 Google 发布了 Froogle，是购物搜索的前身，2007 年 4 月 Google 将购物网站更名为 Products Search。从 Froogle 到 Products Search 除了名字的变化，核心内容基本上没变化。Google 没有像百度一样推出自己的 B2C 和 C2C 平台，仍然充当的是平台整合者的角色。Google 购物搜索页面物品信息按照相关性由上至下的排列，并标注价格和商品来源，点击商品来源则可进入淘宝、百度有啊、当当、卓越亚马逊等电子商务网站。例如：在 Google 购物输入框中输入“夏装”，搜索结果会按照相关性显示搜索结果，在搜索结果下方会显示商品信息来源，如图 3-16 所示。

2. Google 购物特点

(1)强大搜索技术。

Google 购物搜索运用 Google 的搜索技术，帮助寻找、比较来自各个在线商家的商品，

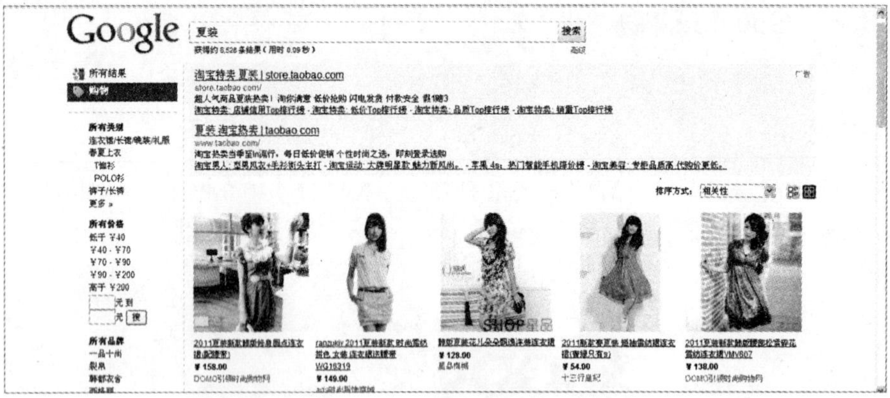

图 3-16 Google 购物搜索结果图

并直接指引可以购买的地方。

(2)全面的商品信息。

Google 购物搜索帮助用户搜寻任何商品，无论是最实惠的普通商品，还是其他稀奇古怪的罕见商品，基本上可以收到。

(3)查询速度快。

在输入搜索词后的瞬间，就可以看到相关商品的图片和出售该商品的商家链接。点击任何一款商品，就可以直接进入出售该商品的网页。

(4)公正信息排名。

Google 不接受付费排名。搜索结果是完全基于查询词的相关性自动生成的。

(5)商品按需求显示。

Google 购物搜索结果可以按照商品的所属类别、价格区间以及商品的来源显示，用户可以根据自身的需要来调整搜索结果的展现方式。

3. Google 购物搜索途径

Google 购物搜索搜集商品信息有两种途径。一是商家通过网络主动提交商品信息以利用这项免费服务。任何人如果希望自己商品出现在 Google 购物搜索结果里，都可以提交商品信息。二是 Google 特有的爬虫程序可以在互联网上自动识别购物网页。

Google 的购物搜索结果是根据一定的排序算法自动生成的。Google 不接受任何为使某商品出现在搜索结果中进行的付费，也不会把自己的广告商或者愿意付费的商家的网站排在搜索结果靠前的位置。

4. Google 购物搜索赞助商链接

赞助商链接是 Google 购物搜索显示的与查询词相关但与搜索结果并不一定相关的付费广告。它们是由搜索引擎自动生成，并且按照与用户的查询的相关性排序显示的。如果用户或者卖家对在 Google 商品搜索结果页的赞助商链接位置投放广告感兴趣，并希望用户自己商品能够免费出现在 Google 购物搜索的结果列表里，访问 Google AdWords 主页，可以将用户的商品显示在 Google 购物搜索结果中。

3.8.7 Google 翻译

Google 翻译是一项免费的翻译服务，可提供 58 种语言之间的即时翻译。它可以提供所支持的任意两种语言之间的字词、句子和网页翻译。借助 Google 翻译，可以将所有信息变为用户普遍可理解的有用信息，而无需考虑其源语言。Google 翻译可以帮助用户阅读搜索结果、网页、电子邮件、YouTube 视频字幕以及其他信息，用户甚至还能在 Gmail 内进行实时的多语言对话。Google 翻译首页地址：http：//translate. Google. cn/，如图 3-17 所示。

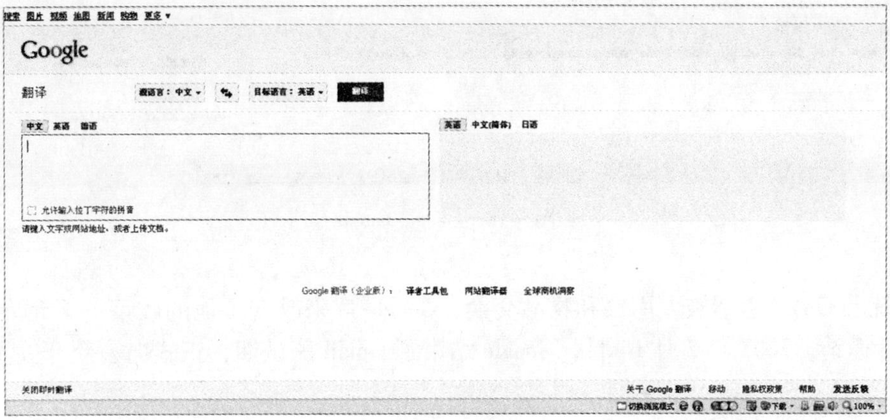

图 3-17　Google 翻译

Google 已通过跨语言信息检索(Cross Language Information Retrieval，简称 CLIR)计划，提供几种语言的搜索页面翻译。例如，在俄罗斯用 Google 搜索前英国首相 Tony Blair 的传记，英文结果页的底部会有一个俄文的选项，点入该链接，英文网页即可翻译成俄文。

3.8.8 Google-Gmail

1. Gmail 介绍

2004 年 4 月 1 日愚人节，Google 宣布推出 1GB 空间的电子邮件服务 Gmail，次年 4 月 1 日更是增加为 2GB 以上，并增加了多语言入口以及富文本编辑功能。这个邮箱会利用广告词服务扫描邮件内容以显示特定的广告来营利。Gmail 主页地址：http：//mail. Google. com/，如图 3-18 所示。

Gmail 邮箱拥有 7000MB 以上的存储空间。比起大部分其他免费的网络邮箱服务都要大很多。2004 年 8 月 25 日，这项服务开始进行内部测试，公众不能自由注册。一些 Blogger 用户还有收到已有的 Gmail 用户邀请的人已经可以使用他了。由于在类似 swap 的

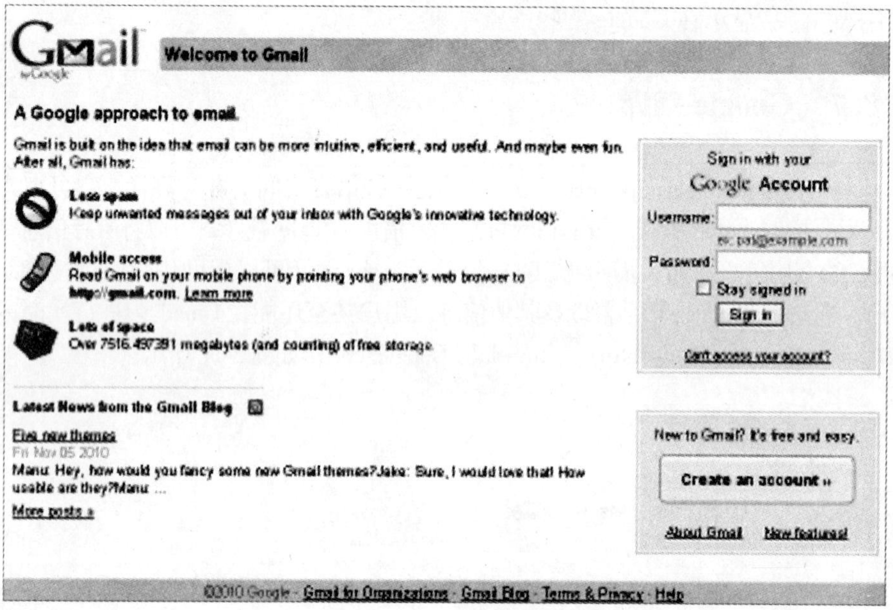

图 3-18 Google-Gmail

交换系统上 Gmail 邀请被人用钱和物品交换，Google 后来改变了他的政策：不允许用钱来换 Gmail 邀请。2007 年 2 月 14 日，Google 结束了 Gmail 测试期，正式向公众开放注册。

2. 使用 Gtalk 聊天

Gtalk 是 Google Talk 的简称，是 Google 推出的即时聊天工具。用户可以下载 Gtalk 软件，下载 Gtalk 地址：http：//www. Google. com/talk/intl/zh—CNI，下载完毕安装在计算机上便可以使用，除此之外，也可以通过与 Gmail 邮箱一起绑定使用。

3. 8. 9 Google 音乐

1. 概述

2008 年 8 月初，谷歌中国与巨鲸音乐网宣布联合，正式在谷歌中国的整合搜索中推出音乐搜索的试验版。2009 年 3 月 30 日，谷歌的音乐搜索正式发布。在谷歌搜索歌手、专辑或歌曲的时候，就会在搜索结果顶部找到歌手照片、专辑封面等音乐信息，可以通过链接到巨鲸音乐网试听或下载高质量的正版音乐。Google 音乐搜索首页地址：http：//www. Google. cn/mus1c/songscreener，如图 3-19 所示。

谷歌音乐搜索正式版增加了“挑歌”和“相似歌曲”功能，提供了一种全新的音乐搜索模式，能根据音乐的节奏音调甚至配器搜索需要的歌曲。

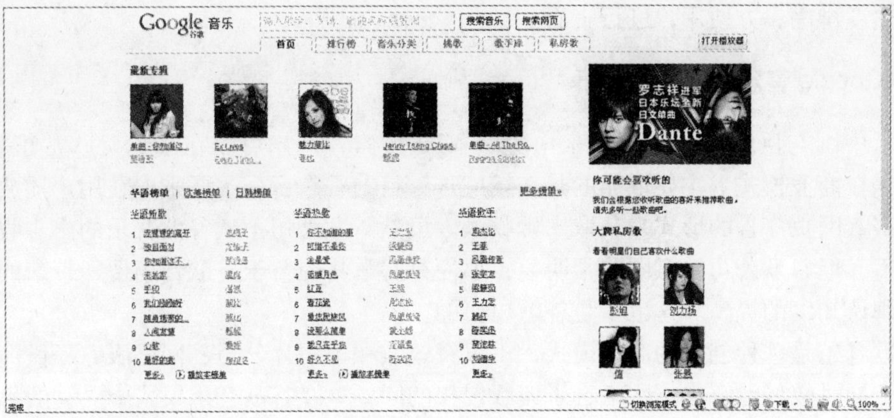

图 3-19　Google 音乐

2. Google 音乐搜索功能

（1）Google 音乐一般搜索功能。

进入 Google 搜索主页，可以在下方看到最新的"Google 音乐搜索"的推荐，点击此链接后，便可以进入音乐搜索主页。在打开的页面中，可以看到音乐搜索包含排行榜、挑歌、歌手库、专题等栏目，还有最新的专辑。在输入框中输入歌曲或者歌手名即可搜索到相应的歌曲，这与传统的搜索方式相同，在此不作详细介绍。

（2）Google 音乐相似歌曲功能。

在 Google 音乐搜索首页有最新专辑，点击指定歌手的最新专辑，网页会呈现此歌手的最新出版的专辑给用户使用，这可以看出 Google 音乐搜索在收录音乐时注意时效性。

在最新专辑中可以勾选相应的歌曲，可以试听、下载，也可以直接查看歌词。在歌曲列表页面的最右方，可以看到"类似歌曲"的链接，这是 Google 音乐搜索的一大特色，会根据所搜索的音乐的节奏、声调、音色等指标为用户推荐相似的歌曲，尽最大可能满足用户的需求。

（3）Google 音乐挑歌功能。

搜索相似歌曲是 Google 音乐搜索的一个特色，而 Google 音乐搜索还提供了类似点歌的"挑歌"功能。点击 Google 音乐搜索主页上的"挑歌"选项，会通过泡泡的方式为用户展示歌曲，点击泡泡下方的播放按钮即可进行试听播放。而挑歌的标准，正是通过"音乐语言"，比如右侧可以看到的节奏、声调、音色、年代、流派、语言等，而这些是不依赖于传统歌手和歌手名的，与传统的音乐搜索有非常大的区别。拖动右侧的滑块来设置不同的"音乐语言"，在左侧将快速按照你的需求挑歌，并通过不同颜色的泡泡来显示。

搜索到喜欢的音乐后，用户还可以与好友一起分享，具体方法是：点击挑歌页面右下角的"和朋友分享您找到的歌"，将会打开一个窗口，显示用户当前听歌的链接，用户只要将此链接复制到店子邮件或者其他聊天方式中进行传播即可。

（4）专辑排序功能。

Google 音乐搜索中还可以对专辑按照不同的方式进行排序，比如按照时间排序，也可以按照热度排序，方便用户进行查看。

3. Google 音乐商业模式分析

谷歌中国与巨鲸音乐网共同推出免费 MP3 搜索，用户可以在线免费欣赏正版音乐。谷歌音乐在商业模式上主要依靠的是在线广告。目前谷歌音乐主要采取在用户播放和下载页面上嵌入网页广告的形式来获取广告收入。虽然谷歌公司不从谷歌音乐的广告收入中分得一杯羹，但谷歌公司的意图非常明显，那便是谷歌将受益于谷歌音乐搜索带来的流量增长和品牌认知度的提高。这也正是谷歌想要的。

谷歌音乐是一种创新的商业模式，不仅有效兼顾了唱片公司、网络服务提供商和用户的利益，同时较好地解决了网络音乐盗版侵权的问题。在谷歌音乐模式中受益的不仅是唱片公司、巨鲸音乐网和谷歌自己，其实获益更多的还包括艺人、创作者以及我们音乐消费者大众。

3.8.10 Google 问答

1. 概述

2002 年 4 月，Google 启动了名为“Google Answers”的新服务。Google Answers 是传统搜索功能的扩展——用户不用自己搜索内容，他们请专家搜索然后付费，顾客问问题，并为问题提供一个相应的价钱，然后研究者们回答他们的问题。问题的价格从 2 美元到 200 美元不等；Google 从中提取 25% 回扣，剩下的归研究者所有，他们还要付 0. 50 美元的列出费，一旦一个问题被回答了，它的答案对所有人就都可以免费浏览了。Google Answers 的推出，改变了 Google 单纯地查询信息的形象，可以向用户提供现成的答案，赢得了用户的广泛赞誉。这个服务在 2003 年 5 月开始公共测试，现在大约 1 天会有 100 个问题被回答。Google 问答首页地址：http：//www. wenda. google. com. hk，如图 3-20 所示。

2. 功能特色

要获得 Google Answer 的服务，需要在 Google 注册，登录到 GoogleAnswers，并提供用户名，确定要求在多长时间内得到答复，并且同意 Google 的服务条款。这样，用户就可以问问题，价格在 2. 5 ~ 200 美元之间。问问题采取填写咨询表单的方式，表单分为 A，B，C，D 四个部分，分别表示问题主题的描述；问题的详细说明；问题的价格；问题的分类。用户可以提出任何问题，只要能用文字或数字作出回答。同时也禁止提某些问题，包括询问他人的联系方式（电子邮件、电话号码、姓名），私人信息，推销或宣传产品，成人内容，作业或考试问题。如果研究人员认为问题可以回答，价格合理，就可以锁定该问题，锁定的时间根据问题的价格而定，该问题就对其他人屏蔽，保证此时此刻该问题只有一个研究人员回答。

Google Answers 另一个突出的特点是用户与系统以及研究人员之间灵活多样的交互。

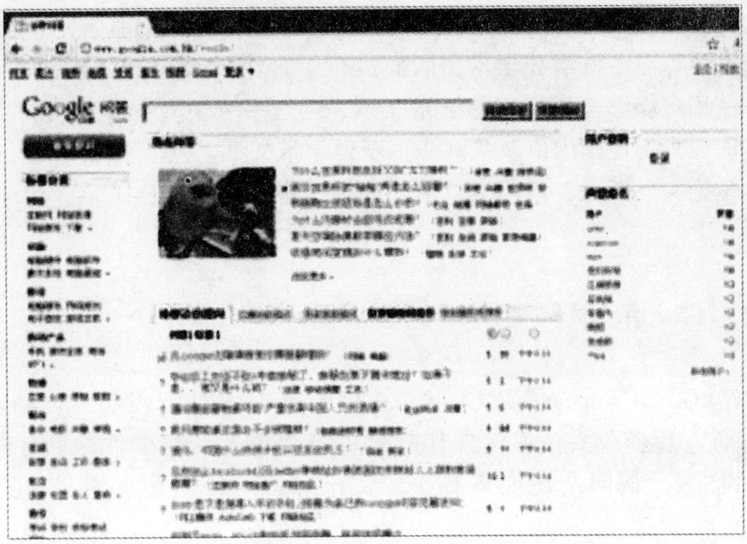

图 3-20 Google 问答

用户提出问题以后，可以对问题内容进行编辑、改变定价、对问题的答案请求解释、对问题的答案作出评价、对不理想的答案进行改进、请求退款、重新张贴问题。

3.8.11 Google Scholar

Google Scholar 翻译成中文为 Google 学术搜索，也有不少地方翻译为 Google 学者。它是 Google 的一项新搜索功能，专门用于搜索世界范围内的技术报告、论文及摘要等学术文献。Google Scholar 网址为 http：//scholar. google. com，如图 3-21 所示。

图 3-21 Google 学术搜索

Google Scholar 不仅仅从 Google 收集的上百亿个网页中筛选出具有学术价值的内容，而且最主要的方式是通过与传统资源出版商的合作来获取足够的有学术价值的文献资源。目前，Google 公司与许多科学和学术出版商进行了合作，如 ACM，Nature，IEEE，OCLC 等。这种合作使用户能够检索特定的学术文献，通过 Google Scholar 从学术出版者、专业团体、预印本库、大学范围内以及从网络上获得学术文献，包括来自所有研究领域的同级评审论文、学位论文、图书、预印本、摘要和技术报告，内容从医学、物理学到经济学、计算机科学等。

3.8.12 Google 财经

Google 财经(Google Finance)是 Google 在 2006 年 3 月 21 日发布的网站，该服务主要为许多公司的商业及企业头条，包含其财政决策和重大新闻事件，也有股市信息，以 Flash 显示股价图表。该网站还汇集 Google 资讯和 Google 博客搜索里每家公司的相关文章。

Google 财经首页地址：http：//www. Google. cn/finance，如图 3-22 所示。

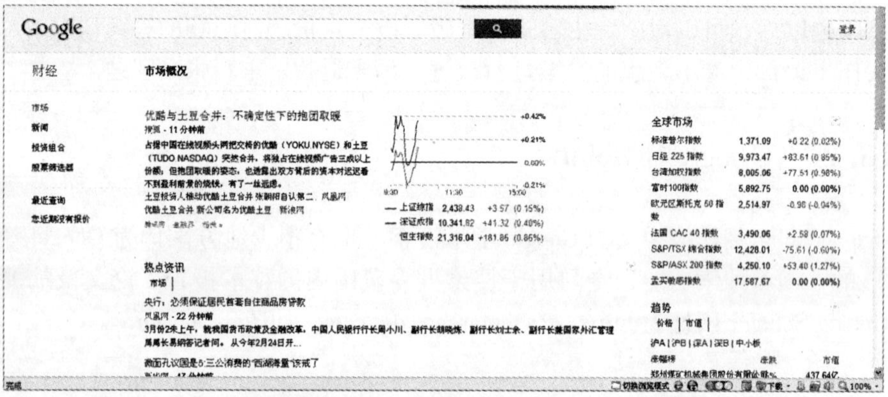

图 3-22 Google 财经

2006 年 12 月 12 日，Google 推出改版，采用新的网页设计，让用户可以看见货币信息、各类股在美国市场的表现和一天中的重要新闻。此次改版还包含了美国 40 年来的股市数据和更丰富的投资组合。2008 年 6 月，与纳斯达克和纽约证券交易所合作，新增实时股票更新的功能。Google 在上面刊登广告，至今仍是免费的。

3.8.13 Google 图书

1. 概述

2004 年，Google 启动了“GooglePrint”项目。GooglePrint 的目标就是将那些存在于书本

上的内容，让用户以最容易的方式看到——也就是出现在 Google 搜索结果中。该项目目标是将目前不存在于互联网上的图书资料包含到 Google 的搜索页面中，打造出一座全球最大的网上图书馆。GooglePrint 包含两个子项目：Publisher Program（出版商计划）和 LibraryProject（图书馆计划）。PublisherProgram 是 Google 向出版商发出邀请，希望通过合作的方式，帮助出版商将其出版的书籍介绍给世界各地的读者，扩大出版商的知名度，帮助出版商取得更大成功。LibraryProject 是 Google 试图与世界各知名大学的图书馆进行合作，将这些图书馆的全部或部分馆藏图书扫描，制成电子版供全球读者通过 Coogle 在网上阅读。目前已经与 Google 达成合作意向的有哈佛大学、斯坦福大学、密歇根大学、牛津大学图书馆以及纽约公共图书馆。最近 Google 公司为了避免误解，已将 Google Print 改名为 Google Book Search。而其 URL（print. Google. com）现在也已经重定向到 books. google. com。

2. 功能特色

目前 Google Book Search 的 BETA 版（http：//books. google. com/）已经投入使用。它将图书分成 3 类：公共领域的图书（已经无版权限制的书籍）、出版商提供的图书以及仍在著作权保护期内的图书馆的图书。使用者只需要将自定的关键字输入检索框，就可以得到与检索词相匹配的图书记录。对于公共领域的图书，Google Print 提供全文，并给出收藏该图书的地方图书馆。对于出版商提供的图书，提供含有检索关键词的那一页和该页的下几页，而并不提供全文服务，使用者如果要进一步浏览全书或是购买纸本图书的话，可透过检索页面链接到网上的在线书店进行购买。对于仍在著作权保护期内的图书馆的图书（未被出版商授权提供的），只能提供一些含有关键词的片段，而不显示全页，此外还提供了收藏该图书的地方图书馆和其他相关信息。此外，可以在限定的某本书中进行针对图书内容的二次检索。目前该搜索还没有中文界面的版本，国内用户使用不方便。

3.8.14 Google 博客

Google 博客是全球最大、最多人使用的博客系统。2003 年，Google 接管了 pry 实验室及其 blogger 服务。Google 使得先前需要收费的一些功能对用户免费。Blogger 工具及其服务使得发布 Weblog 比较简单。用户不需编写代码或者安装任何软件和脚本。而且用户可以自由改变 blog 的设计方案。

Google 博客搜索是 Google 推出的、专门针对博客的搜索服务平台。Google 积极响应以博客为代表的个人创作和发布潮流，并且希望通过 Google 博客搜索帮助用户更有效地探索博客世界，从而激发更多的人加入这一潮流。

Google 博客搜索的目标是涵盖发布了网站供稿源（RSS 和 Atom）的所有博客，用户能获得最新、最准确的查询结果，能搜索多种语言的博客内容，而不仅仅限于“Google 博客”中的博客或者来自其他服务的博客。Google 博客首页地址：http：//blogsearch. Google. cn，如图 3-23 所示。

图 3-23 Google 博客

3.8.15 Google 日历

Google 日历是 Google 公司推出的免费在线可共享的日历服务。Google 日历允许用户从一个地方管理日常生活中的各种重要事项。目前，只要用户拥有 Google 账户，就可以使用这项服务。Google 日历首页如图 3-24 所示。

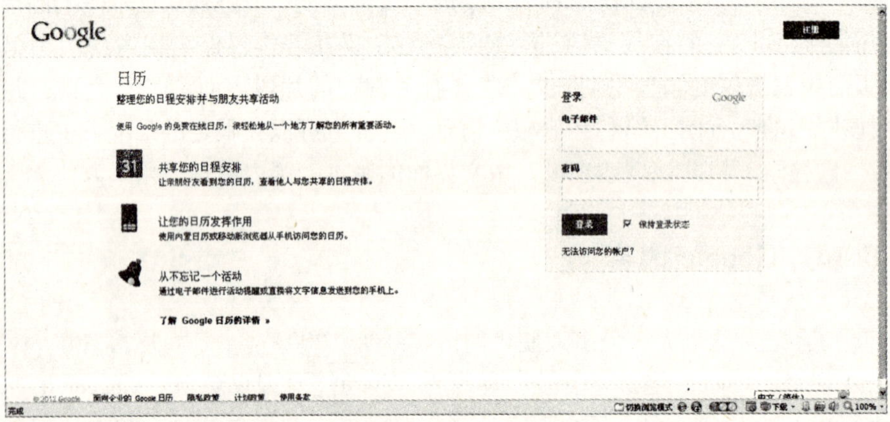

图 3-24 Google 日历

Google 公司推出 Google 日历(免费共享在线日历服务)的目的是用户管理自己的日程不应成为负担。使用 Google 日历，用户可从一个地方轻松掌控生活中的各种重要事项：生日、聚会、棒球赛、医生预约等。用户也可轻松添加活动和邀请，与亲朋好友共享或仅供自己使用，在网络上搜索自己感兴趣的活动。管理各种事项和活动，简单又方便。

用户可建立自动备忘及提醒设置，日历服务会以短消息的方式提前通知。Google 日历与 Gmail 邮件服务相互支持，比如用户可以把邮件中提及的事件加入到日历中去，在线浏览碰到的事件也可添加到日历。在安排日程时，用户可将不同事件的图标在屏幕上拖动，更直观地安排事件的顺序。Google 在线日历服务具有文本信息识别功能，比如以前输入的事件名称或短语在后来输入时，会通过记忆联想功能蹦出完整的语句。

3.8.16 Picasa 照片管理软件

Google 的图片管理工具 Picasa 网络相册是一款可帮助在计算机上立即找到、修改和共享所有图片的软件。在数秒钟内就可找到并欣赏计算机上的图片。用户可以从 Google 网站上下载的免费软件。软件下载地址：http：//picasa. Google. com/intl/zh-CN/如图 3-25 所示。

图 3-25　Picasa 网络相册

Picasa 是一款可帮助用户在计算机上立即找到、修改和共享所有图片的软件。每次打开 Picasa 时，它都会自动查找所有图片，甚至是那些用户已经遗忘的图片，并将它们按日期顺序放在可见的相册中，同时以用户易于识别的名称命名文件夹。用户可以通过拖放操作来排列相册，还可以添加标签来创建新组。Picasa 使得图片从始至终都井井有条。

Picasa 还可以通过简单的单次点击式修正来进行高级修改，用户只需动动指尖即可获得震撼效果。Picasa 还可让用户迅速实现图片共享——可以通过电子邮件发送图片、在家打印图片、制作礼品 CD，甚至将图片张贴到自己的 blog 中。

3.8.17 Google 文档

1. 概述

Google 文档是 Google 公司推出的一项在线文件编辑平台，其功能类似于微软公司的 office 软件套装，并可以通过网络和他人分享，有 Google 的账号就能使用，但全部是在线即可使用的。谷歌文档包括在线文档、电子表格和演示文稿三类。用户可以轻易地执行所有的基本操作，包括编制项目列表、按列排序、添加表格/图像/注释/公式、更改字体，还有更多操作。Google 文档接受最常见的文件格式，包括 DOC、XLS、ODT、ODS、RTF、

CSV 和 PPT 等。熟悉的桌面风格让编辑起来倍感轻松。并且只需点击工具栏按钮，即可进行加粗、加下划线、缩进、更改字体或数字格式、更改单元格背景颜色等操作。Google 文档首页地址：http：//docs. Google. com/。

2. Google 文档功能

Google 文档主要功能有以下几点：

(1)创建在线文档、电子表格和演示文稿。

(2)安全的存储和组织用户的工作成果。

(3)实现文档实时共享与协作。

(4)掌控可以查看用户在线文档的人员。

(5)帮助用户修订历史记录以及集成、搜索功能。

3.8.18 Google 输入法

谷歌拼音输入法下载安装地址 http：//www. Google. com/intl/zh-CN/ime/pinyin/，如图 3-26 所示。

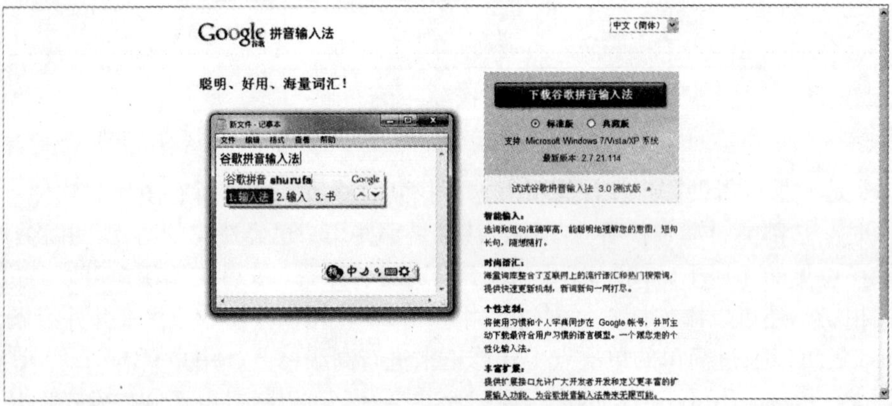

图 3-26　谷歌拼音输入法

可以在 Windows 2000 SP4/XP/Vista 等操作系统下安装运行，要求使用 IE6. 0 或更高版本。在安装谷歌拼音输入法的过程中，安装程序会默认安装 Google 工具栏，根据用户自身的实际情况决定是否需要安装。

3.8.19 Google 移动服务

1. 概述

谷歌移动服务(英文：Google Mobile Service)是谷歌的一项服务，该服务简称“GMS”，旨在让用户利用移动电话或其他移动设备使用谷歌搜索、谷歌地图、Gmail、YouTube 等谷歌服务产品。Google 移动服务首页地址：http：//www. Google. com/mobile/。

2. Google 移动服务产品

(1)Google 移动服务 APP。

主要包括 Google 搜索、Google 文档、Google 电子书、博客、Google 语音、Google 短信、Google talk、YouTube、iGoogle 等服务产品。

(2)Google 移动服务 Web。

包括 Google 网上论坛、Google 问答和 Google 购物服务产品。

(3)Google 移动服务于 andriod。

谷歌将谷歌移动服务(GMS)内嵌到 Android 手机系统中，并且对 android 手机生产商给予不同程度的授权，把搭载 Android 系统的手机厂商分为三个级别：

①非授权认证：免费使用 Android 操作系统，但不能内嵌 GMS。

②部分授权认证：内嵌部分 GMS 服务，但手机不能打上谷歌的商标。

③完全授权认证：内嵌所有的 GMS 服务，也可以使用“with Google™”的谷歌商标。对于厂商来说，GMS 除了可以获得更多的谷歌服务权限之外，还是拉开品牌区隔度的有效手段。

3. Google 移动服务策略

(1)收购兼并。

收购兼并是 Google 进军移动互联网战略的必然选择。2004 年 10 月收购的 Keyhole 业务是编写地图软件，2004 年 12 月收购的 Zipdash 业务是移动内容，2004 年 12 月收购的 Where2 业务是地图内容，2005 年 5 月收购的 dodgeball 业务是移动社交网络，2006 年 1 月收购的 Reqwireless 业务是无线设备浏览器和电子邮件软件，2006 年 3 月收购的@ last 业务是三维绘图工具(与地图配合)，2006 年 8 月收购的 Android 业务是移动操作系统，2006 年 12 月收购的 Endoxon 业务是地图和移动服务，2007 年 8 月收购的是天涯社区网站的部分股份。

下面以 Google 收购 YouTube 为例简单介绍 Google 的移动意图。

2006 年 10 月 Google 以价值 16. 5 亿美元的股票收购了著名娱乐视频网站 YouTube。这一收购是 Google 处于“囤积客户”的考虑，是移动互联网战略步骤中的基础阶段，只有客户积累到一定程度并且形成客户黏性，Google 才能更好地利用搜索引擎优势，尽快将互联网搜索优势移植到新的领域，凭借移动搜索信息服务的领先地位获得长期利益。YouTube 美国市场用户量达 3500 万，每日视频观看量高达 1 亿次，拥有 Google、雅虎、微软 MSN、AOL 及其他视频服务商所不具备的优势，这种优势并不是视频本身，而是因视频服务而聚集起来的社区，YouTube 被收购后将成为第一家交易金额超过 10 亿美元的社会网络网站。这样通过 YouTube 庞大的社会群体和良好的用户忠诚度，Google 可以加快移动互联网步伐。

总之，“收购兼并”暴露了 Google 向移动互联网方向转移的意图，也是实现这一过程中的不二法门。

(2)投资。

虽然Google与竞争对手百度有着相差40个百分点的差额，但是Google却拥有数百亿美元的现金流。为了更好地保证业绩和股价的持续增长，实现资本升值和业务创新，Google在120亿美元雄厚经济实力后盾的支持下有必要在中国进行大规模投资，实现Google转型的目标。

Google投资移动社交网络服务公司Zingku，体现Google向移动互联网转型的决心，这是Google要通过手机提供更多服务的最新举措。于2005年成立的Zingku向用户提供的服务主要是让人们更方便地共享照片、发出邀请或者通过手机在朋友之间进行民意测验。这种服务还为企业提供了向客户发送移动广告的方法以便为自己的产品和服务做广告。

Google对Zingku投资后，Zingku可以将一些老的用户账户转交给Google，这样Google可以接触到更多的手机用户。

总之，拥有强大的经济实力的Google采用投资企业的方式是必须的，这样可以加快企业转型的步伐。

(3)合作。

“合作”似乎是谷歌互联网转型经常采用的方式。虽然谷歌有“互联网巨头”之美誉，但必须与价值链的各个业务伙伴合作才能成功转型。毕竟“术业有专攻”，谷歌在搜索引擎领域独占鳌头，但是在竞争激烈的电信领域毕竟是个后来者而且在同领域内也没有先例可循，要想实现“将业务拓展到每部手机上，抢占移动搜索和移动广告市场的制高点”这一宏伟目标，唯有“合作”才是谷歌的明智选择，而且这一方式在谷歌进军移动互联网过程中演绎得淋漓尽致。

2007年11月，Google手机操作平台“Android”横空出世，由Google牵手34家公司组成了“开放手机联盟”，这34家公司既包括摩托罗拉、三星、LG等在内的手机终端制造商，也包括因特尔、德州仪器、高通、博通等在内的芯片厂商，中国移动、NTTDocomo等在内的电信运营商也包含其中，几乎覆盖了移动互联网领域价值链的各个环节。Gphone内置Google的Google Maps、视频共享网站YouTube和Gmail等Google热门软件。

2008年1月，Google与日本第一大移动运营商NTTDocomo结盟，双方将在互联网搜索、电子邮件和其他领域开展合作。对Google而言，此次合作可以为NTTDocomo4800万“i-mode”手机互联网用户提供服务，对抗日本雅虎。对NTTDocomo而言，可以更好地吸引新用户，增加收入，降低开发成本。2008年2月底，Google将与亚洲电信公司合作，铺设跨太平洋海底电缆。Google希望与业内公司进行合作的策略从它参与建设的海底光缆“Unity”名称上也可见一斑，表明了Google进入向企业提供互联网服务业务的计划。因为企业对服务中断的容忍度更低而且很多大型企业在全球都设有分支机构，这一计划主要是满足亚洲和美国之间日益增长的数据和互联网流量需求。

可见，在Google提供移动互联网服务中，“合作”是Google经常采取的方式，这样可以减少前进阻力，将更多的竞争对手转化为合作伙伴，专其所长。

总之，兼并收购、投资、合作在Google移动互联网战略中都起到了举足轻重的作用，这三板斧各尽其职。随着移动通信和业务的发展，移动通信和互联网逐渐走向融合，手机庞大的用户量以及3G时代的即将到来都预示着移动互联网市场将带来巨大的发展机会。不置可否，Google也会继续采用这多元化战略来赢取移动互联网市场的胜利。

3.8.20 Google+

1. 概述

Google+将Google的在线产品整合，以此作为完整社交网的基础。Google在社交领域有过诸多的尝试，包括Wave和Orkut，但都谈不上成功。Google+就是Google最新的社交项目，Google+也引起了广泛的关注，从普通用户的角度来说，如果只是想尝试一下，觉得可以简单地把它看成另一个Facebook和Twitter微博。Google+功能较多，主要包括圈人、分享信息流、Mention和私信、评论与分享、与好友聊天和视频、邀请好友、快捷键、编辑格式等功能，如图3-27所示。

图3-27 Google+

2. Google+新特点

(1)圈子(Circles)。

在新加一个好友时(也叫圈人)，用户可以把他放在自身的圈子里，也可以建立不同的圈子，比如工作圈、运动圈，玩游戏的朊友圈等等，在分享信息流时用户可以选择特定的圈子可见，可以在分享的同时极大地保护隐私。

(2)兴趣和热点标签(Sparks)。

用户可以添加自己感兴趣项，随时了解有关兴趣项的最新内容资讯。

(3)视频聊天(Hangouts)。

网页上的多人聊天工具，Google+介绍视频里好像就有 7 人一起视频。

(4) Google+1(不同于 Google+)。

对于别人发布的信息流或者评论，用户可以选择"+1"，在某种程度上可以简单地了解为"顶一次"。但不仅限于此，Google+1 自推出当时被认为是对抗 Facebook，Twitter 的重磅社会化产品，而今只是 Google+的副将，这加深了用户对 Google+表现的期待。

3.8.21 Google 纵横

Google 纵横是谷歌基于地图的一项服务，通过谷歌纵横可以及时通过手机上报当前所在的位置，以及查看好友上报的所在位置，查看历史位置等。目前 Google 纵横支持 iphone、Android、Blackberry、S60、Windows Mobile 五种智能手机。用户在使用 Google 纵横之前，必须进行以下操作：

(1) 使用用户的 Google 账户加入谷歌纵横。

(2) 通过添加朋友的 Google 账户添加朋友，并接受朋友的位置请求。

(3) 开始在手机或计算机上更新自身的位置。

Google 纵横首页如图 3-28 所示。

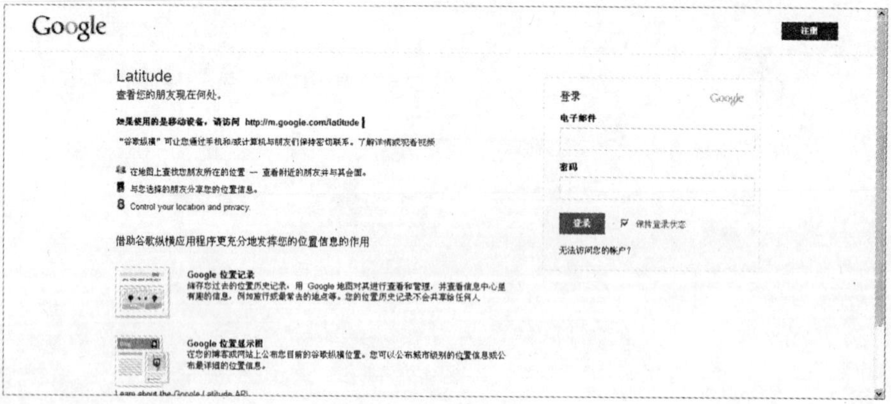

图 3-28 Google 纵横

3.8.22 IGoogle

IGoogle 是 Google 提供的一项服务。该服务让使用者按照个人的喜好方便地定制和整合不同来源的信息，使之成为个性化的门户。该服务的实现是主要借鉴了门户(Portal)与门户块(Portlet)思想：一个完整的门户页面由用户定制的门户块构成。用户通过访问一个聚合了不同信息来源的门户页面，避免了多次访问的麻烦；个性化的定制选择，为用户提供按需实现的"一站式"服务。IGoogle 首页地址：http：//www. Google. com/ig，如图3-29 示。

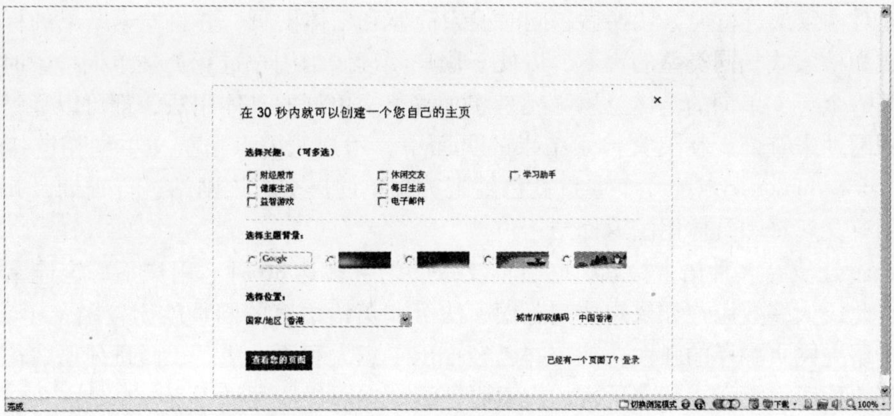

图 3-29 Google——igoogle

创建个性化 iGoogle 网页的功能，可以让用户快速、迅捷地浏览 Google 和网络上的重要信息。用户可在此自定义网页上选择和组织内容，例如：最新的 Gmail 邮件、Google 资讯和其他顶级新闻来源的头条新闻、天气预报、股价和电影放映时间表。可从任何计算机快速访问用户喜爱网站的书签。Google 提供了各种实用性小工具，用户根据自己喜好添加栏目，可包含用户从整个网络上找到的内容。

3.9 Google 特色功能

Google 吸引用户的地方，除了它提供的诸如 site、lnurl、Intitle、Filetype 等优秀的特殊检索技术之外，还包括它为用户提供了各种其他搜索引擎无法提供的特色功能。Google 检索技术使得用户可以获得满意的查全率和查准率，而 Google 的特色功能则为用户的检索带来了极大的方便。

1. "网页快照(Cached)"功能

Google 进行网页遍历的时候，会给网页做一份索引快照，并将其存储到 Google 的服务器中。当检索用户并不想访问检索到的网页，只是想大略浏览其内容，或者检索到的网页无法访问或已被删时，"网页快照(Cached)"功能可以很好地满足用户要求。用户只需要直接点击"网页快照"，即可查看 Google 已编入索引的网页内容，而且经 Google 进行索引处理后，检索词均用不同颜色标明，用户可以对检索出的网页中包含的检索词一目了然。

2. 繁简转换、英文单词解释和网页翻译功能

Google 采用 Basis Technology 的中文简繁体转换技术，从而可以为检索用户找到更多相关信息。这个系统不是简单的字符变换，而是简体和繁体文本之间的"翻译"转换。如

检索简体的“计算机”时，Google 会检索出繁体的电脑内容。当用户检索所有中文网页时。Google 先对检索式进行简繁转换后，同时检索简体和繁体网页，并将检索结果的标题和摘要转换成和检索式相同类型的文本，以便于用户阅读。当用户进行英文单词检索时，无论是查找某一个英文单词的具体意思，还是想了解英文单词的具体用法，都可以通过 Google 所链接的网站来查询。在英文检索结果的页面中，用户只需点击英文单词相链接的网站 http：//www. dictionary. com，Google 就已经把英文单词提交给该网站进行查询，并将得到的详尽的英文解释和具体用法返回给用户。

Googl e 还支持多种语言检索，它目前支持的语言多达 86 种。用户不一定能掌握多种语言，因此，大多数用户如果想要浏览德、法等非英语语言的网页就比较困难了。Google 正致力于研究网页翻译的强大功能。并已经推出了意大利语，法语、西班牙语、德语和葡萄牙语等 5 种语言翻译成英文语言的检索服务测试本。机器翻译语言一直是一个技术十分复杂的人工智能前沿课题，Google 称自己“艺术级”的机器翻译技术没有经过任何人工翻译整理。尽管不能奢求经过机器自动翻译的网页与原网页内容完全吻合，但 Google 的多名计算机工程师和语言学家正在测试研究和改进机器自动翻译的精确程度。

3. 手气不错（I'm Feeling lucky™）功能

Google 极力推荐的“手气不错”功能会直接提供给用户最符合检索条件的网站。当用户想浏览一个特定的网站，但是只知道和网站有关的局部信息（如该网站的产品、服务）时，便可通过该局部信息及该网站的其他相关信息来试试“手气不错”功能。Google 将为用户提供一个准确的检验结果。其实，Google 的这一功能有点类似于网络实名，通过网站的名称或者该网站的商标、产品和服务直接浏览该网站的主页；而与网络实名不同的是：即使 Google 检索不到真正相对应的网站，它也会推荐给用户一个它认为最理想、最符合查询条件的网站，而不是像网络实名那样提供相关的一系列网站。

4. 集成化的工具条（Toolbar）

为了方便检索者，Google 提供了工具条，集成于浏览器中，用户无需打开 Google 主页就可以在工具条内输入关键词进行搜索。此外，工具条还提供了其他许多功能，如显示页面 PageRank 等。最方便的一点在于用户可以快捷地在 Google 主页、目录服务、新闻组搜索、高级搜索和搜索设定之间切换。

欲安装 Google 的工具条，可以访问“http：//toolbar. Google. com/”，按页面提示可以自动下载并安装。不过，Google 工具条目前支持 IE5. 0 以上版本。对于经常进行网络搜索者而言，Google 工具条实在是必备的东西。

5. 极强的新闻网站群

Google 搜索引擎的四大功能模块之一便是新闻组搜索。点进“新闻群组”，用户会发现这里有着世界上几乎全部著名的新闻大网站的链接，敲入关键词后，Google 搜索引擎就会在这些大网站中搜索，同时提供了各种主题的讨论区，可以直接点进。不理想的是，其内容多以英文居多。

6. Google 桌面搜索

2004 年 10 月 5 日，Google 发布了自己的桌面搜索工具：Google Desktop Search，简称为 GDS，这是一款强大的计算机硬盘搜索工具。Google 桌面是一款桌面搜索软件，在 Windows，Mac，Linux 上本地运行。该桌面搜索程序可以对一个人的电子邮件、电子文档、音乐、照片、聊天记录和用户浏览过的网页进行全文搜索。“Google 桌面”不是开源、自由的软件，但是在遵守最终用户使用条款(EULA)的前提下，用户可以免费下载使用。安装完成后，“Google 桌面”会花费数百兆的空间和一定时间来建立索引，并在每次开机的时候自动开启，以实现搜索本地资源的功能。用户也可以自由选择关闭、删除该软件。

7. 其他

除上述功能外，Google 还提供图像和网页目录的检索服务，以及不良网页过滤、电话号码查询、股票报价等特色功能。从不同的检索途径尽可能地满足不同需求的用户。Google 致力于提供检索用户最准确的检索结果。

3.10 Google 盈利模式

搜索引擎的收益并非来自使用它的用户，其主要收益来自其他的网络公司和一些希望借搜索引擎推广自己产品的企业。可以概括地说，搜索引擎的收入来自两个方面，一个是技术授权；另一个就是广告收入。而广告收入又分为关键词广告和竞价排名等。Google 曾经向外界公布，Google 的盈利离不开技术授权和广告，现在 Google 每年超过 1 亿美元的销售额中有 1500 万美元的利润，这些利润的 1/3 来自技术授权，2/3 来自各种广告。搜索引擎的广告不同于各类网页上的传统弹出式广告，基本是文本广告。这些广告让人感觉就是搜索结果的一个部分，而不是商家推出的广告，但不知不觉中，就让用户留下了深刻的印象。

3.10.1 技术授权

由于搜索引擎自身对技术的要求很高，有些公司(不一定是网络公司)，不愿将巨大的人力物力花费在搜索引擎的研究上。它们可以从一些大的搜索引擎公司买到搜索技术转为己用，这可以为搜索引擎公司带来不小的收益。例如雅虎、AOL、宝洁等均使用 Google 的搜索技术，Google 按照搜索的次数来收取授权使用费，雅虎每个季度就能给 Google 带来几百万美元的收入。这种盈利方式主要是在较大门户网站和搜索引擎公司之间进行，虽然发生金额一般较大，但频率一般较低。百度曾经向新浪转让搜索引擎技术，后来双方于 2003 年 4 月结束合作关系。

3.10.2 关键词广告

这是目前采用较多的一种盈利方式。在用户向搜索引擎输入需要查询的关键词或主题后，可以得到这些关键词或主题的各条链接。如果厂商需要，搜索引擎可把和这些关键词或主题密切相关的介绍性广告也都搜索出来。但为了不影响用户在搜索结果中快速寻找自己想要的结果，这些链接广告一般单独排在网页的右边，用户可以选择性地查看或不查看，不会影响用户使用搜索引擎的效果和心情。经过检验，这种区别于传统广告方式的营销方式具有非常明显的效果，商家产品的广告可以准确地送到它们期待的目标消费者群体。搜索引擎公司则可以根据网络广告的点击量，按照事先约定的单价向厂商收取一定的费用。关键词广告为搜索引擎公司带来经济利益，拓展了搜索引擎公司的盈利模式，给搜索市场的发展带来了更大的空间。

Google 公司推出了一种叫做 AdWords 的服务，这是一种广告发布服务，也就是关键词广告，允许广告客户利用关键词自行发布广告。当用某个关键词(如□管理咨询#)登了 Google 关键词广告，凡是在 Google 网站上用这个关键词搜索信息的用户，都可以看到这条广告。这种服务对商家来说，好处是可以方便地修改广告关键词信息，广告的价格变得更加便宜，可以很快地建立自己的广告并且非常方便管理。AdWords 的客户反映的数据表明，Google 广告的点击率高达 2%，超出传统条幅广告的 5 倍。

这是 Google 于 2003 年最先开创的盈利模式，这种广告是针对企业客户而设计的。简单地说，AdWords 就是通过用户搜索的关键词来提供相关的广告。这些广告不会像一些门户网站的广告一样铺天盖地，或者弹出窗口，而是出现在搜索结果右侧很小的一块空白处，而且是静态的纯文本广告，不会出现动画甚至声音干扰用户。这种友好的广告界面更易被用户接受，而且是针对用户的关键词而提供的，所以一直享有很高的点击率。

3.10.3 AdSense 广告

这是 Google 于 2004 年首创的比 AdWords 更为先进的广告盈利模式，也是 Google 目前最大最强的盈利法宝。这就是用户经常在一些网站中看到的带有“Google 提供的广告”字样的广告，它是针对众多网站发布商而设计的。它可以让具有一定访问量规模的网站发布商在他们的网站展示与网站内容相关的 Google 广告。并将网站流量以及广告点击量转化为收入。如果一个网站添加了 Google 提供的广告，即成为 Google 的内容发布商。作为内容发布商可以在自己网站上显示 Google 关键词广告，Google 根据会员网站上显示的广告被点击的次数支付佣金。

3.11 小 结

2008 年谷歌宣布“云计算”计划。2010 年作为全球最大的搜索引擎谷歌宣布其未来发展定位于整合全球信息。从1998年到2012年的14年里，Google则通过采用PageRank算法近一步从查准率上进行了技术突破。桌面端的谷歌一直在不断优化搜索结果，无论是结合社交网络Google+、还是采用Knowledge Graph，Google的目标始终是帮助用户更快找到他们需要的答案。

而到了移动终端，产品使用场景发生了巨大变化，传统搜索面临危机。对于用户而言，要在小小的屏幕上那更小的搜索框中输入关键词，然后等待网络跳转出来一行行的文字链，最后还需要再睁大眼睛在密密麻麻的文字链中找到需要的信息，这一切，违背了"越来越懒"的用户本性。另外用户在手机上使用搜索的目的和心态也不一样。在手机上搜索，用户往往有明确的需求，要很快找到非常具体的答案。他们很少以一个探索的目的在搜索结果中游离。在这样的情景中，致力于各个细分领域的应用比搜索工具本身有更强的实用性，比如餐馆、电影、音乐、书籍、医疗、菜谱、问答等领域的信息开始跳脱出对Google的依赖，直接以一个个独立的应用标识铺展在用户的手机桌面中。当用户需要某领域的信息时，这些完美适配于移动端的应用发挥出在细分领域积累的信息优势，更快满足用户的需求。而以关键词为搜索方式显然已不适应这样的需求，除了常见的语音搜索，用户的地理位置、周围环境的声音或者是AR技术都为用户获取精准信息提供了多元且快捷的查找方式。

面对"用户体验"所带来的这一翻天覆地的变化，Google该如何应对，或者说如何生存？苹果Siri被认为是Google搜索的潜力型竞争对手，虽然从实际效用看，Siri还只是一个萌芽状态的产品，但所代表的趋势却意味着搜索技术"质"的转变，即以语义理解为基础的人工智能将用户和答案以更短的距离直接相连。

Google在这个方向努力的成果之一即Google Now，它扮演着一个用户信息助手的角色，它甚至希望在用户提问之前就提供用户所需信息。为了达成这个目标，Google调用了公司积累的全部资源：搜索数据库积累、语音识别、语义判断和信息价值筛选。最重要的是，它需要更深入理解每一位用户个体，你是谁，你想要知道什么。不过Google Now目前仅只能提供一些比较简单的辅助功能，比如行程提醒、天气状况、航班信息、体育资讯和附近餐馆等，同时融合了Gmail，即在用户允许的前提下，Google能够追踪邮件中和航班、酒店、餐馆和会议预定相关的信息以在适当的情况下提醒用户，比如当你达到一个新的城市，Google可以第一时间告诉你预定的酒店位置。Google Now除了语音识别，更重要的语义判断，然而似乎在这个方面即在理解用户实际需求和结果展现方面显得还不够成熟，"用户体验"大部分还是停留于密密麻麻的文字链。所以要将人们从海量链接中解放出来是一件长期而艰难的工作。

美国《福布斯》网站的特约撰稿人埃里克·杰克逊(Eric Jackson)曾提出，在科技行业，我们已经有了三代企业：Web 1.0(1994年至2001年创立的企业，包括雅虎、AOL、Google、亚马逊和eBay等)；Web 2.0或社交时代(2002年至2009年创立的企业，包括Facebook、LinkedIn和Groupon)；移动时代(2010年以后创立的企业，包括Instagram)。

新一代都诞生过成功的科技企业，但上一代企业似乎难以适应下一代企业带来的最新变革。Google作为Web 1.0公司的代表，其擅长聚合数据，并以门户网站模式展示给用户表现赢得了绝大部分的搜索市场份额。而待到Web 2.0企业崛起时，互联网企业似乎都特别关注社交关系的重要性。MySpace 为音乐迷们搭建起了一个沟通的平台，Facebook 锁定大学生，LinkedIn 则侧重职业白领，Digg、Reddit 和 StumbleUpon 则展示出网民如何自己产生内容以及如何增加整个社区价值的能力。

然而，Web 1.0 企业似乎永远无法掌握建立社交网络和充分利用用户背景信息的精髓。即使在每个人看来一切都非常清楚，但就像面前有无法逾越的鸿沟一样，Google 在这个新趋势下似乎难有大的作为，当然这个问题可以通过以资本为纽带不惜花费重金来解决，实际上 Google 也是这样做的。

2010 年以后诞生的社交企业则有着截然不同的观点。以 Instagram 为代表的这一代企业将智能手机视为他们应用的主要平台(有时甚至是唯一平台)。他们甚至从未想过通过创建网站来发布应用程序。在他们看来，移动应用今后几乎会彻底取代网站。也就是说，每当出现向新趋势转移时(首先是向社交，现在是向移动，今后还会向其他趋势转移)，老一代企业便会越发边缘化，也越接近快速消亡时期。

Google 今天是全球互联网领域的超级航母，但不代表能够永远是。如何融入到新趋势中，恐怕也并非易事。

唯有创新才是出路。Google 与百度有所不同，它是一个全球性的网络新媒体，它的发展更加代表一个时代的趋势。未来，敢于适应新趋势并大胆进行投入的企业才能创造出新财富。想要拥有未来，就必须创造未来。只要耕耘就会有收获。网络世界的垄断已不再像传统行业那样牢不可破了。

THE FUTURE OF MEDIA SERIES

4 第一代搜索引擎——雅虎

- 雅虎
  - 雅虎搜索
    - 网页搜索
      - 聚焦　影视　热点
      - 音乐　图片　生活
    - 资讯搜索
      - 首页　国际　娱乐　军事
      - 社会　科技　国内　财经
      - 文化　房产　汽车　生活
    - 音乐搜索
      - 热搜榜单　搜索直播间　新歌上线
      - 音乐美图　新闻速递　热点新闻
    - 图片搜索
      - 分类检索
      - 别人正在搜
      - 今日热点推荐
    - 地图搜索
      - 公交搜索
      - 驾车搜索
  - 雅虎服务
    - 雅虎商品
    - 雅虎音乐
    - 雅虎知识堂
    - 雅虎团购

图 4-1　雅虎网站功能图

4.1 雅虎简介

4.1.1 雅虎的发展

1994 年美国斯坦福大学博士研究生杨致远和与同窗大卫·费罗（David Filo），为方便网上查资料，编出一个专门用于整理 Internet 上各个节点资料的程序，并于 1994 年 4 月正式在互联网上推出。

到 1994 年冬天，他们的流量获得增长，同时整个 Web 网也进入了快速发展期。Netscape

正式成立。后来杨致远中断了学业并成立了雅虎公司。1995 年 4 月 12 日，公司的股票在华尔街上市。由此，雅虎进入了一个快速发展时期。

雅虎公司，现在是全球性的互联网通信、商贸及媒体公司。其网络每月为全球超过一亿八千万用户提供多元化的网上服务。雅虎是全球第一家提供互联网导航服务的网站，不论在浏览量、网上广告、家庭或商业用户接触面上，雅虎都居于领导地位，也是为人熟悉的互联网品牌之一，在全球消费者品牌排名中位居第 38 位。它同时是全球流量最大的网站，目前共有 25 个国家和地区分站，13 种语言版本，其中雅虎中国网站（www. yahoo. com. cn）于 1999 年 9 月正式开通。

雅虎旗下的产品有：雅虎门户业务。包括财经频道，体育频道，娱乐频道，汽车频道，搜索资讯，雅虎两性。其中搜索功能包括网页搜索，图片搜索，地图搜索。

4. 1. 2 雅虎的兴衰起伏带给我们的媒体学思考

堪称世界第一门户网站、曾经被誉为“改变美国人生活”创造互联网奇迹的雅虎，它的发展所呈现出的大起大落特点，既与互联网的整个大环境的变化有关，也与它自身的发展战略目标的不确定有关。就有人评价，与 2000 年如日中天的状况相比，现如今的雅虎几乎已是空壳一具。

雅虎所提供的互联网服务包括新闻资讯、搜索引擎、电邮、新闻等，业务遍及 24 个国家和地区，为全球超过 5 亿的独立用户提供多元化的网络服务。同时在全球范围内提供因特网通讯、商贸等服务。作为门户网站而言，的确是基本上覆盖了所有门户网站所能做的。之所以在讨论搜索这一新网络媒体所开展的互联网应用服务的时候提到雅虎，是因为雅虎就是以搜索服务而起家的。经过这十几年的沉浮，雅虎已经基本放弃了搜索引擎作为其主营业务之一。2009 年雅虎宣布了其未来的五项核心业务：主页；电子邮件；即时通信；移动业务、媒体体验。除了这五项业务以外，其他的业务将关闭或者不予重视。并且也透露将关闭搜索提交业务，虽然这项业务在盈利方面表现尚可。

1994 年 4 月诞生的雅虎，不仅是世界范围内整个互联网发展的标志性象征，而且还是搜索引擎发展史的里程碑，它的重要意义在于开创出了搜索引擎的商用之路。雅虎最初是一个对网络地址进行分类整理的检索系统，它将全球所有的网址按照关注内容的不同分为艺术、教育、卫生、电脑等 14 类，为用户建造出一个有多条通路的网络入口，便于他们更有效地使用浩如烟海的网络资源。雅虎的易用性、易得性和高效的导航性，顺应了互联网的应用潮流，帮助用户最大限度地挖掘互联网的可用资源，一进入市场就成功实现商业运作，广告商纷至沓来，在网民中赢得了很高声誉。应当说，雅虎作为这个时期的搜索引擎代表，标志着互联网搜索时代的开始，是一次开创性的网络革命。虽然雅虎在实现搜索引擎商业价值方面有所突破，但搜索引擎整体来讲却没有形成合适的商业模式。以致于众多的搜索引擎在雨后春笋般出现后，却又昙花一现般消失。如 Lycos，1998 年业务开始转向网络聊天、个人主页等，1999 年投资 FAST 搜索，最终于 2001 年放弃自己的搜索引擎而采用 FAST 来提供搜索服务；又如 Infoseek，迫于经济压力于 1998 年被 Disney 收购，1999 年正式关闭。

正是在这样的局面下，雅虎选择了向综合性门户网站发展的道路，与搜索引擎渐行渐远。雅虎在搜索引擎的商业模式上没有大的突破下，利用在分类搜索中积累的用户和技术实力，集成多种网络服务，逐步朝综合性门户网站发展。在发展成综合性门户网站的同时，雅虎逐步丧失着搜索引擎方面的优势，甚至放弃自有技术于2000年启用当时专门为门户网站提供网络搜索技术后台服务的Google。然而2年后，雅虎又不得不重启Inktomi作为自己的网络搜索技术提供商，欲与Google在搜索市场一争高下，试图再塑昔日搜索引擎王者风范。也就在同时，以专业提供搜索引擎服务的Google从此从后台走向前台，以全球最大搜索引擎的影响力走入人们的视野，而整个搜索引擎市场也在短短的几年中形成了垄断竞争的格局。

十几年间，雅虎努力尝试向互联网的各个方向突围，例如在中国市场与阿里巴巴合作成立中国雅虎，但是似乎都不尽如人意。2012年雅虎宣布裁员2000人，约占到雅虎全球员工总数量的14%，以期实现公司向“更小、更灵活、更盈利”的方向发展。面对日新月异的互联网时代，昔日的互联网巨头的发展却尽显疲态。

雅虎已不能将它看做是搜索引擎，而应该将它看做综合性的门户网站。门户网站的兴起，说明互联网试图突破单纯的技术工具角色，开始寻找自身的价值。门户网站发挥自身的天生优势，通过超链接技术，将海量信息无限传输，这是以往任何传统媒体的传播效果都无法企及的。而且依靠这一技术特长，大量的引进、转载传统媒体的内容，对传统媒体内容进行二次信息分类整合。成也萧何败也萧何，正是缺乏自身的原创内容，门户网站作为新兴网络媒体缺乏自身的内涵，在2000年受全球网络经济泡沫破灭影响，加之自身盈利模式的不成熟，一度进入发展的“寒冬”，直到2004年。门户网站作为网络媒体由诞生，到爆发式成长，再到跌入低谷进入发展平缓期，不过几年时间，犹如过山车般，当时有评价：在目前的情况下，新媒体对内的覆盖面和影响力远不能和传统媒体相比，网络新闻媒体主要依附于传统媒体，其内容来源也主要来自传统媒体，在可预见的将来，这种情况不会有根本的改变。

这个时期互联网发展大起大落，引发了对其商业模式的思考。而门户网站为代表的网络媒体运营靠的是外部风险投资的支撑，尚无商业模式可言，无法通过盈利获得内生发展动力；而本身又没有传统媒体所拥有的内容生产优势，缺乏作为媒体应有的核心竞争力，而媒体经济的高固定成本、低边际成本的特殊成本结构，使门户网站成长在还没有产生足够的网络效应、正反馈机制还没发挥作用的时候，一旦遇到经济环境的变化，很容易就陷入经济危机。互联网发展初期的2000年所遭遇的互联网泡沫破裂的发展危机，正是这方面的佐证。由于在互联网开发上投入大量资金（即我们常说的风险投资），造就了一个需要尽快显示投资积极效果的内在需求，于是拼命宣传尚未成熟的产品和服务，在消费者、公司、股东中间激起不切实际的期望，从而在资金投入过多和市场推动过猛的情况下反而导致了失败结果。

不可否认的是，雅虎为自身发展一直没有停止探索。但是可以看出，门户网站在业务上无论怎么变化，其平台经济的结构依然主要延续的是传统媒体经济的双边市场结构，即向消费者提供廉价和免费的网络访问和免费内容，而广告收入仍是利润中心，包括固定进行收费、旗帜广告及一定比例的检索费用，所以门户网站实质是以互联网技术做传统媒体，只是借助互联网突破地域限制的类传统媒体。

4.2 雅虎的指导思想

对于雅虎而言，经历了几个发展阶段，从杨致远和大卫创业初期，到雅虎的快速鼎盛发展时期，到现在的雅虎经历几次改革试图走出发展瓶颈的时期，雅虎在每个时期都有它不同的企业文化。

4.2.1 早期的企业文化

早期的雅虎的企业文化中洋溢着一种以工作为乐趣、不向权威屈服的精神，这种企业文化在雅虎早年的“牛仔悠逗”（cowboy yodel）广告中有很好的体现。

4.2.2 快速发展时期的企业文化

快速发展时期的雅虎也有自己发展时期的企业文化。雅虎公司在硅谷的办公室墙上张贴着一些具有古怪创意但已申请专利的发明的海报，如便携式鸟笼等。海报上醒目的标题是：如果鸟笼都可以获得专利，那么雅虎员工的全身心投入工作就可以拿出更有价值的产品。海报所推广的是被称为“概念工厂”的计划，在雅虎这家网络媒体巨擘中，需要的只是埋头默默苦干。通过概念工厂，员工需要提交一切可以提高他们公司产品的想法。

4.2.3 中国雅虎的企业文化

直到雅虎在互联网的路上发展过程中速度变缓，市场份额逐渐降低，中国被阿里巴巴收购，雅虎中国正式更名为中国雅虎，并接受了阿里巴巴的企业文化，此时雅虎有自己明确的企业文化。

客户第一——客户是衣食父母

- 尊重他人，随时随地维护阿里巴巴形象；
- 微笑面对投诉和受到的委屈，积极主动地在工作中为客户解决问题；
- 与客户交流过程中，即使不是自己的责任，也不推诿；
- 站在客户的立场思考问题，在坚持原则的基础上，最终达到客户和公司都满意；
- 具有超前服务意识，防患于未然。

团队合作——共享共担，平凡人做非凡事

- 积极融入团队，乐于接受同事的帮助，配合团队完成工作；
- 决策前积极发表建设性意见，充分参与团队讨论；决策后，无论个人是否有异议，必须从言行上完全予以支持；
- 积极主动分享业务知识和经验；主动给予同事必要的帮助；善于利用团队的力量

解决问题和困难；
- 善于和不同类型的同事合作，不将个人喜好带入工作，充分体现“对事不对人”的原则；
- 有主人翁意识，积极正面地影响团队，改善团队士气和氛围。

拥抱变化——迎接变化，勇于创新
- 适应公司的日常变化，不抱怨；
- 面对变化，理性对待，充分沟通，诚意配合；
- 对变化产生的困难和挫折，能自我调整，并正面影响和带动同事；
- 在工作中有前瞻意识，建立新方法、新思路；
- 创造变化，并带来绩效突破性地提高。

诚信——诚实正直，言出必践
- 诚实正直，言行一致，不受利益和压力的影响；
- 通过正确的渠道和流程，准确表达自己的观点；表达批评意见的同时能提出相应建议，直言有讳；
- 不传播未经证实的消息，不背后不负责任地议论事和人，并能正面引导；
- 勇于承认错误，敢于承担责任；客观反映问题，对损害公司利益的不诚信行为严厉制止；
- 能持续一贯地执行以上标准。

激情——乐观向上，永不言弃
- 喜欢自己的工作，认同阿里巴巴企业文化；
- 热爱阿里巴巴，顾全大局，不计较个人得失；
- 以积极乐观的心态面对日常工作，不断自我激励，努力提升业绩；
- 碰到困难和挫折的时候永不放弃，不断寻求突破，并获得成功；
- 不断设定更高的目标，今天的最好表现是明天的最低要求。

敬业——专业执着，精益求精
- 上班时间只做与工作有关的事情；没有因工作失职而造成的重复错误；
- 今天的事不推到明天，遵循必要的工作流程；
- 持续学习，自我完善，做事情充分体现以结果为导向；
- 能根据轻重缓急来正确安排工作优先级，做正确的事；
- 遵循但不拘泥于工作流程，化繁为简，用较小的投入获得较大的工作成果。

4.3 雅虎搜索的特点

4.3.1 雅虎搜索网站

Yahoo！是一个以分类目录、网站检索为主，附带网页全文检索的搜索引擎。Yahoo！

有中文、英文，以及法、德、意、西班牙、丹麦、日、韩等10余种语言版本，各版本的内容互不相同，如英文版主要收录英文网站，日文版主要收录日文网站，每一个不同的版本都是一个不同的、相对独立的搜索引擎。

Yahoo！英文版除主站外，又有多个地区分站，如亚洲站 Yahoo！Asia、加拿大站 Yahoo！Canada 等，这些网站分别以收录这一地区的英文网站为主，也可视为独立的搜索引擎。

中文 Yahoo！主要收录全球各地的中文网站，包括简体、繁体和图形中文网站。Yahoo！的特点如下所述。

（1）搜索引擎数据库庞大而且新颖。

（2）包括页面的缓存拷贝。

（3）也包括指向雅虎目录的链接。

（4）支持全部的布尔逻辑检索。

（5）反应速度快、查准率高。分类是通过计算机专家手工完成的，因此所收录的网页经过筛选和系统组织，质量较高，条理性较强，检索结果接近用户的信息需求。

（6）分类目录准确、合理。中文 Yahoo！提供了中文网站分类目录，并且是通过一大批工程师手工编制的，使得在归类方面较其他网站更为准确、合理。

（7）简洁明了——一个整洁、简单的外观，可以帮助搜索用户找到什么是最重要的，并采取行动。

（8）数据量较大，内容较丰富。

（9）功能齐全。Yahoo！提供了不同的查询功能。用户可以单击“目录”按钮，进入按目录查询的方式，在输入关键词后，单击“搜索”按钮，即刻就会得到全部相关网站的目录。

（10）具有全能搜索功能。雅虎全能搜索采用了雅虎独有的 Omni-Search 技术架构。用户无需了解各种垂直搜索产品，只要输入查询词，雅虎全能搜索就可以通过智能分析，返回各种相关结果（网页、图片、音频、博客等），并进行综合排序。Omni-Search 架构的理念在于简化搜索过程，将最相关的各种信息快速返回给用户。

（11）自动标签——容易访问的选项卡会自动出现在搜索框下方，为用户提供其他垂直搜索结果页的内容。它根据搜索关键词不同，可能会出现的内容是网页、图片、视频、新闻、博客、财经和体育。

（12）左过滤器——过滤器在搜索结果页的左侧，可依据时间、相关搜索进行排序。

4.3.2 雅虎搜索优缺点

雅虎搜索方法的优点是比较明显的，主要如下：

（1）分类搜索独占鳌头。

雅虎首创分类搜索方法，而且采用宽泛的主题建立较为完整的分类索引，成为搜狐、网易等中文门户网站效仿的楷模。雅虎按照事先组织起来的主题分类目录体系，采用以人工为主，以计算机为辅的方式，对提交的网站进行分析、筛选、标引、描述等，从而提高了索引数据库的质量，最终提高了检准率。

（2）搜索方法易于操作。

雅虎主题分类目录体系不加任何标记符号（交替类目符号除外〕，直接用主题词来表达类目，直观，不需要培训就能操作。关键词搜索也较容易。雅虎高级搜索和布尔逻辑搜索，但只要看一下“帮助中心”的提示，一看便懂，一学就会。

（3）搜索途径多而便捷。

仅就雅虎的分类搜索而言，就提供了主题的、学科的、媒体的、地区的等的搜索途径。另外，雅虎还在其分类体系中设置了大量的交替类目（在该分类体系中交替类目用“@”表示）。这就给用户提供了选择搜索途径的余地。另外，雅虎还在其分类体系中设置了网站数和最新内容说明。如“因特网（986）NEW!”表明“因特网”这个类目含有986个网站，而且都是最近三日内收录的最新内容。这就给用户选择类目及其所属的网站提供了方便。雅虎还巧妙地把分类搜索与关键词搜索结合起来。如用分类搜索“搜索引擎”时，还可以同时用关键词进行搜索，并且把所有目录里与该关键词有关的网站都集中起来，按照相关度排列好提供给用户（分类搜索时类目之下的网站是按字顺序排列的）。

雅虎搜索方法的缺点也是比较明显的，主要是：

（1）缺少某些高级的搜索特性，譬如截词搜索功能，例如根据词根扩大搜索范围的检索策略。

（2）只能把网页的前500KB编入索引。

（3）连接搜索需要加入http：//，包括有些付费才能加入的站点。

（4）搜索结果的描述和在用户搜索过程中的提示说明也不太清晰、明了，搜索的易用性稍差。

（5）人工采集数据效率低，远远赶不上网络信息增长的速度，致使数据库规模小，知识搜盖不全，在一些类目下集中的网站数很少，也会遗漏一些重要的信息，不能不影响检全率。

（6）人工标引网站，而一些网站为了提高用户的点击率，往往内容庞杂，范围宽泛，没有明显的主题倾向和学科属性，这就导致网站的分类标引和关键词标引质量不高，错误标引时有发生，影响检准率。

（7）目前的雅虎只支持分类搜索和关键词搜索，也包括模糊搜索和布尔逻辑搜索，以及暗含的截词搜索和自然语言搜索等，高级搜索的功能未能很好地开发。

4.4　雅虎搜索技术

4.4.1　雅虎搜索技术简介

Yahoo！全球性搜索技术是一个涵盖全球120多亿网页（其中雅虎中国为12亿）的数据库，拥有数十项技术专利、精准运算能力，支持38种语言，近10 000台服务器，服务

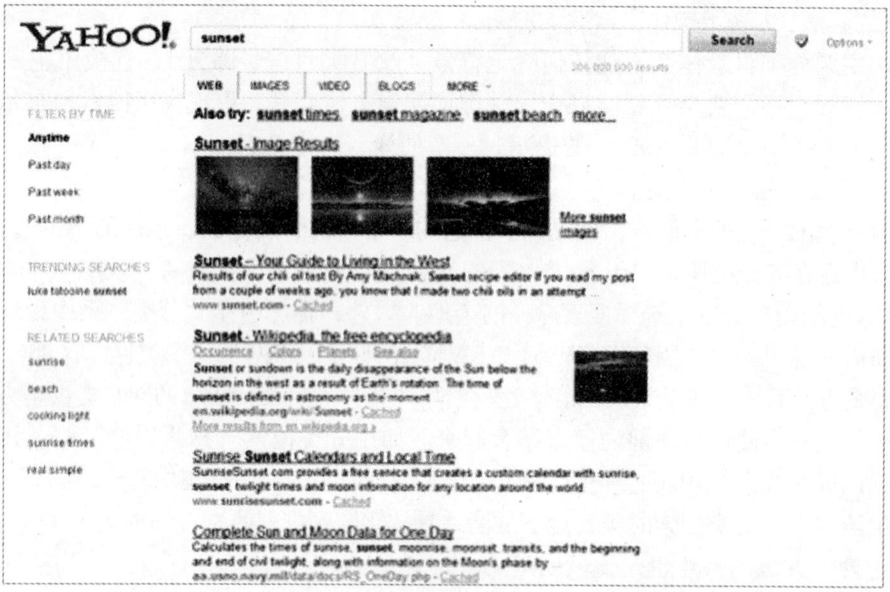

图 4-2 雅虎英文搜索首页

全球 50% 以上互联网用户的搜索需求。

随着网页数量的增长和用户对关键词查询的需要，从 1996 年到 2004 年，雅虎先后选用 AltaVista、Inktomi 等第三方的搜索引擎作为自己网页搜索的后台服务提供商。为给用户提供更好的搜索体验，雅虎先后收购了 Inktomi 和 Overture 等著名的搜索引擎公司，并结合自己多年的搜索技术，重新整合打造出 YST 搜索技术平台。

2005 年后，雅虎搜索逐步确立了社区化搜索（Social Search）的策略，将积极发挥全球庞大的注册用户群来积累大批高质量内容和元数据（Meta Data），从而改善用户的搜索体验。在这种策略下，雅虎不断推出新的社区化搜索服务，例如：知识堂、收藏+等，并收购了著名的照片共享网站 Flickr 和社会书签网站 Del. icio. us，进行产品上的优势互补。雅虎搜索以人为本的理念（Better Search Through People）开始引领新的潮流。

雅虎网页搜索引擎的基本技术原理如下：

首先，搜索引擎会建立一个网页地图（Webmap），记录互联网的链接结构，再使用网页抓取的蜘蛛程序（Robot）根据网页地图来抓取（Crawl）质量好的网页，存储到网页快照数据库中。接下来，索引程序（Indexer）会将快照数据库中的网页编号存储到网页索引数据库中，在这个过程中会利用相关技术去掉作弊网页（Spam）。

当用户输入一个查询词搜索时，查询程序会使用这个查询词到索引数据库中比较，并经过相关性计算后，按照相关的程度对网页进行排序，相关性越高的排的越靠前。相关性的计算是包括各种因素的综合结果，相关度的运算，除了判别网站名称或叙述内容中有符合搜索词的搜索结果，运算程序还会根据该网页被连结的次数等相关分数来计算，相关程度的高低是由搜索引擎程序运算，根据各种因素复合计算出来，并非绝对的单一因素。例

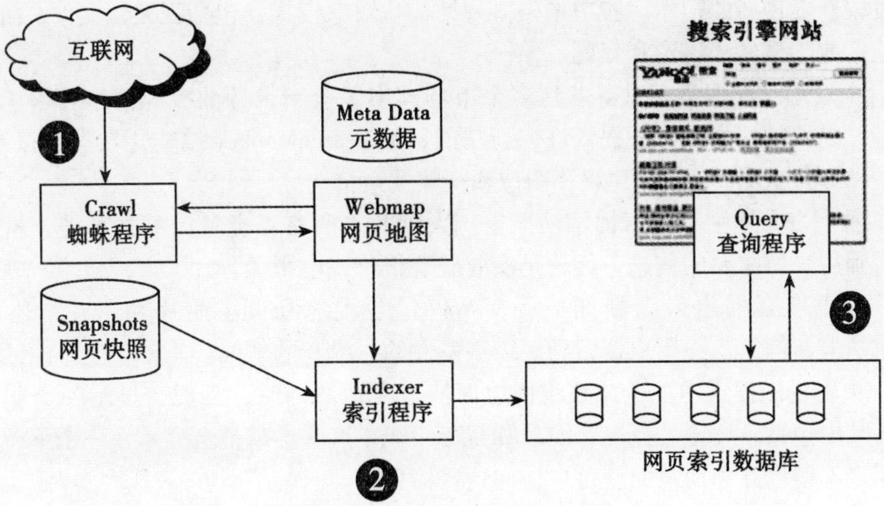

图 4-3 雅虎搜索过程图示

如：网站标题或网页内容对查询词的匹配，网页被链接的次数等。

网页数据库每天都会进行部分数据的更新，由于数据库庞大，所有数据完全更新大约需要 2 到 3 个月的时间。

依据雅虎微软交易，雅虎搜索最终将被 Bing 所替代，但雅虎搜索团队仍然推出了许多新的改进，为用户提供修改化的搜索体验。

4.4.2 雅虎搜索的功能发展

2007 年 7 月，雅虎推出雅虎全能搜索功能。雅虎全能搜索是基于 Omni-Search 技术架构对搜索体验的创新实践，通过对用户查询意图的智能分析，利用通用排序技术，在一个结果页中整合网页、图片、音频、视频、新闻等各种搜索产品，从而最大简化用户的搜索过程。雅虎全能搜索的 Omni-Search 技术架构，旨在打造跨平台（PC、手机和电视等）的智能型通用搜索引擎。

雅虎全能搜索采用了创新性的 Omni-Search 技术架构。用户无需了解各种垂直搜索产品，只要输入查询词，雅虎全能搜索就可以通过智能分析，返回各种相关结果（网页、图片、音频、博客等），并进行综合排序。Omni-Search 架构的理念在于简化搜索过程，将最相关的各种信息快速返回给用户，打造智能型通用搜索引擎。

雅虎全能搜索不同于综合搜索和网页搜索。综合搜索（Combo Search）是基于固定的模板，整合了各种垂直搜索的结果，每种垂直搜索的位置基本上是不变化的。网页搜索是基于文本信息的全网搜索形式，而雅虎全能搜索则是包括了网页搜索在内的多种信息形式（如图片、音频等）的搜索引擎。

雅虎最新功能的发展：

（1）结构化网络　自推出 Yahoo！SearchMonkey 后，继续加快网络上采用结构化数据，并授权开发创新的搜索。雅虎增强多种结构化对象模式，包括视频、文件、游戏、产品、本地企业、事件、讨论和新闻。

（2）全新的雅虎搜索在世界各地多个市场推出了全新设计的雅虎搜索。除了全新的页面设计，更快的搜索页，还提供许多新功能，如 SearchMonkey 结构化数据、搜索扫描、安全搜索和 Search Pad，查询建议、图像和视频搜索精选。

（3）雅虎发布增强型搜索提示功能，扩大到几乎所有雅虎资产的顶部搜索框。可以便捷地得到用户所需要的信息，无论是实时股票报价或电影预告片。

（4）雅虎搜索推出最新新闻捷径，不仅包含雅虎新闻、照片和影片，还集成了 Twitter 上的最新消息，让用户搜索到更多突发性的、最新的新闻。

（5）更轻松的搜索本地企业在雅虎上面搜索本地商铺时，雅虎会显示一个非常不错的界面，其中包括了评论，概况，照片和行车路线，这些信息都会显示在一个下拉式的方框中，用户不用离开当前页面就可以访问这些信息。

网页搜索中集成 Twitter 除了新闻捷径中集成 Twitter 消息，雅虎还在网页搜索结果中集成更多 Twitter 内容。即使你的 Twitter 不是新闻标题，也能很容易地搜索到。

增强的媒体搜索　雅虎将精选图像和视频搜索的经验，应用于提炼娱乐搜索。改进了音乐视频搜索功能，让你可以轻松地搜索到用户喜欢的音乐家的最流行专辑和歌曲的视频文件及在用户搜索电视连续剧或当红电影演员时，为用户提炼更多相关视频，可按来源网站、受欢迎程度、时间顺序查看。

4.5 雅虎功能应用

4.5.1 雅虎网页搜索

雅虎网页搜索有其专有的网站搜索首页入口（图 4-4）。它的搜索结果分为五个类别，网页、资讯、音乐、图片、地图。输入关键字后，点选您想要查找的搜索结果类别，就可以得到您想找的信息。雅虎搜索首页突出搜索框，汇集热点资讯，每天会对音乐、图片和生活信息进行重点推荐。

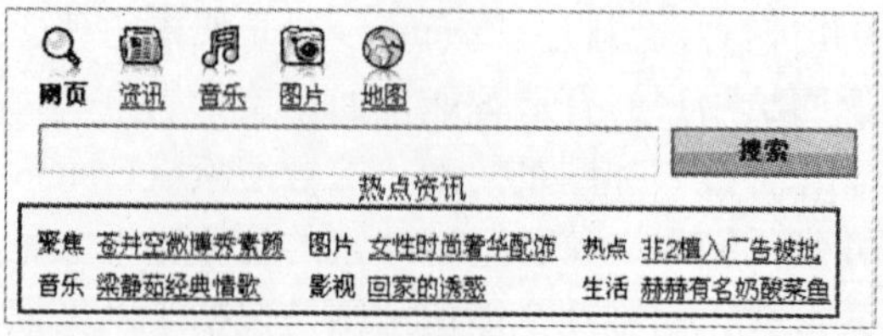

图 4-4　雅虎网页搜索入口

4.5.2 雅虎图片搜索

2003年9月，雅虎中国推出了全新的图片搜索服务。雅虎中国图片搜索拥有16亿张的优质图片资源库，并结合雅虎搜索编辑的过滤，提高了图片搜索结果的质量。用户通过简单的搜索操作后，可以快捷而直接地搜寻到需要的相关图片及与这张图片相关的各类信息。

雅虎中国日前将搜索新技术——Vespa平台技术运用到图片搜索中，图片搜索质量得到全面提升。雅虎搜索新技术通过过滤/抽取技术，获得更多、更高质量的图片。目前，雅虎已经借助该技术完成了2亿张中文图片的抓取和筛选工作，目前雅虎可供搜索的全球图片为35亿张。

此外，该技术的分析能力，将帮助用户找到更为匹配的图片，从而用更短的时间准确地找到更多、更高质量的图片。新技术下雅虎每天将有至少1000万新图片入库，雅虎图片搜索采用了每周进行一次对2亿数据全量更新的方法，对图片数据库进行维护，为保证高度的更新频率，保证用户能够随时随地获得最新鲜的图片。雅虎一方面对库中的2亿中文图片数据进行24小时不间断检测，同时，也会根据用户搜索的热门查询词进行快速检测，尽量保证用户搜索到的图片都能够顺利打开。雅虎通过整合全球33亿图片资源，这次技术升级，让雅虎图片搜索在本地化方面得到更大提升。

雅虎还将可能对图片搜索功能进行全面改版，用户可以利用雅虎搜索进行壁纸、聊天软件头像、聊天表情等特殊图片类型的搜索，从而为用户量身打造更生活化、更娱乐化的搜索服务。互联网早期，人们通过文本信息进行信息获取和沟通，宽带的普及推动读图时代、用图时代的到来。

4.5.3 雅虎地图搜索

雅虎地图搜索的前身是雅虎于2007年9月，中国雅虎推出的自己的地图服务：雅虎路客。

雅虎路客和Google、百度的地图服务不同，是由地图+博客组成的新型服务形式。在地图上发布自己的“生活故事”，上传图片，记录文字，标注地址，来表达与分享自己生活中的点点滴滴。比较适合来写游记，图片加描述。中国雅虎将雅虎路客，与旅游搜索、地图搜索、天气预报等组成了雅虎生活频道。

纯粹意义上的雅虎地图搜索包括本地搜索和地图预览二部分。你可以通过本地搜索找到指定的城市、城区、街道、建筑物等所在的地理位置，也可以找到离你最近的所有餐馆、学校、银行、公园等。地图预览则支持全国所有大中城市的电子地图浏览并且实时提供地图数据更新。

2010年12月，雅虎推出了又一全新产品——雅虎地图搜索。全新的雅虎地图搜索使用了http：//ditu. yahoo. cn/这一域名。

输入网站：http：//map. yahoo. cn/，进入雅虎地图搜索，如图4-5所示。页面左侧有公交和驾车的选择栏，地区和分类搜索，在右上角是地图工具栏。

从图中可以看出，新版雅虎地图搜索和国内其他地图搜索引擎的界面差别不大，在地图视野框旁边提供了公交车和自驾车的出行路线参考，在视野框内也提供了“测距、打印、标注、截图、全屏和意见反馈”的功能。在使用上，搜索的速度和准确度要相对雅虎搜索的其他类别强大很多，基本可以满足人们日常的地图搜索需求。

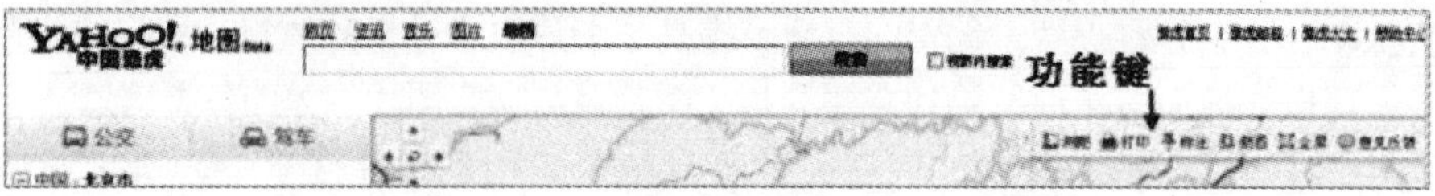

图 4-5　雅虎地图搜索条

4.5.4　雅虎资讯

2004 年 1 月雅虎推出了一款公共测试版的“简单集成”（RSS）头条新闻服务，汇集来自新闻网站等网络资源，向用户的 My Yahoo 网页提供新闻综述和网络通知等全面信息。RSS 服务基于可扩展标识语言，允许网络发行商将网络内容进行综合，目前已经被传统的新闻网站所采用，诸如 BBC、Christian Science Monitor 和 eWEEK. com 等都在使用这种工具。使用 RSS 头条新闻服务测试版的 My Yahoo 用户可以通过搜索或输入特定的 URL 获得 RSS 服务，然后自行设定页面上显示的新闻数量等，一旦点击新闻，就会进入发布该新闻的另外一个网站。

RSS 新闻阅读的优势是：（1）没有广告或者图片影响新闻标题或文章概要的阅读。（2）RSS 阅读器自动更新您定制的网站内容，保持新闻的及时性。（3）您可以加入多个定制的 RSS 提要，从多个来源搜集新闻整合到单个数据流中。

雅虎资讯首页的导航条包括 10 个新闻分类，每个大分类下还有更多的子分类新闻，点击相关链接即可浏览各个分类中的新闻浏览界面（见图 4-6）。

图 4-6　雅虎资讯首页

4.5.5 雅虎商品（见图 4-7）

（1）雅虎商品搜索。

用户只需要在搜索栏中敲入你想购买的商品名称即可。

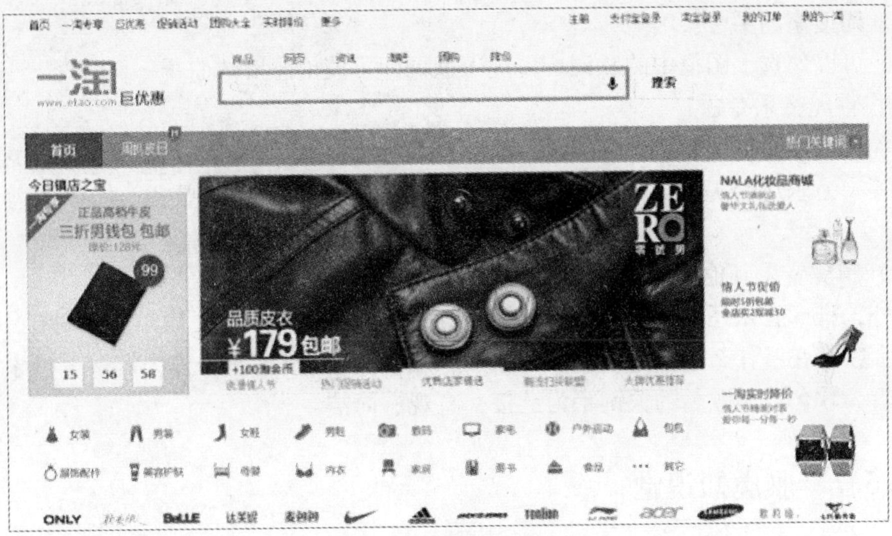

图 4-7　雅虎商品首页

（2）雅虎商品分类。

雅虎商品的分类很多，主要有如下：

服装服饰（女装、男装），鞋帽箱包（男鞋、女鞋、箱包），数码产品（手机、电脑、数码相机），珠宝配饰（珠宝、饰品、手表），家用电器、美容化妆（美容类、化妆类），运动户外（户外类、运动类），母婴用品（婴儿食品、童装童鞋、婴儿用品），食品家居（食品保健、生活百货、家具建材）。

其中，每个小类还可以看到主要的品牌，方便用户选择。

4.5.6 雅虎音乐

雅虎音乐首页为用户提供热搜榜单、搜索直播间、新歌上线等信息。它囊括了几乎所有中外的各种歌曲。它界面简洁，查找容易，使用方便，且每首歌都给出 Url 下载。并且不断更新娱乐新闻，为音乐粉丝提供方便。

（1）首页搜索。

首页搜索比较简洁，支持多种格式搜索，并有多种分类的推荐，包括：热搜榜单、搜索直播间、音乐美图、新闻速递、热点新闻等。

（2）排行榜搜索。

排行榜搜索包括总排行榜、歌曲大全和歌手大全。各大类又有很多小类，分类细致。

（3）按音乐格式搜索。

雅虎音乐提供各种格式的音乐，用户可以通过调整搜索框下的音乐格式来搜索自己想要的歌曲，包括：全部音乐、mp3、wma、rm、其他格式等。

（4）歌词搜索。

当用户不知道歌名，但是知道这首歌的某一句或者几句歌词时，雅虎音乐为用户提供了一个歌词搜索的平台。

用户可以勾选上图框中的歌词，再键入歌词即可搜出想要的曲子。

（5）雅虎音乐专题。

雅虎音乐还提供关于音乐、娱乐方面的一些专题报道，如：音乐美图、新闻速递、热点新闻等，为乐迷们提供了不仅仅是歌曲方面的信息，还有演唱者、作曲家等，十分方便。

（6）雅虎音乐其他功能。

此外，雅虎音乐还提供了、搜索直播间等栏目。用户可以方便地知道此刻有什么新歌问世，大家都在听什么歌，是谁在唱。新歌上线以演唱者+歌曲名称为链接，搜索直播间以演唱者、歌名或者歌名的关键字为链接，直观、简洁。

4.5.7 雅虎知识堂

雅虎知识堂是中国雅虎于2006年2月14日正式推出的全新互动问答信息服务平台。提供在线问答，知识搜索等功能与服务，通过网友互助解决医疗保健、电脑网络、教育学习等12类生活难题。

它是一个开放性的知识分享平台，让使用者可以与网友做问答的互动，借由众人的经验与专长，在问与答的讨论之间，帮助使用者找到满意的答案，也即它是一种新型态的网络信息交流服务平台，以互动问答的形式，提供向他人请教、回答他人提问及贡献分享个人知识的服务。雅虎知识堂同时将社群互动的知识内容妥善保存，并提供历史问答的搜寻功能，可通过搜索他人生活经验或专业答案，解决实际的特定疑难问题。

雅虎知识堂这种单纯的问答系统实现了可以不必在不同且以分类为主的论坛花费时间寻找答案，和在关键字搜索的结果中花费时间寻找答案，提高了从互联网上获取知识的效率。

在知识堂任何一个页面的上方都可以看见一个搜索框，通过关键字搜索，即可立刻获得其他网友最宝贵的知识沉淀。

4.5.8 雅虎团购

雅虎团聚是团购导航网站，以“雅虎团聚、团你所需”为口号，目标将是依托阿里集团资源，打造“最大最全的团购导航网站”。中国雅虎将目光瞄向团购导航网站，与团购网站发展的现状有关。据最新统计资料显示，目前中国至少已经有四五千家团购网站，并且发展势头依然很好，如图 4-8 所示。

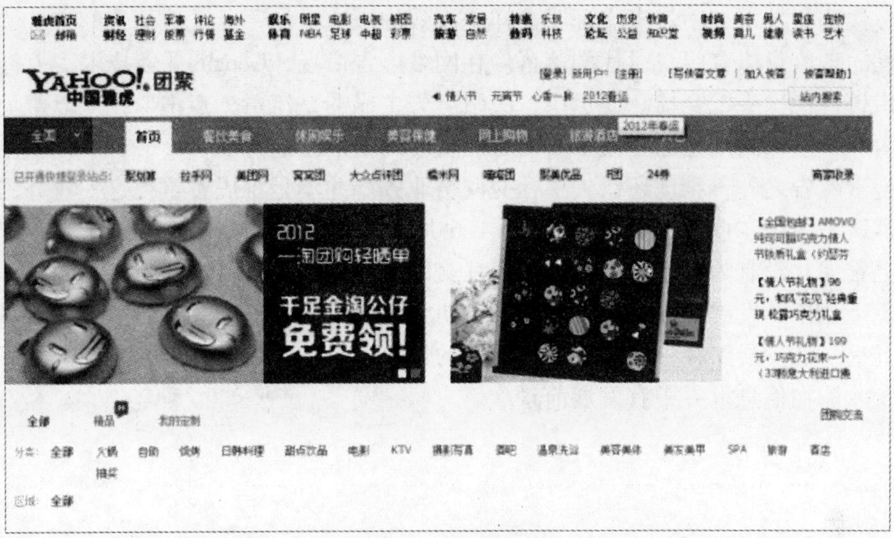

图 4-8　雅虎团购首页

雅虎团聚是一个立足本地生活团购的搜索导航，定位于团购网站认证，团购聚合，团购点评。试营运阶段，就已与国内主流的 1000 余家专业、精品团购网站进行不同程度的合作，目前雅虎团聚覆盖全国所有一线城市以及超过 50 个二级城市。

用户可以根据自己的所在地设置相应位置的团购消息；可以根据自己的需要，如旅游，去选择自己更想关注的团购消息；可以根据价格的顺序去查看，根据折扣区查看，也可以根据销量去查看，还可以根据上架时间去查看。

4.6 小　结

这场互联网经济浪潮中，雅虎见证了互联网的童年、少年和青年时代。

它的出现、发展，到后来的陷入改革的掣肘中难再前进，这其中都有值得我们学习和深思的东西。

雅虎的辉煌时代还是互联网初创时期的 Web1.0 时代。因为创意和想法迎合了历史的趋势，逐渐奠定了美国第一门户网站的地位。两位创始人为互联网定下了免费的基调。雅虎的导航、资讯、邮箱等服务完全免费。靠巨大的点击量带来的巨大广告收益，雅虎迅速发展壮大，走向了雅虎的黄金期。

作为一家网络媒体，雅虎是成功的。然而，在搜索引擎、网络视频分享服务和新兴社交网络工具相继出现、崛起的的一个个历史节点上，雅虎却没有抓住形势。它没有抓住网民和广告商日渐喜好移动终端与社交网络的新潮流，也忽略了网民的上网行为从单纯地获取信息转变为建立在线的生活与社会关系，从大众化的内容阅读转变为定制化、碎片化的信息分享。此外，产品经理和设计师来决定用户使用的软件将是什么样的，而程序员只是将他们的想法翻译成代码而已。从技术方面看，雅虎还没有成熟便已经衰老。雅虎只是试图通过金钱购买技术，不过事实证明这样是无效的。

雅虎的衰落意味着门户时代的落幕。在网络广告市场，Google 凭借技术实力打造的搜索匹配广告，稳坐头把交椅。展示广告吸引广告主靠的是流量，点击欺诈难以避免。搜索广告吸引广告主靠的则是深厚技术实力方能实现的精准匹配。

在搜索广告之外，雅虎还错失了社交网络业务。并不是雅虎不重视这一业务，或许只是不知道该怎么做。据统计，雅虎 2011 年 6 月份的用户访问量为 5.9 亿，点击量为 780 亿。但是雅虎并没有为这些用户建立一个社交网络业务。

雅虎十几年的发展经验表明，勇于抓住机遇，创新才能成长，而满足于当前的发展，不积极寻求新的发展路径，就会淹没在网络的快速发展中。要在日新月异的网络环境中寻求突破，才能在信息世界中有发展前景。

THE FUTURE OF MEDIA SERIES

5 全球最大的视频搜索引擎——Blinkx

Blinkx
- Blinkx3D
- ADHOC
- Embeddable Player
- Add-ons
- Mobile Video Search
- Red Label
- Remote
- Video Wall
- Cheep

图 5-1　Blinkx 网站功能图

5.1 视频搜索服务的兴起

目前，全球性视频搜索的战火已经点燃。从国外搜索市场看，Google，Yahoo！和微软位居前三名。从国内视频搜索市场看，领先者百度、新浪 iKan、搜狐等都将成为这市场的有力竞争者。

其实，早在 20 世纪 90 年代就有几家公司提供过类似的视频搜索服务。国外有 FasTV、Virage 等，国内也有 Vsearch（http：//www. vsearch. com. cn/）。只是很可惜，那些先行者恰好碰上互联网泡沫时期，同时宽带点播业务尚末成熟，他们在大把大把地烧钱之后很快就消失得无影无踪了。如今互联网经济再度复苏，3G、数字电视和 PPTV 也随之呼啸而来，搜索门户选择这个时机进入视频搜索服务市场可谓是恰到好处，前景无限的。

Google 希望像把图书馆搬到互联网上那样将电视节目搬上互联网。2005 年 6 月 27 日，Google 公司正式推出视频搜索服务，并在其网页上增加了视频回放功能。同时 Google 还提供首个基于 VLC 的开源视频播放器插件——Google Video Viewer 1.0。Google 的视频内容来自美国广播公司、CNN 等 20 多家媒体，从诸如霹雳舞片断或者猴子玩空手道的搞笑视频到萨达姆的雕像被美军拉倒的历史性视频都有，每天都为用户提供多达上千个电视节目。用户只需要在搜索栏输入关键字（如 ipod 或 Napa Valley），或选择高级搜索（如

title：nightline)，Google video 将立即返回视频标题或文本描述。点击搜索结果页面的视频标题，就能快速观看相关视频的静态图片、节目副本以及节目短片（见图 5-2）。

图 5-2 Google 视频搜索

雅虎抢先在 2004 年 12 月推出视频搜索服务测试版，经过五个月的测试之后，雅虎在 2005 年 5 月 5 日正式推出了视频搜索引擎的最终版本（http：//video. search. yahoo. com/)。雅虎试图能够追赶并超越 Google，在新的应用方面也是不遗余力的求索者。目前的雅虎视频搜索支持微软 Windows 11Media，苹果 Quick Time，Real Networkl 的 Real Media 等多种格式的视频文件，用户能够搜索到雅虎网站的电影、音乐和新闻等内容，查找静态图像和电视节目的文本说明，还可以搜索 Bloomherg 公司、英国广播公司（BBC）和英国天空广播集团的隐藏字幕的内容。视频内容的制作者可以通过 RSS 把视频内容的链接发送到雅虎的数据库中。用鼠标点击结果，随即就能回放这个视频（见图 5-3)。

图 5-3 雅虎视频搜索

微软在购买“Singingfish”，技术许可之后，开始为 Windows 11Media. com 网站提供音频和视频搜索功能。微软的目的是向用户提供智能化的交互式观看体验，也许不久后的一天，用户就可以通过机顶盒输入关键字，在最短的时间内找到自己需要的视频节目（见图 5-4)。

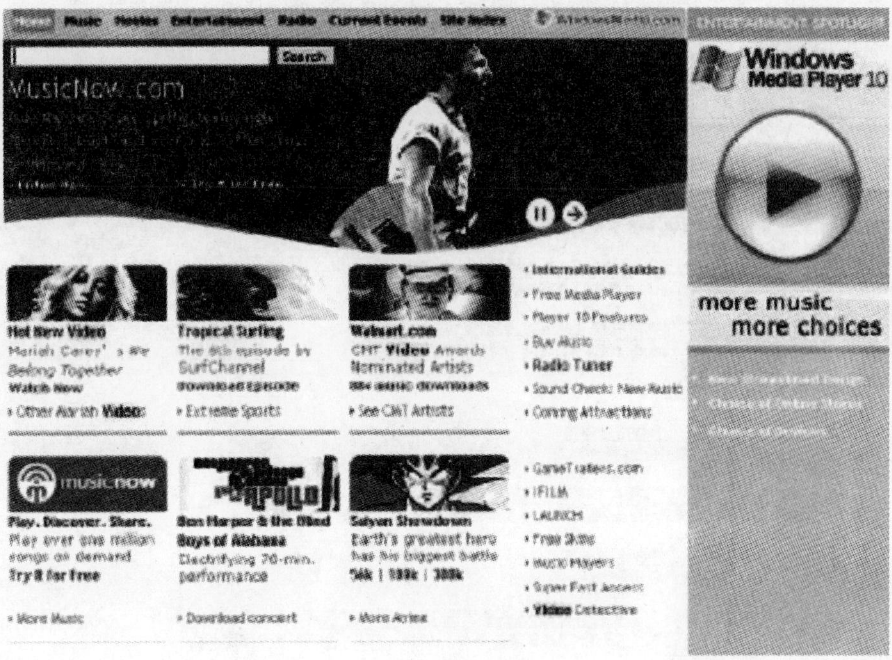

图 5-4 微软视频搜索

作为国内大门户网站新浪，新近也开通了 iKan 视频搜索服务（http：//ikan. sina. com. cn/）。这个主页提供有明星、TV 节目、相声小品、Flash 等 11 个视频专题。新浪的这个视频搜索内容主要取材于新浪自己的视频内容和其他用户上传的视频内容。在这个全新的视频页面，用户可以看到新浪制作的所有视频内容，非新浪制作的视频则会显示有关链接。另外，如果用户有兴趣，也可以把自己的视频资料提交上去，同时还要附上详细介绍。当用户的视频资料被别人下载时，新浪将以积分方式奖励此用户（见图 5-5）。

网络视频的发展使各个互联网公司都开始涉足视频搜索服务，以满足用户的需求。但是，这些公司的主营项目不是视频搜索，因而没有将全部精力放在视频搜索的开发上，所以在视频搜索服务上无法满足用户的需求，只能提供一般的搜索服务，或是在某一方面有自身的特色。在这样的环境下，专门的视频搜索引擎呼之欲出。事实上，早在 2004 年，专业的视频搜索引擎就已经问世了，在这几年的发展中，视频搜索引擎已经成为互联网中不可缺少的一种工具。它使用最先进的视频搜索技术，已不同于传统的综合搜索引擎的方式，满足用户的需求。专业的视频搜索引擎不拘泥于只按关键字搜索，Blinkx 就是一个专业的搜索引擎，而且是全球最大的视频搜索引擎，下面就深入剖析一下 Blinkx，从而深入认识视频搜索。

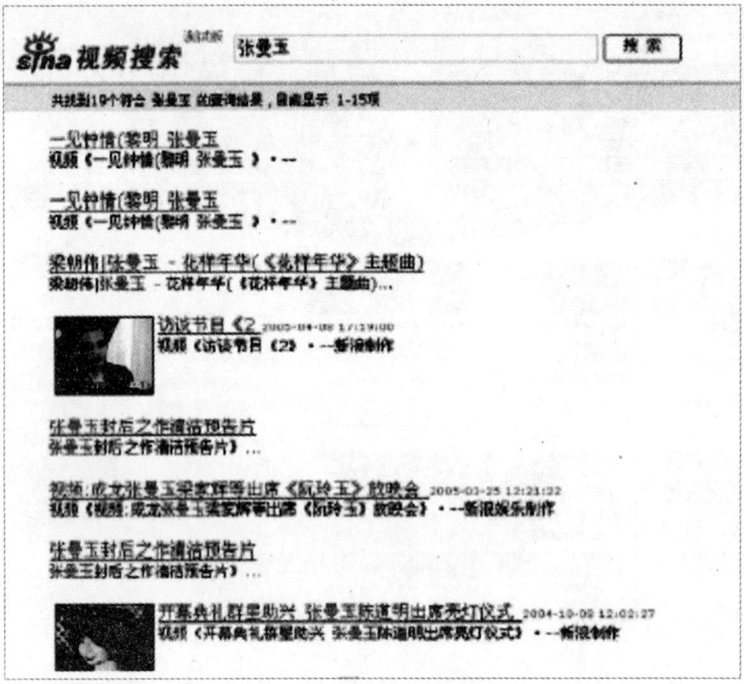

图 5-5　新浪视频搜索

5.2 Blinkx 简介

Blinkx 是一个互联网搜索引擎的视频和音频内容，总部设在旧金山和英国剑桥，允许搜索和分类音频文件、视频片段和流媒体，如互联网电视和视频点播。Blinkx 与其他视频搜索引擎不同，首先通过使用语音识别，听音频视频内容的组成部分，然后用拼音和文字记录与搜索查询相匹配的内容。

Blinkx 一直致力于搜索技术的开发，近年来，互联网的增长一直保持一个积极的步伐，仅在美国活跃的互联网使用者数量达到了 2.11 亿。作为结果，广告和内容制作商迅速转移重点：从文字到视频内容的迅速转移。除了内容变化，使用者也取得了丰富的媒体资源。2008 年初，根据 comScore 的报告，YouTube 已经发展到拥有 400 多万的影片。视频内容不仅仅是创建，而且会被数以百万计的观众观看，近 140 万用户在美国观看在线视频，有大约价值 11.5 亿美元的影片以在线视频的形式被观看。

5.3 发展历程

Blinkx 成立于 2004 年 7 月，核心人物兼 CEO 是 Suranga Chandratillake。Blinkx 在美国加利福尼亚和英国剑桥同时成立，为英国、美国等英语国家提供视频搜索服务。2006 年 10 月，Blinkx 开始为美国微软公司旗下的 MSN live. com 提供技术支持服务。除此之外，Blinkx 公司还与美国的 realplayer，lycos，InfoSpace 等公司开展合作。到了 2008 年，Blinkx 推出宽带电视服务，推出 Blinkx 遥控器为美国和英国用户提供完整长度的电视视频服务。

Blinkx 的视频搜索技术与众不同，采取了语音识别的方法来过滤重复视频内容。也就是说 Blinkx 不光读取视频的文字描述信息，还能预读取视频本身来分析，这样最大程度保证了服务质量和用户的搜索体验。由于 Blinkx 的视频资源绝大部分来源于搜索，并且与 650 多家视频内容提供商签署了协议，所以 Blinkx 每天的更新量十分可观，有大量更新的音视频、电视节目、播客以及个人自拍视频让用户自由观看。另外，Blinkx 还提供了视频段预览功能，通过片段截图，方便用户快速找到自己喜欢的视频片段。

5.4 指导方针

与传统搜索引擎不同，Blinkx 会思考，搜索结果会出现多类。比如输入“Mobile Game”，出现的结果可能被系统自动分为 10 类，其中的 9 类可能与用户的查询期望距离较大，用户可将最接近的那个结果作为查询条件，进行第二次查询，通过这种方式逐步接近目标，最后达到用户期望查询的结果。

传统搜索基本上采用关键词搜索方式，也就是非 0 即 1 的方式，它基于严格定义和分类的布尔表达式，即与，或，非表达式。在实际应用中，如果关键词不确定，或者有错误疏漏，用户常常很难用具体而明确的关键词来描述自己想找的东西，甚至在有些时候，搜索出来的结果大部分与这个关键词并没有太大关系，只是搜索的结果文章中出现过这个词而已。

目前，人类研究的信息搜索技术目前有四个方向，即关键词搜索、模式识别、语义分析、神经网络。其中，关键词搜索已经比较成熟，语义分析和神经网络这两个技术方向的研究难度相对较大，目前还未有突破性的研究成果。

在保留了传统摸索方法（search）的基础上，Blinkx 会对用户键入的检索内容进行语文上的分析，通过判别相关识别度的高低来对数据进行检察，然后对海量信息进行概念匹配，找出在内容上最接近的数据提供给用户，所以可以避免传统关键词造成的漏检情况的发生。Blinkx 中提供的聚类功能则是从搜索到发现的最佳功能。它不仅可搜索互联网内容，电影电视等多媒体内容，还可以搜索本机和局域网上的内容。同时，Blinkx 还可以搜索不同的文本格式内容，如 Text、Word、Excel、PPT、PDF 以及各种数据库中的数据格式。与 Yahoo！Video Search 比起来，Blinkx 的视频音频搜索（http：//www. blinkx. tv/）

更加强劲，它使用了语音识别技术来检索多媒体文件。也就是说，可以搜索任何一个在视频或者音频文件中曾经提及的单词。

如果客户端安装了 Blinkx 软件，系统所有文档处理窗口的右上方就会出现一个小的菜单窗口。用户在这些窗口中处理文档时，系统会自动分析这个文档，然后自动从本机或网络上抓取相关文章或链接，以供用户参考。不仅如此，它还可以及时提供与文章内容相关的新闻、产品信息、视频内容等分类信息。简单地说，用户完全可以拿一篇文章来作为查询关键词，Blinkx 通过对这篇文章进行分析，会给出与这篇文章内容最接近的网络链接或本机文档。这无疑给需要处理大量数据的个人和企业提供了巨大便利。

5.5 Blinkx 功能介绍

5.5.1 Blinkx3D

Blinkx 与 ExitReality 公司合作研发的，使整个 Web 可以在 3D 的环境中浏览，为用户提供 3D 增强版的 blinkx. com。用户下载的插件将不仅能体验到 3D 效果的 Blinkx，还可以享受在线建立自己的虚拟环境（见图 5-6）。Blinkx 和 ExitReality 已经开发出一种独特的空间，可以在线视频观看和互动。用户将能够：

图 5-6 Blinkx3D

（1）搜索，观看和社会环境中的在线视频聊天。收集虚拟产品，如 Blinkx 的视频墙，可定制有关新闻、体育、娱乐、天气和更多的视频。Blinkx 的视频墙，可以用来装饰任何三维空间，或作为虚拟礼物送给朋友。

（2）采取 Blinkx 的产品，如纯平电视，来装点自己的 3D ExitReality 空间，如在

Facebook、MySpace 和 BEBO ExitReality 公寓。

（3）邀请朋友观看视频。

5.5.2 Blinkx. com

在 Blinkx. com（见图 5-7），用户可以搜索超过 35 万每小时的视频内容，从 720 家合作单位得到资源（Blinkx 的媒体合作伙伴，其中包括一个广泛的供应商列表——从 HBO 和 MTV PBS 到 YouTube）。所有透过一个单一的搜寻网关，通过其独特的专利和获奖的音频和视频分析技术，从字面上分析和试听在线的丰富媒体，比任何其他视频搜索更可以提供给用户无与伦比的访问。从更多的来源，更多的视频通过一个单一的门户网站进行搜索，这极大地满足了客户的需要。用户可以赶上希望看到的新闻，观看家庭电影特技，重播他们本地团队的亮点或观看错过的黄金时间电视节目的情节，Blinkx 是基本的远程控制与导航视频网站。

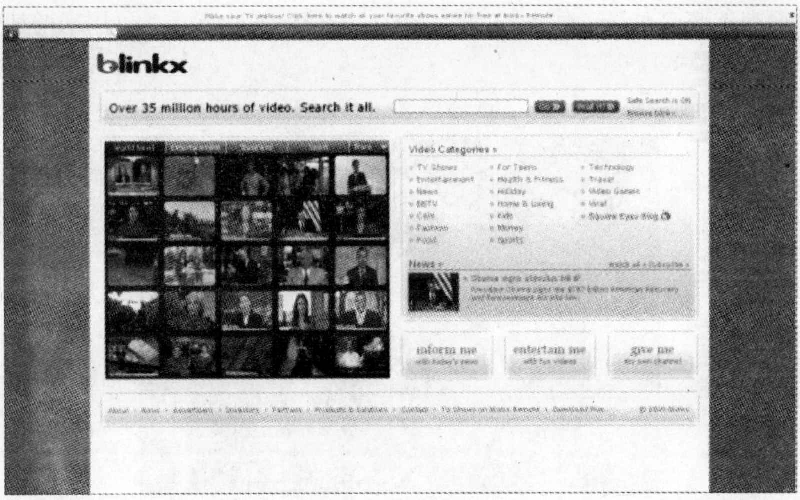

图 5-7 Blinkx. com

5.5.3 Blinkx 的 ADHOC

Blinkx 的 ADHOC 是第一个在线视频内容相关的广告平台，设计目的是将广播电视和视频在网络上高度相关。正如谷歌的 AdSense 转化的文本网页上的广告，Blinkx 的 ADHOC 平台将彻底改变视频网站的受众，视频将匹配引人注目的，个性化的风格电视视频广告。

ADHOC 是独一无二的，更有效的营销广告，有较高的货币化程度，最重要的是使用有益的、非破坏性的经验，为用户解决问题。

不像其他的解决方案，只是拼凑在一起的网页横幅广告设计技术和应用的视频网站，

ADHOC 利用 Blinkx 的专利语音识别和视觉分析技术来理解视频内容，更全面和更有效地为用户服务。这是在线视频介绍广告商和媒体公司的一个极具吸引力的机会：立即对潜在目标分布采取行动，提供实时的指标来评估某一活动的有效性。

Blinkx 的 ADHOC 平台提供内容的合作伙伴和广告客户独特的价值主张——视频广告电视推广相关的例句，根据上下文搜寻广告的针对性和实用性相结合的服务。这是一个令人振奋的前景，不仅在提高观众体验方面很有帮助，也增加了活动的有效性。

5.5.4 Blinkx 的 Embeddable Player

Embeddable Player 是 Blinkx 的嵌入式播放器，可以让博客和网站出版商播出 Blinkx 的视频内容，在任何网页都可以使用。Blinkx 直接视频流被传递到 300x250 像素的 Blinkx 的专有嵌入式播放器，可以根据上下文和它出现在页面上的内容相匹配。这个播放器是一个简单的代码行的整合，出版商能够利用 Blinkx 的分类名称和关键字的搜索结果，以提供独特的视频播放列表。Blinkx 的设计，为合作伙伴提供完成 Blinkx 的嵌入式播放器的创意控制，这个简单的整合是一个伟大的创新，这是一种很好的方式，可用来增加在线视频的商业化机会（见图 5-8）。

图 5-8 Embeddable Player

5.5.5 Blinkx 的 Internet Explorer 8 Add-ons

使用微软的 Internet Explorer8（IE8）Web 浏览器的用户可以利用 Blinkx 的方便和易于使用的视频搜索附加组件，创建专门的 IE8 浏览器。Blinkx 提供了多种附加组件来满足 IE8 的使用者的搜寻需求，以适应网络视频（见图 5-9）。

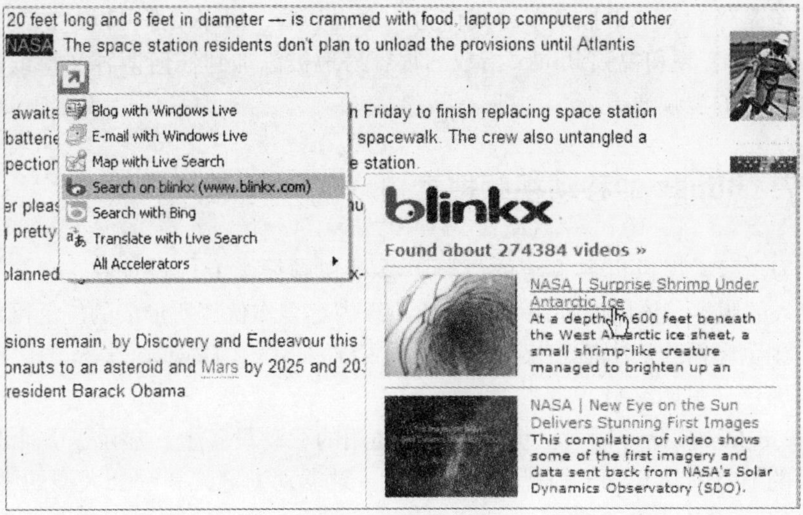

图 5-9　Internet 控件

5.5.6　Blinkx It

Blinkx It 是一个屡获殊荣的视频部件，使用户能够融入自己的网站。这种自由和简单的工具，可以很好地方便博客和休闲网站建设者提高他们的个人博客、网站或 MySpace 网页与相关的视频流（见图 5-10）。

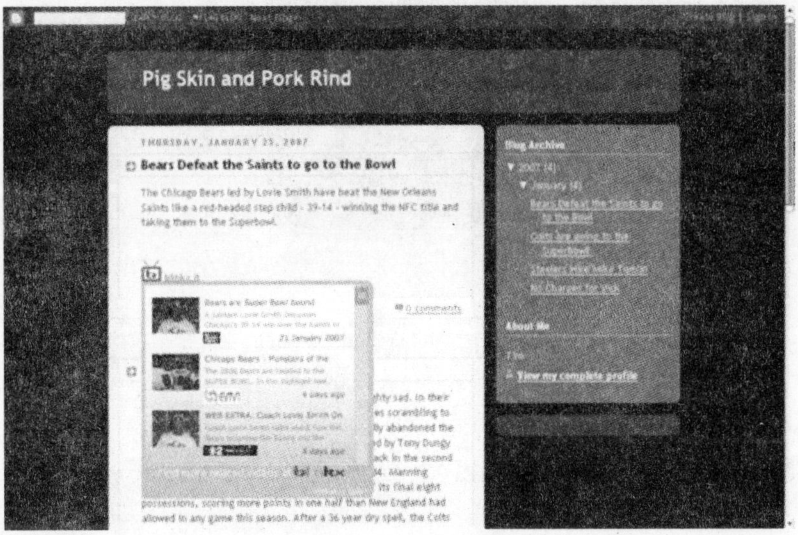

图 5-10　Blinkx It

Blinkx It 是很容易安装的，用户只需访问 Blinkx，并直接进入自己的博客中嵌入相关的代码，无论是作为一个下拉菜单，或作为一个视频墙，Blinkx 都可以一次到位。它吸引超过 35 万小时的音频和视频 Blinkx 指数，很容易地被添加到任何博客文章或网站的花哨样式和高度定制的视频通道。

5.5.7 Blinkx 的移动视频搜索

Blinkx 为消费者提供世界一流的视频，移动视频搜索专门设计在 http：//m. blinkx. com 移动接入的版本。该网站利用 Blinkx 的顶级内容合作伙伴所形成的广泛网络，使用户可以搜索，浏览和播放从广播和媒体公司，包括 CelebTV，HowCast 等范围广泛和多样的以百万计的影片（见图 5-11）。

http：//m. blinkx. com 网页已优化为易于使用的移动设备上，显示了九个来自互联网的头条新闻的缩略图和 Blinkx 的视频墙，以及一键类别浏览，和一个大型的中央搜索栏，使消费者可以看影片，和浏览他们选择的任何话题。影片传输到用户的手持设备并以 MP4 格式播放视频。

图 5-11 Mobile Video Search

5.5.8 Blinkx 的 Red Label

红色标签是一个 Blinkx 提供的托管服务。红色的标签，让用户可以浏览超过 35 万小时的视频——相当于 3000 年连续观看！

红标设计，最大限度地提高用户的视频搜索流量的针对性，是履行和量化最有效的方式。红标建立在最先进的视频分析的基础上，包括语音识别、索引、搜索和在线广告投放等强大的技术，使用户能够最大限度地提高视频资产的商业潜力。

Blinkx 提供两种选择：

（1）托管的视频搜索引擎解决方案，在那里用户得到一个红色标签从用户的网站的视频搜索流量产生的广告收入的份额。

（2）一个 XML API 的解决方案，让用户配置搜寻结果检查想要的任何方式。

5.5.9 Blinkx 的遥控器

Blinkx 的遥控器是一个革命性的工具，对在网络上寻找电视节目有很大的用处。Blinkx 的遥控器利用 Blinkx 的视频搜索专利技术，迅速发现任何网上的全长度的电视节目，并组织这些视频按季节和情节分类。

使用 Blinkx 的遥控器不需要透过挖掘多个软件站点，用户可以很容易地找到自己喜爱的电视节目。视频垃圾邮件和虚假标签材料都过滤掉，以提供最优质的用户体验成为可能。观众通过 Blinkx 的远程可以注册电子邮件或 RSS 通知，收到通知时，新节目成为顾客的标签（见图 5-12）。

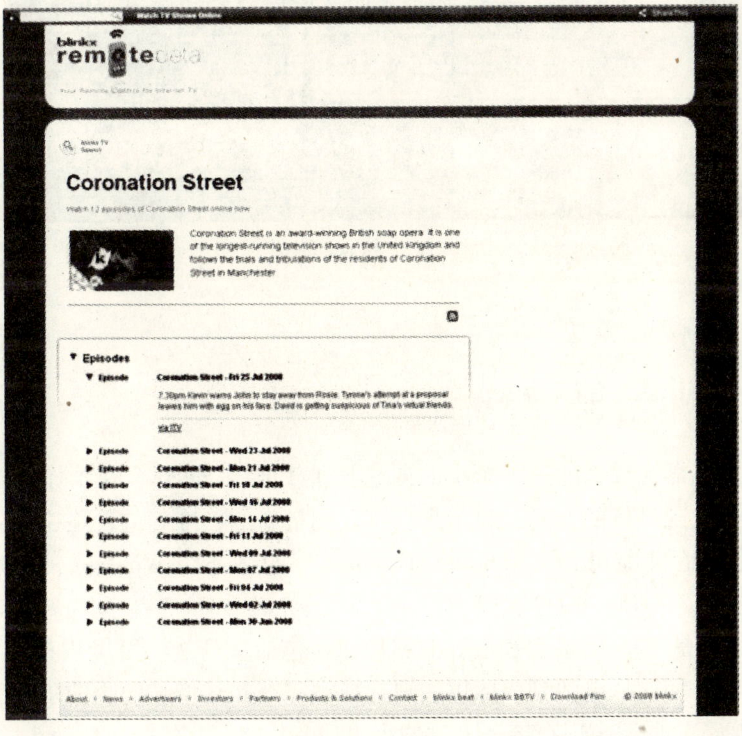

图 5-12 Rwmote

5.5.10 Blinkx 的视频墙

Blinkx 的视频墙是一个工具，它允许博客和网站的创造者在他们的网站中嵌入选定的搜索字词的剪辑视频墙。视频墙显示通过 RSS，所以它会自动更新为新的搜索结果来。用户可以选择他们想要的墙的大小，视频墙由一到六十四个微光电视屏幕组成。用户甚至可以做成一个视频墙，并轻松地嵌入到自己的网页编译一个特定的视频选择（见图 5-13）。

图 5-13 Video Wall

5.5.11 Blinkx 的 Cheep

这是一个浏览器插件，通过一个小的浏览器加载项，Cheep 会在当你寻找一个特定的产品时，帮助你找到最好的交易，显示来自互联网最新的，准确的价格比较，以及评论和评分。附加元件是目前可用的 Internet Explorer 7 的版本（Windows）中和火狐 3.5+（Windows 中的 Mac 或 Linux 的操作系统）。

Cheep 索引的是 Web 的最大和最好的零售商，包括亚马逊、百思买和沃尔玛等近 200 家商店，所有的一切，从电池到蹦床供用户选择，审查并且增加购物的乐趣。当用户购物时，Cheep 寻找产品页就出现在屏幕上方的小酒吧。

当用户加入 Cheep，用户就会成为社区的一部分。Cheep 让大家分享自己的购物活动，其中有你的浏览，你买了什么，你是否喜欢它，多少钱等。Cheep 网站，www. getcheep.

com，显示了一个购物的实时流活动，用户可以细读和在线购买产品，也可以与朋友和志同道合的购物。Cheep 的社会共享信息，反过来也可以查看和评论他们的购物（见图 5-14）。

图 5-14　Cheep

5.6 小　结

Blinkx 作为全球最大的视频搜索网站，最大的亮点在于 Blinkx 能够紧跟时代的步伐，推出许多新鲜的功能，而 Blinkx 的技术优势则是 Blinkx 成为全球最大视频搜索引擎的根本。相比 Google 公司、雅虎公司等提供的视频搜索，Blinkx Search 带来的改变更具有革命性。Blinkx Search 提供的是和视频内容概念相匹配的搜索。而其他公司仍然是用文件名去匹配主题，利用关键字技术来搜索。这不是真正意义的视频搜索，最多只能叫“视频文件搜索”。技术的不同，导致了结果的极大差异。通过自动抽帧和语音识别，Blinkx Search 的搜索能精确到一个帧，一个片断，或者一个镜头。比如用户最想知道某地地震的最新动态，不用把新闻从头看到尾，点击 Blinkx. com 提供的动态视频搜索预览，用户完全可以只看自己想看的那一段。而传统的视频文件搜索一方面不够精确，另一方面要求用户必须下载整个文件之后才能播放。

正是在这种技术上的优势，使 Blinkx 获得了大量的用户，传统的依赖于关键字的视频搜索技术，已经不能满足用户的需要，所以，视频搜索引擎应立足于先进的搜索技术，并且紧跟时代的脚步，以用户为本，新的技术要以用户体验为关键，以争取到更多的访问量。

THE FUTURE OF MEDIA SERIES

6 元搜索引擎——Dogpile

Dogpile
- Web
- Images
- Video
- News
- Local
- White Pages

图 6-1 Dogpile 网站功能图

6.1 Dogpile 简介

Dogpile（http：//www. dogpile. com/）是 1996 年 12 月由美国人 Aaron Flin 创制的杰出的并行式和串行式相结合的混合式元搜索引擎。在当时，有很多的独立搜索引擎，它们的查询结果很多，但其中与查询不相关网页也很多，结果令人非常不满意，用户处于面对着越来越多的搜索引擎查询结果而无法选中自己需要信息的一种局面。Dogpile 创作的灵感来自于其发明者注意到不同搜索引擎使用同一个检索词查询结果不同，如果独立搜索引擎越多其查询结果也越多，Dogpile 希望通过在一个界面上实现对多个常用独立搜索引擎的提交查询，并合并查询结果。因此，最初的能够提供综合检索服务的元搜索引擎——Dogpile 诞生了。

Dogpile 已可以调用 Google、Yahoo、MSN、Ask Jeeves、LookSmart、About、overture、Teoma、FindWhat、FindWhat、Ditto、FindWhat、AltaVista、FAST、Infoseek、Real Names、Direct Hit、Deja、Lycos、Singingfish、Dmoz、Topix、Fox、WebCatalog 等 20 多个独立的 Web Search Engine（万维网搜索引擎）、Usenet Search Engine（新闻组搜索引擎）和 FTP Search Engine（FTP 搜索引擎）源搜索引擎。这些源搜索引擎可能增减或调整，如 2005 年 8 月 2 日开始支持调用 MSN，并把它作为结果主要来源引擎之一。在收到查询提问时，它首先并行地调用 Google、Yahoo、MSN、Ask Jeeves 等 4 个源搜索引擎，如果没有得到 10 个以上的结果，再调用另外的搜索引擎。它采用 Vivisimo 先进的自动聚类技术，对来自源搜索引擎的结果进行相关性比较，聚合生成并提供最符合查询提问的无重复的结果列表。

但是，作为著名的元搜索引擎，Dogpile 不提供可调用的源搜索引擎列表，不支持对各个源搜索引擎的自行指定和选择，不能不说是美中之不足。

6.2 发展历程

在 Dogpile 诞生之前，已经有了美国科罗拉多州立大学毕业生 Daniel Dreilinger 于 1995 年 3 月推出的 Savvy Search 和华盛顿大学毕业生 Erik Selberg 与该校副教授 Oren Etzioni 合作研制，于 1995 年 7 月 12 日发布的 Metacrawler 两个元搜索引擎。1998 年 11 月 Go2Net 公司购买 Metacrawler，1999 年 8 月又并购了 Dogpile。2000 年 8 月 InfoSpace 公司购买了 Go2Net，拥有了 Dogpile 和 Metacrawler 的所有权，2002 年 5 月 InfoSpace 又把拥有 Webcrawler 的 Excite（webcrawler1995 年被 AOL 收购，1996 年底被转买给 Excite）收归旗下。目前所有隶属于 InfoSpace 的四个元搜索引擎，虽然都有独立的域名，采用相同的核心搜索技术，但搜索结果的显示方式和排序算法各有差异。Dogpile 一直是这个元搜索引擎家族的旗舰，被 InfoSpace 视为“门面工程”。Dogpile 暂不支持中文搜索。

Dogpile 在发展过程中获得过许多荣耀。DogPile 在 2000 年和 2003 年分别获得元搜索引擎之最佳，Dogpile 于 2003 年被 IrifOSpaee 公司收购。2004 年 2 月获得了搜索引擎观察（searchEngineWatch）网站颁发的最佳元搜索引擎奖和 PCWorld 颁发的“bigtime”奖和最佳查询工具奖，同年 6 月还获得了 PCMagazjne 授予的“最佳的元搜索引擎嵌入工具条”称号。

6.3 指导方针

Dogpile 提出的口号是“Good Dog，Great Results”。Dogpile 就像一只不知疲倦的猎犬，时刻用它那灵敏的嗅觉为主人寻找着猎物。随着互联网的不断发展，Dogplie 也在不断的改变着自己，新版的 Dogpile 是一个非常不错的元搜索引擎，展现了元搜索引擎发展的最新成果。它将用户的查询请求同时向多个搜索引擎递交，按照自定义的关联运算法则对得到的结果进行重复排除、重新排序等智能处理后，以优化过的检索结果返回给用户。Dogpile 为用户提供了较为全面的检索功能，其检索结果更易于浏览，自动分类的技术增强了对检索结果的组织功能，还可以自动修正普通的拼写错误，更加方便了用户对 Dogpile 的利用。

6.4 元搜索引擎与独立搜索引擎比较

6.4.1 元搜索引擎

随着网络的发展，网上的信息越来越多，如何在海量的信息中发现自已需要的资料，成为了一个网络发展至关重要的问题。搜索引擎就是在这种背景下产生的。但是伴随着搜索引擎的发展，各种搜索如雨后春笋般涌现而出，每一种搜索引擎都有各自的特点，如何选择搜索引擎又成为了一个新的问题。在实际的操作中我们会发现，要得到一个满意的结果，往往要使用多个搜索引擎，综合搜索的结果，这就降低了查找资料的效率，没有体现出信息化社会的特点，也会影响整个工作的进度。在这种情况下元搜索引擎应运而生。元搜索引擎综合了各个搜索引擎的搜索结果，节省了使用搜索引擎的时间，提高了效率，也保证了搜索结果的满意度。

6.4.2 基本构成方面的比较分析

搜索引擎被国内外互联网领域广泛使用，但是它所包含的意义并不完全相同。在我国搜索引擎通常指的是基于网络目录的搜索服务或者是特定网站的搜索服务。比如新浪、网易等公司开发的网站服务。在国外搜索引擎通常指的是基于互联网上成千上万乃至数亿个网页，且对于每个网页上的每个词都被搜索引擎所收录，这就是大家所说的全文检索，其中具有代表性的搜索引擎如 First、Search、Google 和 Infoseek 等。这些网站大多数提供的是全文检索服务。元搜索引擎与独立搜索引擎的构成方面的差异表现在以下几个方面。

（1）独立搜索引擎。

独立搜索引擎的工作原理和基本构成是根据用户的查询请求，按照一定的算法从索引数据库中查找对应的信息返回给用户。为了保护用户查询信息的精度和新鲜度，搜索引擎需要建立并维护一个庞大的索引数据库。独立搜索引擎中索引数据库中的信息是通过一种叫做网络蜘蛛（spider）的程序从互联网中采集得到的网页。因此，一般独立搜索引擎主要由网络蜘蛛、索引数据库和搜索引擎软件等部分组成。

（2）元搜索引擎。

与独立搜索引擎相比，元搜索引擎不需要维护庞大的索引数据库，也不需要网络蜘蛛去采集网页。具体来讲，元搜索引擎主要由三部分组成，即请求提交代理、检索接口代理和结果显示代理。“请求提交代理”是负责实现用户“个性化”的检索设置要求，包括调用哪些搜索引擎、检索时间限制和结果数量限制。“检索接口代理”是负责将用户的检索请求“翻译”成满足不同搜索引擎“本地化”要求格式。“结果显示代理”是负责所有元搜索引擎检索结果的去重、合并和输出处理等。

6.4.3 结构特点方面的比较分析

（1）独立搜索引擎的结构中各有各的优缺点和侧重。

比如 Altavista 是以快速、强有力的关键词搜索引擎，能完成极复杂的搜索，且搜索结果令人满意；搜狐的站点内容丰富、搜索功能较强；雅虎对于多数人较熟悉，比较权威；若是一名科技人员，Infoseek 在学术资料的查询方面则更加有利。但它们各有信息覆盖面上的局限性。

（2）元搜索引擎的结构中技术重心在查询前的处理（检索请求提交机制和检索接口

代理）和结果的集成。

元搜索引擎可以灵活地选择所要采用的独立搜索引擎。它通过选择那些典型的、性能优越的独立搜索引擎。这种强强联合的结果保证了搜索结果的权威性和可靠性。它还可以充分发挥各个独立搜索引擎在某个搜索领域的功能，弥补独立搜索引擎信息覆盖面上的局限性。

（3）信息覆盖面广。

元搜索引擎通常调用它自己认为比较好的几个搜索引擎，并且提供给用户在一定范围内选择搜索引擎的功能。还有些元搜索引擎为用户支持更加专业的搜索引擎，比如MP3，各种专业的论文查找等。这使用户可以根据自己的喜好和要查询的内容选择相应的搜索引擎。

（4）搜索结果的权威性和可靠性。

独立搜索引擎需要一定的周期来更新索引数据库，它所收集的信息各有侧重面，元搜索引擎选调多个独立搜索引擎获取搜索结果，这不但获得了信息的互补性，而且，与独立搜索引擎相比增加了信息的精度和新鲜度。如果独立搜索引擎中同时出现同样的搜索结果，这可以确定所搜索的结果是尤为重要的。同时也显示了搜索结果的排序之公正。更加保证了用户所得到的元搜索结果的可靠性。

（5）易维护性。

元搜索引擎省掉了独立搜索引擎中的收集和存储网页、建立索引数据库的工作。它本身不需要去维护，只需知道它的调用接口。它可以把主要精力放在搜索引擎的选择、查询请求的优化和搜索结果的优化上。通常的元搜索引擎都提供了相对应的优化机制。

以上比较了元搜索引擎和独立搜索引擎，可以看出，元搜索引擎主要用于提高搜索的广度。当用户使用独立搜索引擎查询时得不到所需资料时，可以用元搜索引擎。当用户需快速查询到某领域的某课题的概述时，也可以用元搜索引擎。当用户对其他搜索引擎不熟悉的时候，还可以使用元搜索引擎作为通向其他搜索引擎的门户。下面就详细介绍一下Dogpile，以深入了解元搜索引擎的特点与构造。

6.5 Dogpile的详细介绍

6.5.1 Dogpile的特点

（1）多样化的检索。

Dogpile集成了包括Google、Yahoo！等在内的近二十个著名搜索引擎，可以进行Web检索、黄页检索（yellow page）和白页检索（white page）。其中，Web检索又提供了Web页面、图片、声音、多媒体、新闻和购物这六项检索类型供用户选择。Dogpile针对不同的检索类型采用不同的搜索引擎。如Web页面检索就采用了Google，Yahoo，AltaVisa，Ask Jeeves，About等14个搜索引擎，而图片则采用FAST和Ditto。用户只需通过一个统一的检索界面输入检索式，由 Dogpile 的转换机制自动实现检索式的转换。

黄页检索用于查询公司信息。用户只要填入公司名称缩写甚至邮编，Dogpile 即可返回公司相关的详细信息，并提供地图显示公司方位。

白页检索则提供了网络寻人的功能。用户通过输入要寻找的对象的姓、名甚至 E-mail 地址来进行查询。

（2）排列机制可选择。

Dogpile 对各搜索引擎的结果按一定的格式重新表示出来，并在新版本中加入了结果排序功能。即用户可以选择按搜索引擎排列显示（View by Search Engine）或按相关度排序显示（View by Relevance）两种方式。前者不进行去重处理，属于引用排列的排列机制；后者则是在合并重复结果的基础上依据 Dogpile 的排序算法对结果进行重新排序。

（3）提供检索结果聚类机制。

这是 Dogpile 的一个鲜明特色。在各引擎返回结果后，Dogpile 自动对各个结果进行抽词，将属于同一类目的结果合并在一起，计算每一类目的结果数量，并在检索结果的左侧以树型图显示出来，以帮助用户缩小检索范围，提高检索精确度。如图所示，用户输入检索词"Insurance"（保险），Dogpile 可以自动将结果聚类，如 life，industry，medical 等。

（4）良好的用户性能。

Dogpile 提供了多项功能给用户选择。用户可以确定检索结果的时间范围（1990—2004）及搜索的站点类型（edu. com. net. gov）。针对目前网络色情泛滥的情况，Dogpile 提供了成人内容检测过滤机制（Adult Filter），可以对用户的检索式进行检测。如果发现含有成人内容，且用户在"搜索偏好"中打开了这一机制，Dogpile 将会只显示搜索引擎提供的过滤结果；即使这一机制处于"关闭"状态，系统也会提出警告，同时给出"未过滤"和"已过滤"的两种结果供用户选择。Dogpile 还支持多语言检索，包括英语、德语、意大利语、西班牙语等 10 种语言，对用户输入的单词，可以对其拼写进行自动校验，并根据更正后的单词进行检索，同时给出校验结果提醒用户。这对于使用非母语进行检索的用户十分有用。

（5）高级检索功能强大。

在 Dogpile 首页点击"Advanced Search"进入高级检索页面，用户可以根据意愿选择检索方式。检索方式选择框包括"所有的检索词"（All of these words）、"任意多个检索词"（Any of these word）、"短语检索"（The exact phrase）和"去词检索"（None of these words）。Dogpile 还提供布尔逻辑检索功能。用户可以使用 and，or 和 andnot 进行逻辑与、逻辑或和逻辑非的查询。

（6）新的特点。

①现在最主要的改变是界面美化和布局结构化，界面流线型设计，凸现它的许多检索功能，还提供新的个性化和高极检索服务，其中最显著的变化是检索结果的显示，主要有两个方面，第一，购入了 vivisimo 的自动聚类技术，用它来进行结果集的分类分组；第二，针对《搜索引擎观察》曾尖锐指出 Infospace 过去提出的做法：不区分赞助商和正常检索结果。Dogpile 结果集中明显标注出所有赞助商而不是将其合在一组中列出。不再只局限于算法的影响。对于这种新方法得到的标引结果，Dogpile 提出新的揭示工具的标准。

其他方面的改变不是很独特但依然有帮助，以前查询结果是根据搜索引擎来源分组，现在还可以根据查询结果的相关性分组，而且可以通过点击按钮来改变显示格式。

②增加了对查询结果的检索词的重点显示，通过突出标题，简单描述部分的方法体现，突出检索的重点。

③检索界面中，将查询输入框变大使其更加显著，增加了可供选择的按钮，这样可以方便用户选择查询网页、图像、音频和视频、多媒体还是新闻以及购物等。

④Dogpile 新的设计将黄页和白页从查询主页面中独立出来，使之成为与页面检索并列的主要检索页面，这样突出了黄页和白页的服务。此外，将使用反映并不是很好的 Favo ‘teretehes 和 webResources 两项服务已经移到页面的底部。新的设计中增加了拼写检查和更新了高级检索和用户偏好的选择，在高级检索中允许应用“all”、“any”、“none”或者“xactphrase”等对关键词加以限制。Dogpile 还支持布尔检索，其他的检索选项有最新网页更新、域名过滤、成人过滤、语种选择，以及选择查询结果显示方式是以相关性还是以搜索引擎分组显示，所有这些选项要求其合作者—独立搜索引擎也支持。此外用户能够自己定制个性化的界面。

6.5.2 Dogpile 的应用

Dogpile 并没有较复杂的应用，主要提供网页、图片、视频、新闻搜索功能。用户在搜索框中输入要查询的内容，就可以返回查询结果。这些结果来自于 Google、Yahoo 和 Bing 的查询结果（见图 6-2）。

图 6-2 Dogpile 搜索界面

当使用 Dogpile 进行查询时，返回的结果每一条都注明了来自于哪一个搜索引擎，用户可以很方便的看到。元搜索引擎的结果来自于各个搜索引擎，相比于独立搜索引擎，结果比较完全（见图 6-3）。

图 6-3　Dogpile 搜索结果

6.5.3　Dogpile 的系统结构

由于元搜索引擎不建立和维护自己的数据库和索引，直接借用独立搜索引擎的索引和网页机器人，Dogpile 在元搜索引擎基础上采用了自己独特的设计，元搜索引擎的工作机制主要分为三个部分，即用户查询请求的识别处理、独立搜索引擎的选择、查询结果的汇总输出。信息处理的具体流程如图 6-4：

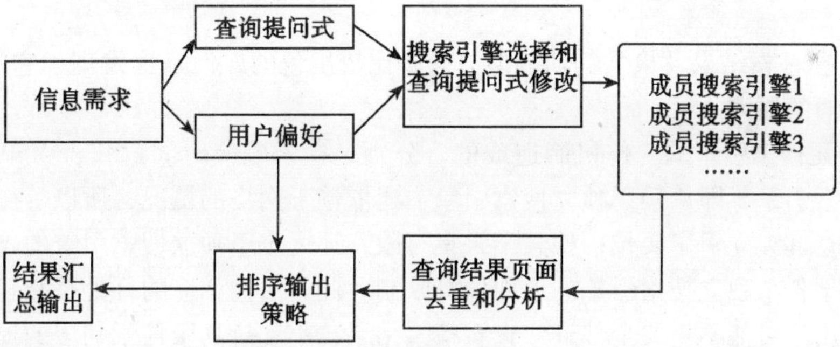

图 6-4　Dogpile 系统结构图

（1）用户查询请求处理部分：包括将用户的查询请求转化为成员搜索引擎识别的格式，然后发放给相应的成员搜索引擎。在这个过程中需要转换管理界面、自然语言分析器、改进用户选项、必要的资源选择、必要的搜索范围选择等模块。

（2）成员搜索引擎的选择部分：如果不进行选择，查询请求传输到无关引擎，并从这些引擎返回无用结果，形成不必要的网络通信；无用或不相关引擎的调用所引起的自身资源浪费；无用的结果混杂在检索结果之中，需花费更大代价从中识别出有用结果。因此需要进行成员搜索引擎的选择。选择原则上有两种：其一，用户根据自己需求和爱好选择；其二，搜索引擎根据检索提问式自动选择，常见自动选择方法主要有三种：粗略描述的方法、基于统计的方法和基于学习的方法。

(3) 查询结果的汇总输出部分：通过各种算法来控制成员搜索引擎的返回结果，并对查询结果过滤去重聚类，按照一定的排序策略排序，对元搜索引擎的结果进行改进，统一格式显示，检索相关扩展。控制查询结果返回的方法，通过限定从每个成员搜索引擎返回的检索结果的数量来实现，或者对于每个成员搜索引擎，确定一个本地相关性闭值，文献相关性超过闭值的才作为结果返回。具体说有以下4种：让用户自己决定、加权计算的方法、基于学习的方法、计算全局相关性的方法。过滤去重主要考虑三种情况，第一种是结果的URL相同（只保留页面最新的）；第二是结果的URL不相同，但内容相同；第三是具有相同起始子串的URL。对于排序来说，主要有两种，即按独立搜索引擎单独排序或者所有查询结果统一按相关性排序。

元搜索引擎的主要技术优势有四个方面：

(1) 完全不需要考虑网页索引数据库的建立和维护，可以集中精力与财力用于读者查询请求的分发与查询结果的处理；

(2) 可以有效地屏蔽各个成员引擎的接口和位置等细节信息，使得用户避免在多个搜索引擎系统之间切换及查询请求的多次输入；

(3) 可以同时链接多个独立搜索引擎，可方便检索多个索引数据库，提高检索效率；

(4) 使得检索工具具有一定的可扩展性，每个用户可以按照自己的习惯和需求订制具有个人风格的Web查询工具。

6.5.4 Dogpile 的不足

Dogpile在检索结果及检索的功能型方面是比较出色的，但是也发现了它的一些不足，主要有两方面的原因。

(1) 由元搜索引擎的工作机制造成的，分别是检索响应时间过长，由于元搜索引擎调用独立搜索引擎，即依赖于独立搜索引擎，还依赖于网络的情况，所以等待查询结果时间会比单独查询独立引擎要长；检索结果集有限，远远小于独立搜索引擎的查询结果，元搜索引擎对于各个独立搜索引擎的返回值有限制，此做法的相应的好处是减轻用户浏览结果的负担，用户可能不需要全部逐一查看检索结果；不支持高级检索句法的提交；查询结果的重复显示，如果元搜索引擎没有对查询结果去重，则会显示各个独立搜索引擎查询结果，这样结果存在重复记录；元搜索引擎的发展受到独立搜索引擎发展的制约；对于检索词中有些词组和布尔检索算符可能不被元搜索引擎正常处理。

(2) 由Dogpile搜索引擎自身原因造成的，检索用户不能够自由选择成员搜索引擎，只能采用系统提供的固定搜索引擎；Dogpile不再支持用户任意选择独立搜索引擎，这一点不是出于商业考虑而是根据Infospace公司Grandy所说的"我们到现在还没能解决参数选择问题，也就是说以后给用户可以这种选择，但现在不可以"；检索结果与独立搜索引擎相比相对较少，比如查询"DLarchive"，查询结果只有69条，而在独立搜索引擎查询结果Coogle为525万，Yahoo！查询结果为969，而百度查询结果为14100，都远远大于Dogpile提供的结果；支持的查询语言有限，目前Dogpile仅提供丹麦语、荷兰语、英语、法语、德语、意大利语、挪威语、葡萄牙语、西班牙和瑞典语，不支持东方语系等；支持的公共信息查询即黄页和白页局限于美国，没有扩展到其他大洲或其他国家的信息。

6.6 中文元搜索引擎

与国外相比，中文元搜索引擎仍处于发展的初期，除了万纬元搜索引擎比较成熟外，其他国内的中文元搜索引擎还不能让大家所广泛使用，中文搜索引擎市场仍然为独立搜索引擎所控制。目前中文桌面型元搜索软件主要有飕风搜索通、小猎狗、SEARCHX 等，国内比较好的元搜索引擎有万纬搜索（http：//www. widewaysearch. com）和 MetaFisher 中文元搜索引擎（http：//www. hsfz. net/fish/）。下面就简单介绍一下两种比较典型的中文元搜索引擎。

6.6.1 万纬搜索引擎

上海信息技术有限公司开发的万纬搜索引擎是一个并行元搜索引擎，可同时调用 8 个国内外的著名独立搜索引擎，包括 2 个英文搜索引擎和 6 个中文搜索引擎。万纬搜索引擎具有一般搜索和高级搜索两种搜索模式。在一般搜索模式下，用户可以根据需要自由选择、设定查询结果的数量；另外还提供“精确查找”功能。在高级搜索模式下，用户可以自由选择中、英文搜索引擎中的任何一个或数个引擎，并支持常用的布尔检索，而且可以根据相关度、时间、域名分类、引擎等项设置搜索返回结果的排列方式。

万纬在查询结果方面也有自己的特色功能，它通过对最大检索结果限制，对查询结果提供了结果统计、网页标题、相关度和信息返回时间等相关信息，并集中以统一的格式返回给用户，在一定程度上减轻了用户使用元搜索引擎时筛选查询结果的负担。

6.6.2 MetaFisher 中文元搜索引擎

由华南师范大学附属中学叶古（Yeap Ku）设计并开发的 MetaFisher 中文元搜索引擎可调用 Google、Yahoo、AlltheWeb、百度、OpenFind 等搜索引擎。

在检索方式方面，其特色是：可以通过“高级搜索”限制 MetaFisher 的搜索范围，可在指定的站点内信息搜索，如可输入域名 zh、org 等。除此之外，“高级搜索”功能不支持其他高级的检索功能（如布尔检索、截词检索、概念检索、自然语言检索等）。

从检索结果来看，结果显示方式包括网页标题、内容摘要、URL 来源及关键词、相似网页的链接等，结果排序方式采用相关度结合“星星”评价指标。所谓“星星”评价指标，就是以各个独立搜索引擎对搜索结果记录重视程度作为评价指标，如果一个搜索结果在某一个搜索引擎的前面几条记录中出现一次，则记一个星星，星星越多搜索结果记录就越重要。

6.7 小 结

本章描述了元搜索引擎，与传统的独立搜索引擎进行了比较，并详细介绍了Dogpile元搜索引擎，简单介绍了中文元搜索引擎的现状。从理论上分析，元搜索引擎集众家独立搜索引擎之长，应该有着明显的优势。但事实的情况是在国外Dogpile、Ixquick、Profusion等元搜索引擎的名气远远不如Google；在国内，百度的影响也要比万纬等元搜索引擎大许多。以下对元搜索引擎未来的发展方向和发展模式提供一些建议。

（1）扩大返回结果的数量。

从上面的调查可以看出，元搜索引擎的检索结果相对于独立搜索引擎是非常少的，有的仅仅维持在50条记录左右，虽然用户可能会很容易将所有结果查看，但是却不能相信它覆盖了比各个独立搜索引擎更广的信息范围。在此，元搜索引擎的作用在于，它可以将各个独立搜索引擎的检索结果清晰的反映给检索者，这样对于检索特殊类型信息却不知道哪个搜索引擎更有针对性的检索者，可以通过分析元搜索引擎反映出的各个独立搜索引擎检索此类信息的能力来判断。所以我们认为，一些元搜索引擎应该扩大其检索结果的数量，使得用户可以更好的分析，从而寻找到更适合自己的搜索工具。

（2）增强对检索结果的后处理以及个性化服务。

由于元搜索引擎的精力主要放在了对检索结果的后处理上，所以目前元搜索引擎比独立搜索引擎的后处理有优势。首先，将从各个独立搜索引擎返回的结果按照它们在各个独立搜索引擎的出现的次数，出现的位置以及检索到此结果的独立搜索引擎的重要性等综合因素相对合理的排序。其次，检测死链接、重复网页、不相关网页，并将这些冗余网页剔除，给用户提供更高质量的检索结果。再次，将所有检索结果自动聚类，方便用户浏览。这个功能对于用户来说非常重要，而且很有创新，在一定程度上结合了关键词检索型和目录浏览型两种搜索引擎的优势。

个性化服务也是元搜索引擎生存、发展的一个重要方法，以Profusion为例，它有自己独特的InvisibleWeb搜索工具，能够检索到其他搜索引擎检索不到的数据库、百科全书等资源类型的信息。用户使用搜索引擎，并不一定在乎它是怎样的搜索引擎，而是想得到自己希望得到的准确的信息，并且得到个性化的服务享受。Profusion能够成为元搜索引擎中的杰出代表，与它的这些功能不无关系。

（3）积极向不同领域多元化发展。

大部分元搜索引擎都不像Google或者百度一样纯粹是提供检索功能的检索工具。例如Dogpile就还有White page、Yellow page等各种服务，Profusion提供的Alert其实也已经超出传统的搜索功能。另一个元搜索引擎Ask Jeeves转变得更彻底，它原本是一个发展不错的元搜索引擎，后来收购了一家独立搜索引擎Teoma，目前作为一个支持自然语言的独立搜索引擎保持着很好的发展。由于元搜索引擎完全建立在独立搜索引擎之上，不单是技术上，经营方式上也很受独立搜索引擎的限制。如果这些独立搜索引擎集体向元搜索引擎说“不”，不再允许元搜索引擎使用它们的检索结果，那么元搜索引擎就彻底成为实验室里的产品，没有继续发展下去的动力了。所以我们建议元搜索引擎网站不妨重新给自己定位，向信息咨询台的方向发展，为用户提供各种各样的信息搜索服务，而通过搜索引擎搜索获取信息只是其中获取信息的一种通道。这样它的目标客户群就与独立搜索引擎不完全重合，避免冲突，可能更有利于元搜索引擎的发展。

7 社会化搜索引擎——ChaCha

- ChaCha
  - Home
  - Galleries
  - Quizzes
  - Business
    - Advertising & Marketing　Careers & Employment
    - CorporateInfo　Finance & Economy　RealEstate
    - SmallBusiness　Stocks & StockMarket
  - Culture
    - Christianity　Cultures & Groups　Demographics　Education
    - Family　HistoricFigures　History　Islam
    - Judaism　Mormonism　Mytholog&Folklore
    - Relationships　Religion
  - Entertainment
    - Art & Design　Celebrities　Events
    - Games　Humor　Literature
    - MovieShowings　Movies　Music
    - SongLyrics　TV & Radio　Theater
  - Health
    - Addiction & DrugAbuse　Conditions & Illness
    - Diet & Nutrition　Fitness　Medicine & Treatment
    - Psychology　Women'sHealth
  - Lifestyle
    - Bars & Nightlife　DiningOut　Food & Drink　GLBT
    - GreenLiving　Home & Graden　Pets　Recreation
    - Shopping　Style & Beauty
  - Lookup
    - Definitions　Mail & Shiping　Non-FamousPeople
    - Puzzles　Translations　Weather & Time
    - WhitePages　YellowPages
  - Politics
    - Campaigns & Elections　Law　Military　PoliticalFigures
    - State & LocalGovernment　U. S. Government
    - Wars & RegionalConflicts　WorldGovernments
  - SciTech
    - Animals & Plants　Astronomy　Automotive　Biology
    - Chemistry　Computers　ComsumerElectronics　EarthSciences
    - Internet　Math　Physics　Science
  - Sports
    - Baseball　Basketball　Golf　Hockey　Motorsports
    - Olympics　Scores　Soccer　Tennis
  - Travel
    - AirTravel　Attractions & Destinations　Geography
    - MassTransit　Vacations

图 7-1　ChaCha 网站功能图

7.1 ChaCha 简介

ChaCha 是美国的移动搜索公司，创始人兼 CEO 斯科特·琼斯（Scott Jones），该公司成立于 2005 年 12 月，总部位于美国印第安纳州卡梅尔市，目前员工 70 人左右，于 2008 年 1 月开通，主要面向手机用户提供相应搜索服务，目前所有美国手机用户可免费使用。ChaCha 是一个提供手机问答服务的网站，用户通过手机，就可以发送问题短信到 242242（chacha）或者拨打电话 1-800-2ChaCha（800-224-2242）亦可。然后，几分钟内，你就会收到一个非常精确的问题答案，当然是短信回复。这种方式的服务，支持从普通手机到智能手机几乎所有的手机机型。

ChaCha 是一家实时的免费使用的手机问答网站服务公司。因其从事手机问答服务，故广告商和市场营销人员可以通过 ChaCha 来吸引用户消费者，虽然是通过问题的方式。目前通过 ChaCha 平台，已经有 10 亿多个问题得到了解决，自从该公司成立以来，通过该公司的平台，Chacha 提供给用户非常便捷和周到的问题答案服务，不但支持手机短信，还支持各种手机平台，如 iOs、Android 等，当然还有语音以及电话方式等。当然，该公司支持几乎所有的社交网站第三方登录的方式来进行互动和交流等。

ChaCha 已经跟美国一些著名的品牌机构和公司建立了合作关系，像 Paramount，NBC Universal Digital，AT&T，Palm，强生，宝洁，可口可乐，麦当劳，以及总统选举辩论活动等。

7.2 ChaCha 发展历程

公司通过移动服务和网站拥有超过 1500 万名独立访问者，目前超越谷歌成为短消息搜索市场的领头羊。

2008 年 1 月 ChaCha 在 2008 年推出手机短信服务。

2009 年初　自从网站创办以来，他们已经几次削减了针对“专家”的报酬，还被迫实施裁员，尽管如此 ChaCha 还是获得 400 万美元风险投资。

2009 年 12 月　ChaCha 获得 700 万美元风险投资。目前 ChaCha 的手机版和电脑版网站每月在美国吸引 900 多万独立访问者。

2010 年 10 月 14 日　经过一轮融资筹集了 2000 万美元，ChaCha 总融资规模因此达到了 7200 万美元。

2011 年 1 月　从高通旗下的风投公司高通风险伙伴（Qualcomm Venture Partners）获得了一笔 300 万美元的投资，ChaCha 网站总融资金额就达 7500 万美元。每月使用 ChaCha 服务的独立用户数量将近 3200 万人次，平均每天回答的问题也达到 300 多万个。

7.3 ChaCha 指导方针

在网络日新月异的今天，怎样做出新颖的搜索引擎，怎样才能在传统的搜索引擎上取得突破，ChaCha 给出了自己的答案。与传统的搜索引擎最大的不同是，ChaCha 加入了实时的人工互动帮助服务。

ChaCha 的指导思想是：提供简单的方式访问信息，而且，没有任何成本。

7.4 ChaCha 搜索特点

7.4.1 基于人力的搜索引擎

目前，国内外已有的搜索引擎对于搜索结果的呈现方法是将搜索结果按照一定的规则排列并以表格的形式展现给用户，而其规则有很多种，例如相关度、Pagerank 等。采用这种方式呈现搜索结果存在的缺陷是用户选择困难，用户在使用搜索引擎时，一般是输入所需信息的关键字然后进行检索。然而，搜索结果很多情况下是成千上万的，不同的搜索引擎会根据不同的方式显示给用户，很显然，用户无法一一查阅的，真正符合用户需求的信息可能因被排列在靠后的位置而被忽略。返回结果很少的被用户利用，这样就导致了引擎资源的浪费。为了避免普通搜索引擎的最大缺陷，ChaCha 提出了自己的解决方案。

ChaCha 使用人工智能去改善机器搜索结果无疑是下一代搜索引擎发展的方向，ChaCha 搜索（目前仅仅支持英文）用了一个比较原始但保证有效的方法："搜索引擎+人工搜索助理"，ChaCha 收编了大量的搜索向导，去协助大量的用户完成一些他们并不熟悉的搜索经历，依靠资深的具备丰富专业知识的向导人工筛选搜索结果，并将机器搜索与人工筛选后的精确结果提交给用户。

7.4.2 ChaCha 的优势

第一，ChaCha 的搜索结果来自于向导们的经验。而向导们则是根据职业、爱好、特长及经历等要素被分类，并依照相匹配的关键词指定给有需要的用户。例如，一位对游戏一无所知的父亲想为自己的儿子买一款游戏时，他在 ChaCha 首页中输入"游戏"这个关键词，系统根据关键词分类为其寻找到一位精通游戏的向导，他会告诉这位父亲当下最流行的游戏是什么及在哪里购买，还附上了相关网址。这就是使用 ChaCha 的典型体验。

第二，ChaCha 能帮助用户迅速地找到信息。一般来说，ChaCha 的向导们将用户提出的问题分类，然后在 20 秒内将他们需要的页面答复给他们。因为 ChaCha 为所有被提问的问题以及向导们用搜索引擎搜到的答案和资源，包括用户访问的页面都加了标签，所以用户使用 ChaCha 的次数越多，搜索速度将会越快，结果也会越准确。而在推出 ChaCha 时，斯科特·琼斯（Scott Jones）就为其向导们设立了一个线上社区 ChaCha Underground，以互相评估彼此的工作，共同分享经验和知识。在他看来，这个社区是 MySpace. com 和 Wikipedia. org 的交叉体。而与此相应的，ChaCha 这个搜索引擎实际上就是人机智能的结合体。与此相似的还有 Yahoo！Answers、Answer Bag 以及 Google 的付费问答服务 Google Answers，国内的百度知道和新浪爱问也属于此类。但不同的是，ChaCha 的向导所提供的服务是实时的交流，更加方便快捷。

第三，ChaCha 是免费的。当然，优质的服务必定是需要付出代价的，但这个代价不需要用户付出，而是由 ChaCha 来买单。根据用户对向导提供的帮助的满意度，他们被分为 4 个等级，并依照等级获得每小时 5 美元至 10 美元的报酬，而顶尖向导的收入甚至可以达到每小时 20 美元。如果达到一定等级，向导还可以邀请其他人加入圈子，而他自己则可以获得他们收入的 10% 作为奖金。这无疑会产生巨大的吸引力。凭借“坐在家里赚钱”的口号，ChaCha 聚集了大批家庭主妇及在校大学生加入。但用户还是需要付出代价的，那就是在等待结果的间隙收看一下与搜索关键词相对应的视频广告，ChaCha 正是凭借广告才能得到生存和发展。为了兑现对向导们薪水的承诺，ChaCha 发布了名为“Pay me now”的即时支付系统。通过这个系统，薪水将会即时打进向导们的银行账户，存在专门的 ChaCha 借记卡中，而这张卡和其他的借记卡及信用卡之间可以实现相互转账，也可以正常消费。

7.5 ChaCha 功能应用

7.5.1 ChaCha 问答

（1）ChaCha 问答简介。

ChaCha 可以提供手机问答服务，用户通过手机，就可以发送问题短信到 242242（chacha）或者拨打电话 1-800-2ChaCha（800-224-2242）亦可。然后，几分钟内，你就会收到一个非常精确的问题答案。这种方式的服务，支持从普通手机到智能手机几乎所有的手机机型。也可以登录网站 www. chacha. com 进行提问，几分钟内就可以得到你想要的答案。

（2）如何使用 ChaCha 问答。

在搜索引擎的左侧可以展开向导聊天窗口，它会自动联系一个在线的向导，会友好地和你打招呼并且帮助你完成搜索。也就是你不必再用关键词来查找自己所需要的结果，而完全可以像 Q&A 一样来询问确切的问题。初级向导会以每小时 5 美元获得收入，beta 测试阶段便有 10000 多个向导，也可以通过发送短信的方式进行搜索你想要的信息。另一种方式即登录 www. chacha. com 进行查询你所需要的信息。

（3）ChaCha 问答特色。

ChaCha 使用人工智能去改善机器搜索结果，用一个比较原始但保证有效的方法："搜索引擎+人工搜索助理"，ChaCha 通过众包模式积淀了大量的问答问题库，并以广告收入的部分作为工作报酬，完成后台问答库的建设。然后 ChaCha 依靠资深的具备丰富专业知识的向导人工筛选搜索结果，并将机器搜索与人工筛选后的精确结果提交给用户，为用户提供手机和网络实时问答服务等。

另外，ChaCha 其独特优势是，实时的问答交流服务，可以最大限度地发挥人脑智能的力量。ChaCha 创始人兼 CEO，斯科特·琼斯（Scott Jones）坚信一点，人脑永远比机器好使，能给用户更有效的帮助。

7.5.2 ChaCha 问答分类资讯

（1）Galleries。

即画廊，分为两个版块，Featured ChaCha Galleries 和 Latest ChaCha Galleries，即 ChaCha 特色画廊和 ChaCha 最新画廊。特色画廊展示的是比较有特点的，新颖的，如动物在雪中玩耍的可爱表情，高级屏幕开关等，涉及家庭生活、时尚、娱乐各个方面。最新画廊展示的是最近一段时间的新鲜事，包括体育、健美、驾驶、娱乐、饮食、电影、服装等。如十大开车时的坏习惯，最新电影的简介，最新的女式晚礼服。这些向人们提供最新最具特色的信息，使用户能及时了解各个领域发生的事情，实时快捷。

（2）Quizzes。

Quizzes（测试），该版块提供大量的测试项目，例如：哪款手套适合你，你喜欢哪种宠物，睡眠质量如何，你的性格属于哪种类型，等等。在这个版块你几乎可以找到你想要的各种测试题，并且有一个最新 ChaCha 测试，你可以了解到最近流行的测试类型，部分测试题能够让你掌握一些你不熟悉的科技、人文常识，以开阔视野。

（3）Business。

其中包括七个小条目，Advertising & Marketing（广告和市场推广），Careers & Employment（职业和就业），Corporate Info（企业信息），Finance & Economy（金融和经济），Real Estate（房地产），Small Business（小型企业），Stocks & Stock Market（股票和股票市场）。

（4）Society & Culture。

其下分为：Christianity（基督教），Culture & Groups（文化和组织），Demographics（人口统计资料），Education（教育），Family（家庭），Historic Figures（历史人物），History（历史），Islam（伊斯兰教），Judaism（犹太教），Mormonism（摩门教，又名耶稣基督后期圣徒会），Mythology & Folklore（神话和民间传说），Name Etymology（名字词源），Relationship & Dating（恋爱关系与行为），Religion & Spirituality（宗教与灵性）。

（5）Entertainment & Arts。

即娱乐版块，该版块提供最新最快的娱乐信息。涉及游戏、偶像、电影、音乐等。如推荐十五款经典教育游戏，让人们在娱乐中学习。例如：hello kitty 有多大？贾斯汀比伯有多高？辅助视图的目的是什么？等等。版块分为：Art&Design 艺术和设计，Celebrities

名人，Events 事件，Games 游戏，Humour 幽默，Literature 文学，Movies Showing 电影展示，Movies 电影，Music 音乐，Song Lyrics 歌曲歌词，TV&Radio 电视和广播 theater 戏剧。

（6）Health。

健康是人们最为关注的话题，这一版块从不同的方面向人们展示各个群体想要知道的关于健康的问题，权威、及时。并且，此版块将健康细致的划分成很多的版块，让用户在盲目的寻找信息的同时可以根据自身的状况以最短最快捷的方式得到需求。例如普通食物是否致癌，化妆能否提高人格。此版块细致的分为：Addiction & Drug Abuse 滥用药物和吸毒，Conditions & Illness 条件和疾病，Diet & Nutrition 营养瘦身，Fitness 健康，Medicine & Treatment 医药及治疗，Psychology 心理，Women's Health 女性健康。

（7）Lifestyle。

此板块与人们的生活息息相关，衣、食、住、行面面俱到，从有效救济宿醉到最可笑的仿制品，还有越冬向导，合适的停车工作等。分为：Bars & Nightlife 酒吧和夜生活，Dining Out 外出就餐，Food & Drink 食物和水，GLBT 同性恋，Green Living 绿色生活，Home & Garden 家居与园艺，Pets 宠物，Recreation 娱乐，Shopping 购物，Style & Beauty 美容时尚。

（8）Language & Lookup。

在这个版块用户可以得到日常生活的一些小知识，例如：狂欢节是什么？圣灰星期三是什么时候？等等。此版块更详尽的分为：Definitions 定义，Mail & Shipping 邮件和船运，Non-Famous People 普通人，Puzzles 谜题，Translations 翻译，Weather & Time 天气和时间，White Pages 用户数据库，Yellow Pages（电话簿中刊载公司、厂商电话的）黄页这八个部分。

（9）Politics & Gov。

这里有着最新最快的新闻速递，让用户有像是在看电视新闻节目的感觉，与电视不同的是这个版块可以解答用户对于专业名词的不解，或者了解到很多年前的政治，完全人性化和智能化让用户体验更加充实。例如：为什么美国选举制度往往会推动两个政党制度，美国三角洲部队和海豹突击队的区别在哪儿，等等。此版块分为：Campaigns & Elections 竞选和选举，Law 法律，Military 军队，Political Figures 政治人物，State & Local Government 国家及当地政府，U. S. Government 美国联邦政府，Wars & Regional 战争和区域，Conflicts 冲突，World Governments 世界政府。

（10）SciTech。

此版块与各类科学紧紧相关，从学校里的知识到生活中的，覆盖面十分广泛。例如：12 种你还没听说过的 iphone 程序，计算机文盲的爆笑习惯等。该部分分为：Animals & Plants 动植物，Astronomy 天文学，Automotive 自动，Biology 生物学，Chemistry 化学，Computers 计算机，Consumer Electronics 家用电子产品，Earth Sciences 地球科学，Internet 互联网，Math 数学，Physics 物理学，Science 科学。

（11）Sports。

生命在于运动，运动是世界上不同民族不同国家的人共同的兴趣爱好之一，为了能更好的了解关于运动的信息和知识就一定要来看看这一个版块。作为守门员的 5 个大胆可怕的尝试，Daydona500 的结果是什么等。运动版块根据不同的运动项目进行了大致的分类如下：Baseball 棒球，Basketball 篮球，Football 美式足球，Golf 高尔夫，Hockey 曲棍球，Motorsports 赛车，Olympics 奥林匹克，Scores 比分，Soccer 足球，Tennis 网球。

（12）Travel。

旅行，作为人类放松和享受生活的一部分在这儿被单独列了出来。这里可以让用户了解到世界各地的风土人情。例如：美国的哪个机场最大，什么原因导致了沙尘暴等。为了使有不同爱好的用户能够满足，此版块也将旅行分类进行阐述，例如对于登山爱好者还可以了解到全球的各大山脉和气候等。这里有 Air Travel 航空旅行，Attractions & Destinations 景点和目的地，Geography 地理，Mass Transit 公共交通，Vacations 假期这五个版块。

7.5.3 ChaCha 移动

ChaCha 为了适应更广泛的用户需求，不仅拥有网络版的 ChaCha，还提供了手机版。ChaCha 的企业移动信息化，即利用手机、平板电脑等移动设备，在无线网络下，企业用户可以实现随时随地访问系统，像是在 PC 上一样处理各种日常问题，实现了信息查询、业务支撑等应用功能。

7.6 ChaCha 运营模式

当你已经不可能创造出一个更好的 Google，你又该如何？“那就做一个不同的 Google!”ChaCha 创始人斯科特·琼斯（Scott Jones）发出了这样的宣言。于是一个新形态的搜索引擎 ChaCha.com 诞生了。与传统的搜索引擎最大的不同是，ChaCha 加入了实时的人工互动帮助服务。在输入关键词后，ChaCha 首页的左边会出现一个即时信息对话框，被称为“向导”的人在对话框中帮助用户搜索到相关网页，或者与用户进行实时交流解答问题。

通用搜索引擎如 Google 一直在努力地改进搜索技术，但它们却没有教会人们更好的使用方法。另一方面，“爬虫”程序、标签及网页分级技术对某些依靠用户输入而产生动态数据的页面一筹莫展，最终它们只能为这个网络上存在的资源中的极小部分加上标签，而大多数用户真正需要的资源都没有被发掘出来。

那么，ChaCha 的向导们能在多大程度上弥补传统搜索引擎的缺陷呢？一位对游戏一无所知的父亲想为自己的儿子买一款游戏时，他在 ChaCha 首页中输入“游戏”这个关键词，系统根据关键词分类为其寻找到一位精通游戏的向导，他会告诉这位父亲当下最流行的游戏是什么及在哪里购买，还附上了相关网址。这就是使用 ChaCha 的典型体验。

7.7 ChaCha 盈利模式

Chacha 主要盈利模式是给答题者支付薪金，这是一种探索和尝试的典型例子，目前来说还是值得肯定的。

第一，ChaCha. com 将付给那些回答出搜索用户所提问题答案的“导师”高达每小时 10 美元的报酬。ChaCha. com 这种支付薪金的做法极大的调动了答题者的积极性。

第二，当用户提出一个问题时，一名导师将在一个聊天窗口中现场作答，提供一个指向包含用户问题答案的网页的链接，以及网页的片断。这就决定了答案的唯一性，可以让用户一目了然；同时这种形式也增加了趣味性，让用户可以直接与导师对话。

第三，邀请其他“导师”访问这一网站的“导师”可获得被邀请“导师”所得报酬的 10%。这就可以不断增加网站导师的整体实力，确保答案的准确性。

第四，与搜索结果紧紧相连的针对性广告，增加了广告的实用性，无疑也增加对广告商的吸引力，这就为 ChaCha. com 广告创收提供了更多的可能。

正如 ChaCha. com 的总裁兼合伙创始人布拉德表示的那样，这种用支付薪金的方式所得到的答案的质量效果要优于其他问答题型网站。当然，在当今病毒木马横行的时代，ChaCha. com 网站还应该不断加强网络安全，确保支付通道的安全；面对社交搜索的激烈竞争，ChaCha. com 网站还应加强自身的服务，增强各个领域的导师实力，确保答案的准确性和权威性。

诚然，社交搜索类网站虽然发展的很红火，聚集了众多的人气，但其前面的路还很漫长，还需要像 ChaCha. com 这样的创业者不断探索和尝试。

7.8 ChaCha 特色

搜索引擎的技术流派可以分为三类：第一类是利用计算机程序自动进行信息处理的自动化派，其典型代表是 Google 以及 Ghunt 等；第二类是以人工进行信息分类处理为主的人力加工派，这方面的典型代表是早期的 Yahoo，正在兴起的 Web 2. 0、网摘等社区化搜索是这一流派的新发展；第三类是强调智能化人机交互、协同的融合派，ChaCha 正是这一大类的代表。

第一，搜索引擎是一种依靠技术取胜的产品。搜索引擎的各个组成部分，包括页面搜集器、索引器、检索器等，都是搜索引擎产品提供商进行比拼的着力点。近几年，搜索引擎的商业化取得了巨大的成功，引发了众多公司涉足于该领域，带动了人力、资本的大量投入。但是，从性能上来说，目前的搜索引擎还不尽如人意，搜索返回的结果往往与用户的检索要求相去甚远，有效性还不是很高。而 ChaCha 正是从这个方面下手，做出与众不同的搜索引擎，站在用户角度，以节约用户搜索时间为目的，提出人工智能搜索引擎。

第二，社会化搜索可能是搜索领域里一个里程碑式的转变。不难看出，在互联网由 Web1. 0 向 Web 2. 0 进化的过程中，搜索引擎也或多或少地受到了启发。如果说对海量网页的分析与储存的计算技术是以 Google 为代表的第一代搜索引擎的核心因素。

那么以 ChaCha 为代表的“次世代搜索引擎”则将人脑的智能置于一个更高的地位，它们信赖人类的反应和分析能力，也满足了特定社群的成员之间分享经验和信息的需求，将搜索功能的主导权真正交给了互联网用户。而在这个趋势中，我们也看到了传统搜索引擎巨头们转身的努力。

第三，与微软和 Yahoo 的对比。微软目前也正在研发一种问答式的社会化搜索工具，通过这种工具用户直接将问题提交给某个相关的社群，获得搜索结果。对微软来说，它有一个巨大的优势，就是其 4 亿多的 MSN 和 Hotmail 的庞大用户群。

7.9 小 结

ChaCha 作为新一代搜索引擎，是一个基于人力的搜索引擎，用户完全使用问答形式来查询所需要的结果，并且在搜索引擎的左侧可以展开聊天窗口。向导将给予一对一的答案，使用户能最快的搜索到所需信息。详细而全面的分类能帮助用户更好的找到所需要的信息。人性化的服务是 ChaCha 与众不同之处，ChaCha 提出的不一样的搜索引擎，相信其未来也是不容小觑。

THE FUTURE OF MEDIA SERIES

8 FTP 搜索引擎——天网

8.1 北大天网指导思想

搜索引擎的核心是网络导航服务，搜索引擎是一个网络门户，他们提供新闻，在线图书馆，词典，以及其他网络资源，他们提供的不仅仅是网站搜索的服务，他们的涉及面越来越广，也越来越有用。比如，Yahoo！注重的是网站分类归总服务，而如 Alta Vista，Excite 等则注重提供庞大的搜索数据库。根据中国互联网络信息中心（CNNIC）有关中国 Internet 发展状况统计报告，搜索引擎是除电子邮件以外网民使用最多的服务。面对浩如烟海的网络信息资源，网络搜索与导航已成为网络用户必不可少的工具。与相对众多的 WWW 搜索引擎相比，功能强大的 FTP 搜索引擎并不常见，由此限制了人们对具有大量信息与资源的 FTP 站点的访问。实现一个高速、海量、功能强大而又基于 WEB 的 FTP 搜索引擎将为网络用户提供极大方便。

为此，北京大学计算机系网络与分布式系统领域最新开发出了天网 FTP 搜索引擎，并已作为“天网”中、英文搜索引擎的一个子系统在网上提供服务。

8.2 北大天网简介

天网搜索前身是北大天网。2003 年 7 月，北京天网时代科技有限公司完全收购了北大天网，开展搜索相关业务。

目前，天网搜索已经建成一个以索引搜索为基础应用，以个性化搜索和专业搜索为辅助应用的综合搜索平台。同时以北大天网为技术基础开发了一系列应用如中国信息博物馆（Web InfoMall），北大天网信息检索论坛等。

8.3 北大天网搜索特点

“天网搜索”引擎的市场形象是：新一代搜索引擎。它除了具备目前现有的中文搜索引擎所有的功能之外，还具有与众不同的如下特点：

（1）全文检索：增加了word、pdf、txt等主要文档类型的全文检索。

（2）FTP搜索：增加了FTP文件搜索，便于用户对文件的共享。

（3）个性化搜索：结合用户自身的查询特点，返回查询结果。以“天网知名度”切入个性化搜索市场，开辟搜索引擎新的商业模式。

（4）历史网页的多版本回溯：能够使用户找到曾经出现过但已经不存在了的互联网信息。

（5）搜索更加及时：天网搜索能够在3天之内将新信息进行搜集，明显高于其他搜索按周来更新的频率。

（6）搜索更加全面：搜索的网页规模会超过2亿，基本涵盖网上所有中文网页。

（7）搜索更加准确：包含了北大天网最新研究成果，anchortext+pagerank+相关性分析的网页排序算法，确保搜索结果更加准确性。

8.4 北大天网功能应用

8.4.1 北大天网网页搜索

（1）简单查询。

在“天网”主页（如图8-1），用户在文本框中输入想要查询的关键词，然后按下“搜索www网页”按钮。

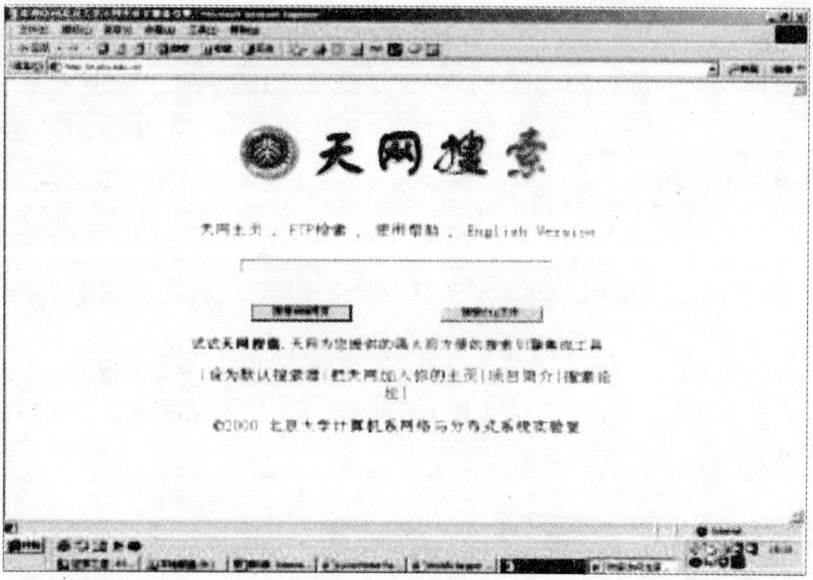

图8-1 天网搜索主页

（2）复杂查询。

用户可以对多个查询词进行逻辑操作实现复杂查询，WWW 查询支持下面三种逻辑操作：

（1）“&”，用“A&B”进行查询的结果是既包含查询词 A 又包含查询词 B 的文章。

（2）“-”，用“A-B”进行查询的结果是包含查询词 A 而不包含查询词 B 的文章。

（3）“|”，用“A|B”进行查询的结果是至少包含 A 和 B 中一个查询词的文章。对于空格分开的查询词与用 & 分开的查询结果一样。

8.4.2 北大天网 Maze 资源搜索

天网 Maze 是北大网络实验室开发的一款资源和功能非常强大的 PIC（Personal Information Center 个人信息中心）文件系统。天网互联公司推出这个 PIC 概念，目的是为了和其他 P2P 软件区别开。相比其他 P2P 软件，天网 Maze 更加注重的是以人为本，诚信交流的原则。

8.4.3 北大天网 FTP 资源搜索

（1）从首页访问天网 FTP 搜索引擎。

在天网首页输入框输入要查询的文件名，可以包含“*”号（通配所有字符）、“?”号（通配一个字符）、空格（表示几个查询的“与”）。用鼠标点击“搜索 FTP 文件”，即得到查询结果。

（2）常用功能的 FTP 搜索。

在天网主页点击“FTP 检索”进入 FTP 检索页面。

（3）FTP 复杂搜索。

从 FTP 检索页面里点击“更多选项”进入 FTP 复杂搜索页面（见图 8-2）。在复杂搜索页面里，如果没有填写或者没有选择，表示使用缺省值。

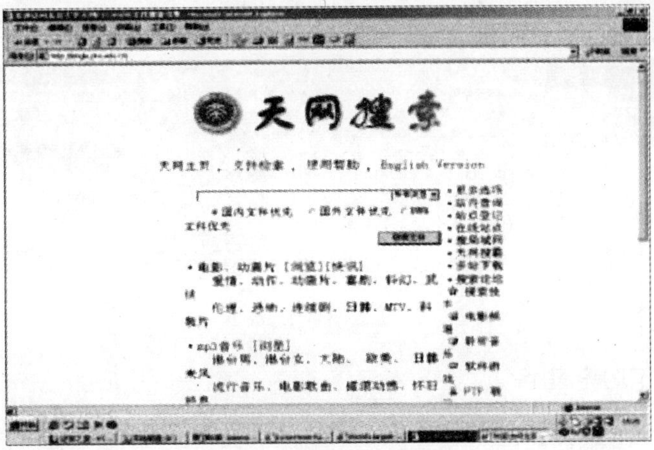

图 8-2　天网 FTP 搜索页面

8.5 北大天网相关技术应用

8.5.1 北大天网信息博物馆

1. 信息博物馆指导思想

2002 年 1 月 18 日，在国家“973”和“985”项目的支持下，北大网络实验室启动了“中国 Web 信息博物馆”的建设。通过全面持续地搜集中国互联网上的网页，并将获得的海量网页组织储存起来，目前，“中国 Web 信息博物馆”存储了 2002 年以来中国互联网上曾经出现过的 25 亿个网页，涉及上百万个网站。用户可以在“中国 Web 信息博物馆”上查到每个网站近 5 年来曾经出现过的不同版本和网页。“中国 Web 信息博物馆”还设计了“历史事件专题回放”栏目，全面展示了有关“党的十六大”、“阿富汗战争”、“抗击非典”和“中国首次载人航天飞行”等重要历史事件的网络信息。“中国 Web 信息博物馆”目前依然以每天新增上百万新网页的速度不断扩大，并引起公众的注意，目前点击率已超过 46 万（见图 8-3）。

图 8-3 中国信息博物馆主页

2. 信息博物馆功能应用

（1）历史事件专题回放。

历史事件专题回放是 Web InfoMall 在历史网页浏览基础上推出的专题性服务。Web

InfoMall 在天网搜索的基础上，针对重大的历史性事件进行了针对性的搜集，保存了历史事件前后一段时期内国内主要 Web 媒体的相关报道和评论。通过历史事件专题回放，可以让您回顾过去的那一段历史，为您提供一个指点历史的新舞台。

（2）历史事件搜索。

进入 Web InfoMall 主页，在历史事件专题回放一栏点击历史事件搜索链接进入历史事件搜索。在这个功能中提供了单一与多个关键字搜索功能，同时在提供事件领域选择帮助用户更加准确地寻找到所关心的历史事件。用户可以选择所要关心的时间的开始时间与结束时间。在确定搜索的时间信息后点击搜索即可以获得该事件的历史网页（见图 8-4）。

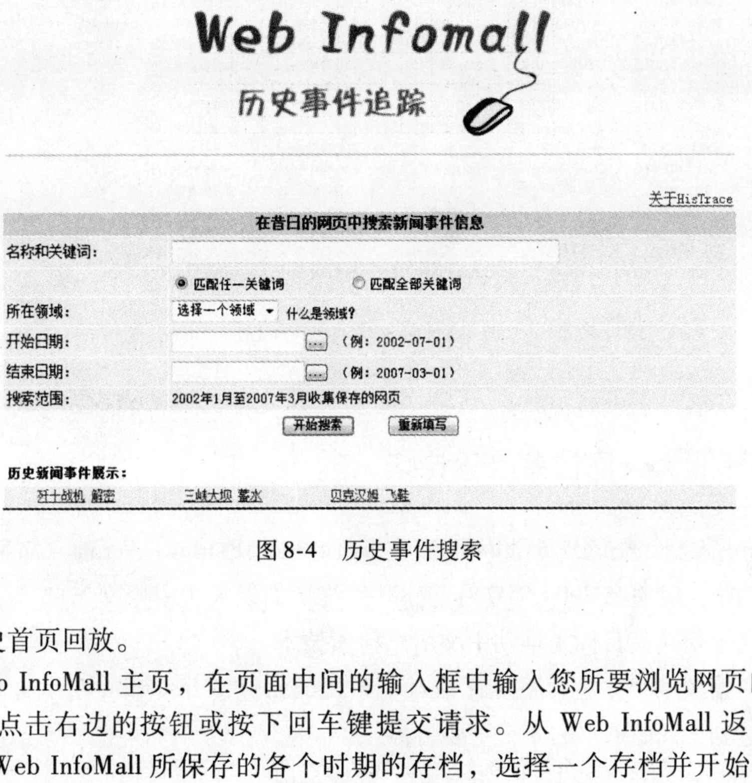

图 8-4　历史事件搜索

（3）历史首页回放。

进入 Web InfoMall 主页，在页面中间的输入框中输入您所要浏览网页的 URL（如图8-5），然后点击右边的按钮或按下回车键提交请求。从 Web InfoMall 返回的页面可以看到当前 Web InfoMall 所保存的各个时期的存档，选择一个存档并开始浏览过去的网页。

（4）典型历史网页展示。

在信息博物馆主页页面的历史事件专题回放一栏，以年份例如 1996 年、1997 年等列出了一些在过往时期具有代表性的历史事件和历史主页，点击事件链接可以立即获得这些历史事件的历史网页。

（5）信息产品与服务。

在首页中提供了信息产品与服务一栏，主要包含理念与规则、许可协议、数据申请方法。

图 8-5 新浪主页历史回放

8.5.2 北大天网信息检索论坛

中文 Web 信息检索论坛（Chinese Web Information Retrieval Forum，简称 CWIRF）是由北京大学网络实验室从 2004 年 6 月起建立并维护的以大规模中文 Web 信息为测试集的信息检索研究论坛，其目标是推动中文信息检索技术。

在信息检索领域中，检索系统评估对于系统的研究、开发和应用一直有其显著的影响。目的是达到 TREC 追求的 4 个主要目标。

（1）以大规模测试集为基础，推动信息检索的研究。

（2）经由开放式的论坛，使与会者能交流研究的成果与心得，以增进学术界、产业界与政府的交流互通。

（3）经由对真实检索环境的模拟与重要改进，加速将实验室研究技术转化为商业产品。

（4）发展适当且具应用性的评估技术，供各界遵循采用，包括开发更适用于现有系统的新的评估技术。

8.6 小 结

天网搜索引擎从开始创作到现在的一个千万级大型系统，经历了很长的时间。在这段时间里，天网 FTP 搜索引擎不断发展进步，努力朝最好、最快、最大的 FTP 搜索引擎目标进发。展望未来，天网 FTP 搜索引擎可以在站点列表获得策略上进行改进以便减少死链的存在并增强搜索结果的有效性。同时，增加结果输出的排序（按最后修改时间或者大小）的功能也十分必要。

另外，作为天网搜索主打产品——天网 Maze，以“服务校园，服务教育”的核心理念，将学习、娱乐、资讯、沟通融为一体，致力于引领校园网络新文化，构建健康、文明、和谐、向上的校园绿色网络环境。相比其他 P2P 软件，天网 Maze 更加注重的是以人为本，诚信交流的原则。在机制方面，通过积分原则和排队策略，用以鼓励天网 Maze 用户尽可能地与他人共享其资源，建立处罚规则，用以对流传在天网 Maze 上的各类非法资源进行处理，拥护国家对中国互联网上的有关法律规章，维护互联网上的合法、正常的秩序，即在推崇个性化的同时，规范其个性化在天网 Maze 上的发展。在技术方面，努力在天网 Maze 上实现文件的“所见即所得”，让更多精彩的、热门的文件以最快的速度呈献在广大天网 Maze 用户面前。在资源方面，在天网 Maze 里面，有数以亿计的影视，音乐，小说等娱乐资源。不仅如此，因为在天网 Maze 的共享资源里面具有极其多的学术文件，论文可供查询和下载，这也是天网 Maze 在教育网内风行的原因，天网 Maze 还是个交友和社区化的平台，能把用户周围和与用户有共同爱好的天网 Maze 用户聚集到一起来。功能方面，天网 Maze 集文件的共享、查询、下载为一身，既是网上资源搜索的强力引擎，也是资源下载的利器，用户不仅可以通过天网 Maze 的共享功能直接下载，还可以像其他 BT 软件一样通过“种子”的发布达到资源共享及下载的目的。注册用户已近 800 万户，每天在线用户超过 60 万人次。

THE FUTURE OF MEDIA SERIES

9 语义搜索引擎——Hakia

9.1 语义搜索引擎概念

语义搜索引擎——试图通过上下文来解读搜索结果，它可以自动识别文本的概念结构。例如，如果用户搜索“选举”，语义搜索引擎可能会获取包含“投票”，“竞选”和“选票”的文本信息，但是“选举”这个词可能根本没有出现在这些信息来源中。

在语义搜索的过程中，有一个重要组成部分，那就是针对查询的信息和网络上的内容，进行消歧（消除模棱两可的情况）。这意味着，搜索引擎通过自然语言处理——当用户搜索“美洲虎”（捷豹轿车），寻找会知道到底是要找一辆车还是大型猫科动物（目前普遍的搜索引擎所做到的基本上是对于关键词的关注度，哪个关键词搜索的人多，基本上哪种结果会出现在前列）。

9.2 最大的语义搜索引擎——Hakia

Hakia 是由施乐公司（Xerox corp）推出的搜索引擎，这款搜索引擎是被定义为智能化的语义搜索引擎（smart search engine）。Hakia 是互联网上一款新的“基于词意”（meaning-based）的（语义）搜索引擎，它的唯一目的在于提高搜索相关性和交互性，以帮助搜索用户提高搜索效率，获取更丰富的信息，节约搜索时间，Hakia 目前只提供网页搜索服务。

Hakia 的特点在于不仅仅从搜索条件来匹配搜索结果，对传统索引方法的一种颠覆，因为传统的索引技术已经严重限制处理全面语义的搜索，Hakia 的这种搜索能力会吸引所有网页搜索者，尤其是那些从事研究知识密集型领域的搜索用户，例如医学、法律、金融、科学和文学。

9.3 Hakia的语义搜索处理解决方案

Hakia是一个历史相对比较悠久的语义搜索引擎，hakia的解决方案主要依靠它的三项核心技术OntoSem、QDEX和SemanticRank。

9.3.1 OntoSem

OntoSem（Ontological Semantics）是一种对自然语言处理的高级方式，使得文本对象在计算机处理过程可以表达语义关系，它是hakia的支柱，支持QDEX、SemanticRank算法等。OntoSem是以词为单位进行语义分析的，首先摒弃非重要词，然后对重要词逐个进行词性、词间关系、概念的等级关系、句法等分析。

9.3.2 QDEX

QDEX（Query Detection and Extraction）是Hakia的专利技术之一，它根据知识点分析网页，储存网页内容。在用户执行查询之前，QDEX首先分析整个网页内容，随后将语句分解为有含义的知识序列，QDEX算法开始探测和抽取所有可能的查询表达，在检索数据处理模式中成为了原文本、段落、语句的网关。由于语义描述会使数据量增大，这种方法的优势就在于将文本对象进行分解从而在语义搜索引擎中的语义富数据也可以达到高速检索，同时深层语义分析也需要对原文进行分解。将文本对象进行分解后，再重新组合的时候如何不迷失方向是QDEX面对的一个难题。例如，有8个重要词的一个语句，根据这8个词可能重新组合成上百万个语句，但实际上只有少数组合有意义。Hakia采用了OntoSem，通过语义分析的技术解决了这一问题。

9.3.3 SemanticRank

SemanticRank算法囊括了本体语义、模糊逻辑、计算机语言学和数学等内容的算法，实现了对检索结果进行高质量的排序。首先，QDEX系统根据已有的查询表达得到一堆文章内容的碎片，SemanticRank算法基于高级的语义分析，将查询与段落中的最佳语句进行概念匹配，进而对结果进行排序。在这个过程中没有使用布尔代数和关键词匹配的方法，可信度和网页发布时间也会被考虑在内。

这三项技术分别实现了Hakia的自然语言处理、本体概念描述、资源标注、语义索引、语义排序和匹配等操作。

9.4 Hakia 搜索服务

Hakia 提供搜索服务，就目前来说，基本上所有搜索引擎都是相同的模式，还没有发现更好设计方式前，搜索框加按钮属于最好的表现方式。至于搜索引擎内部怎么样，用户就不能正常理解；反正不管怎么说，能在最短时间找到需要的信息，那就是好搜索引擎；至于页面或者布局什么的都是装饰性元素。Hakia 搜索方式比较特殊，大概方式是问和答方式让用户获得需要的信息（见图 9-1）。

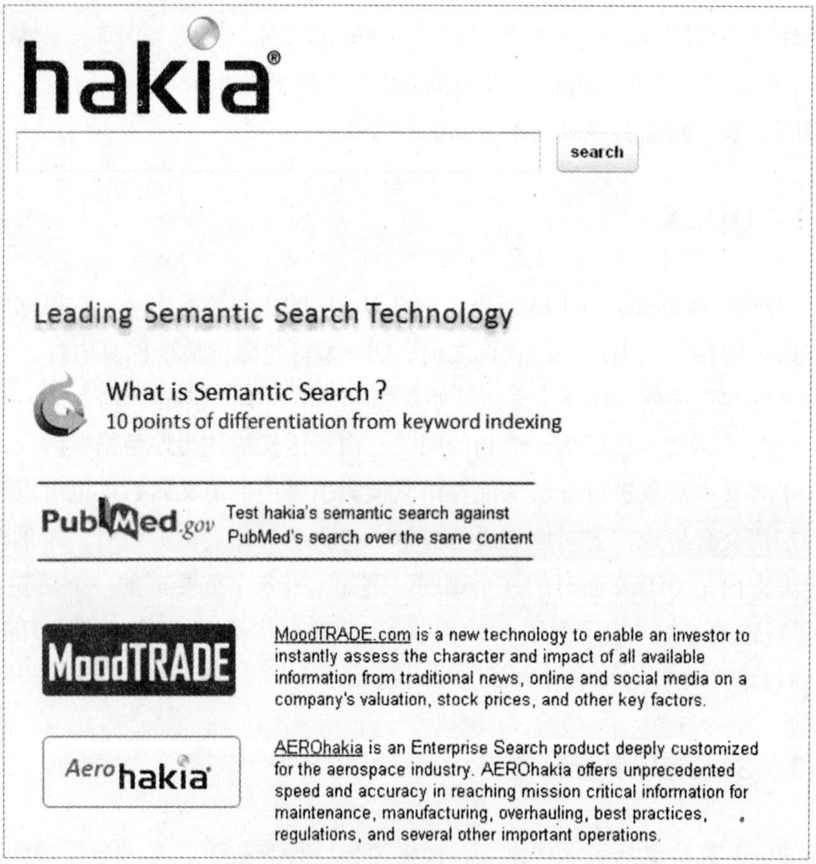

图 9-1 Hakia 搜索服务主页

Hakia 的搜索结果是通过 Tabs（标签）来组织的：网页结果，可靠站点，图像和新闻。可靠站点涉及的结果是那些经过 Hakia 邀请的图书馆员和其他信息专家认证的。（美国的图书馆员都是非常有学问和学历的信息专家，每个学科分支都有专门的图书馆员，他们擅长信息分类检索，每年在华盛顿都有图书馆协会的会议，全国各地的图书员会聚集在一起探讨新的信息分类，科技检索。很多现今的技术和搜索模式都是他们最先开始倡导和开发的。)

相对于一些简单的搜索问题（比较典型的是那些流行的问题和缺少歧义的搜索问题)，HaKia 会给出一个类似于简历一样的东西。这是一个各种基于主题的相关信息汇总。每个“简历”都由一些信息的链接汇成索引，并且给出了快速引用，在页面上即时呈现。

这些“简历”的内容会根据搜索问题的特性变化（例如：个人档案，文献目录，大事件，可以是关于个人的，政府，经济，文化，也可以是关于国家的信息）。这个“简历”应该是 Hakia 的一大特色，特别是搜索一些话题的时候。

Hakia 通常会推荐一些相关的搜索，这对研究者来说都是挺棒的支持（见图 9-2）。

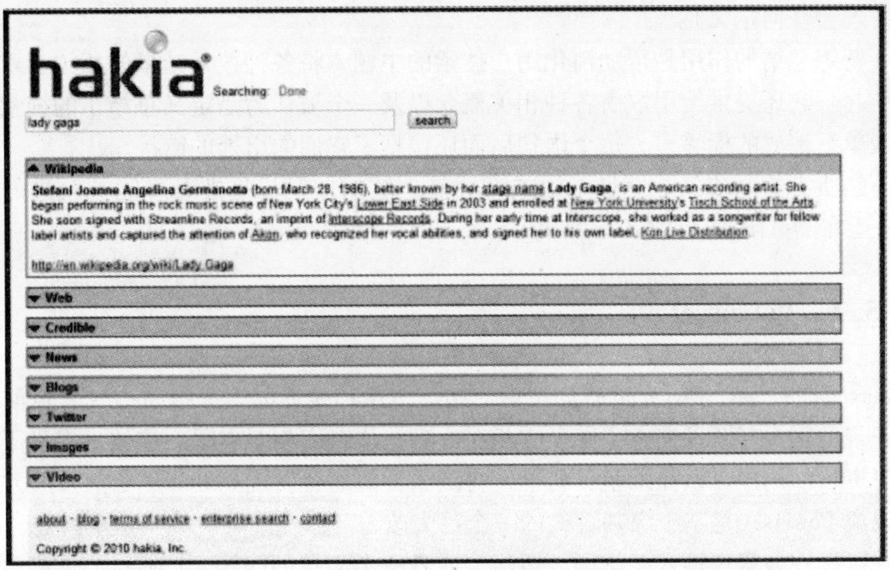

图 9-2　Hakia 搜索推荐

举个例子，如果搜索奥巴马，HaKia 会推荐是否对他妻子，希拉里，民主党，共和党萨拉培林，约翰·麦卡恩等人也感兴趣。

但是就搜索结果来看，Hakia 关键词库并不丰富，大概只是将特殊的词汇进行汇总来达到基本的搜索要求，其中的方式和 Google 或者百度推出的特殊搜索方式（快捷搜索）的形式，只是在形式上更加明显而已。能搜索到中文信息，但是对中文问题和答案并没有达到基本的要求，比如“weather in beijing”可以正常使用，“北京天气”以及类似的方式都无法查看北京的天气。用户目前似乎还没有习惯这样的问答搜索方式，想要达到理想的自然语言搜索还需要等待很久。

9.5 其他语义搜索引擎介绍

下面介绍的这些搜索引擎都多少采用了语义分析来筛选和诠释数据。但是，这几个搜索引擎采用了不同的方式并且展示了各自不同的产品。

9.5.1 SenseBot

SenseBot 是一款将搜索结果提炼总结为一个精练的文摘形式的语义搜索引擎。它试图去理解这些搜索结果的界面的意义。从这个出发点来看，它使用的是文本挖掘，试图分析网页并鉴定他们关键的语义概念。

SenseBot 从这个方式帮助用户迅速地掌握哪些相关的信息到底是什么。从这个角度来看用户不需要自己去寻找大量的网页，甚至梳理出现的结果中不完整的专家的定义（甚至不需要理会任何定义）。

这个精练总结的作用是帮助消化用户搜索的主题，将各种搜索结果的相关、重要内容汇聚在一起。它还提供给用户由各种相关概念以及一个被认为是定义总结了的搜索问题的语句的表单汇聚成的标签云。每个语句后面还包括了它们的出处的链接。

也不是所有的总结都是信息广泛或者容易理解的，但却是极有可能被改进的。目前 SenseBot 还在测试阶段。

9.5.2 Powerset

Powerset 是一个对于研究目的的搜索而构建信息和表述的语义搜索引擎。目前它还不是一个正规的网页互联网搜索引擎。它相对小型，语料库相对有限。该技术提供了相对全面的信息资料。用户可以在维基百科上进行测试，但是会发现 Powerset 更擅长这方面的搜索，可以说 Powerset 是基于维基百科的一个巨大改善。

用户可以在搜索栏输入关键词、短语、或者一个简单的问题。Powerset 通常会直接在搜索结果的界面上直接回答问题。其中最突出一个特色就是 Powerset 把多个文章中的信息综合在一起。例如，当用户搜索奥巴马，Powerset 提供了一些奥巴马对罗伯特盖茨、中东、巴基斯坦、贸易的看法的信息的链接。点击搜索结果中一个链接，将显示出一个小的对话框，里面会有奥巴马在提到文章中发言的引用，还有被引用话语的原文链接。

9.5.3 DeepDyve

DeepDyve 是一个非常强大专业的语义搜索研究工具，它提供给大众免费的服务。（DeepDyve 的搜索服务是免费的，但是如果用户要阅读搜索出来的学术期刊，还是要付费的。）这是一个研究引擎帮助用户进入专业内容的“深层网络”：那是互联网中没有被传统的搜索引擎索引或收录的信息（比如一些专业数据库，期刊等）。学者，研究员，学生，技术专家，商业等 DeepDyve 的用户和其他信息消费者可以在以下分类中搜索维基百科和“深层网络”的信息：生命科学，医学，物理科学，人文和社会科学，商业和金融，专利、法律、清洁能源科技、电子工程。

研究网站的搜索引擎往往依赖于布尔语言或硬编码的分类（逻辑运算计算机语言），

这些语言是有门槛和一定的学习曲线，一般人从业者是很难使用它们的。Deepdyve 是目前拥有呈现这些有价值的信息来源的较简易界面的服务搜索引擎。

用户的搜索问题可以是任何独立单词甚至多个字的问题构成的。这个搜索的结果会以一种复杂的方式呈现，包括了许多高级的选项：提炼，分离，存储你的搜索。即使有复杂型的存在，这个搜索结果还是相对来说很容易浏览的。

9.5.4 Cognition

Cognition 的搜索业务是基于语义地图，在它成立的 24 年后，Cognition 得以自称是如今可用的最全最精的英语搜索地图。

用户可以使用 Cognition 的技术来搜索下面四个载体内的信息。

（1）Public. Resource. org（目前一共有 675 704 个联邦案例法文件，1 858 卷，全部都是 XHTML 格式的文件）。这次发布的信息由自 1950 年开始高等法院和上诉法院的决定组成。

（2）MEDLINE（医疗文献分析及在线检索系统）摘要库：此数据库内的摘要来自于世界文献数据库内的生命科学和生物医药科学信息。它囊括了医药、护理、医药学、牙医学、兽医学和健康关怀的信息，还有一些和医学没有直接联系的领域的信息，例如分子进化论（目前有 18 005 903 个文件）。

（3）全部英文版本的维基百科内容。

（4）最全面的新英语翻译内容，包涵文本和诸如福音书 theGospels of Matthew，Luke，John and Mark 的译者笔记。

通过在维基百科内测试 Cognition 发现，在这个拥有大量文本的资料库中，Cognition 在对复杂问题的意思分类上表现的尤为出色。

（1）词汇：比如区别“古老的礼拜堂和古老的庙宇”。

（2）意思区分：“罢工的工人”对比“加州的石油黄金”。

（3）分类：例如“拉丁美洲的印第安部落”或是“北美洲树木疾病”。

这些 Cognition 使用的去解决搜索问题的技术是给人以深刻的印象，Cognition 给使用者提供了一种友好的方式去更有价值地控制意义和分类。

9.6 小　结

任何搜索引擎的最终目标都是最准确、最全面、最快速的给用户以其需求信息，从这个意义上看，研究和开发基于语义 Web 搜索应该是很有必要和迫在眉睫的。一旦它的研究取得进展，其应用前景是不可估量的。想象一下：如果互联网上的信息资源具有应用程序能够理解的含义，并且信息资源的处理过程实现了自动化、智能化会是什么样子；如果有这么一种搜索引擎，能对任何特定领域中积累的大量信息资源进行有效管理，使用户所问即所得会是一种什么样子；如果还有一种搜索引擎，能根据信息资源所具有的领域知识含义，将分散在各种异构系统中的相关信息方便、快速地融合后呈现给用户又会是什么样子！

人类的知识建立在两个基石之上：语义学和数学。在数字计算方面，计算机已远远超越了人类，而帮助计算机理解与掌握语言逻辑将成为下一阶段的重点。在超文本技术基础上开发的超文本传输协议（Http）以及超级链接技术令互联网上的网页可以连接，构成了二维的应用。而源自语义学的语义网不仅使网页，以及互联网上所有的内容都得以沟通，并将互联网从二维带入三维，毫无疑问会成为下一代互联网的神经系统，令互联网的巨大潜能真正得以释放。所以说，构建有关语义 Web 的智能搜索引擎，是下一代搜索引擎的必然选择。

10 综合类搜索引擎——Jopee

- Jopee 功能服务
  - 百度
    - 百度+谷歌　百度　谷歌
    - 搜搜　搜狗　必应
    - 有道　Google　Ask
  - 图片
    - 搜狗　必应　有道
    - 爱问　Google
  - 音乐
    - 百度　搜搜　搜狗
    - 有道　爱问　VeryCD
    - 狗狗　歌词
  - 影视
    - 狗狗　VeryCD　射手字幕
    - 豆瓣　时光　优酷
    - 土豆　酷六　六房间
  - 游戏
    - 狗狗　VeryCD　游侠补丁
    - 17173　太平洋　eNet
    - 4399　手机
  - 知识
    - 百科
      - 百度　互动
      - 搜搜　维基
    - 问答
      - 百度　搜搜
      - 搜狗　爱问
  - 其他
    - 新闻　博客　贴吧
    - 图书　小说　软件
    - 字典　IP　Flash　文档
    - 地图　购物　商业

图 10-1　Jopee 网站功能图

10.1 Jopee 简介

Jopee 是云搜索引擎的雏形，搜索聚合和网址导航，让用户能更快找到所需求的。它是元搜索中的又一新生儿，并且旨在“Jopee 元搜索，让您更快找到您想要的!”，是“搜索聚合，综合搜索，多元搜索”。

Jopee 搜索引擎通过客户端程序接收来自用户的检索请求，而客户端程序就是浏览器。用户输入的检索请求一般是关键词或者是用逻辑符号连接的多个关键词，在 Jopee 搜索引擎中用户还可以选择常用的搜索引擎来获得信息。搜索服务器根据系统关键词字典，把搜索关键词转化为 wordID，然后在指定的搜索引擎中得到 docID 列表，对 docID 列表中的对象进行扫描并与 wordID 进行匹配，提取满足条件的网页，然后计算网页和关键词的相关度，并根据相关度的数值将结果返回给用户。

元搜索引擎又称多搜索引擎，通过一个统一的用户界面帮助用户在多个搜索引擎中选择和利用合适的（甚至是同时利用若干个）搜索引擎来实现检索操作，是对分布于网络的多种检索工具的全局控制机制。搜索引擎分为全文搜索引擎、目录引擎、元搜索引擎，元搜索引擎就是通过一个同一的用户界面辅助用户在多个搜索引擎中抉择跟利用合适的搜索引擎来实现检索操作，是对散布于网络的多种检索工具的全局把持机制。聚合搜索则是指一个基于聚类的个性化元搜索引擎，实现搜索定制聚合模块化，给用户良好的搜索体会；同时供给个性化网址导航服务，将信息聚合和网址导航联合在一起，通过新增插件的模块化功能组合，一直参加社会化服务新元素，从而机动便利满足不同用户的个性化需要，是一个全方位搜罗的多元化的中文搜索引擎。

Jopee 是国内典型的元搜索引擎，Jopee 是唯一以 . CN 结尾，而且还正在运行着的元搜索引擎。它提供的是各自独立的搜索，只是方便切换不同的搜索引擎，以便于能找到更合适的结果。在搜索结果排列方面，直接按来源引擎排列搜索结果。所以不存在手动变动搜索结果的操作，排名跟原来搜索引擎有关。

10. 2 Jopee 指导方针

Jopee 与大多数搜索引擎最大的不同是 Jopee 没有自己网络数据库。Jopee 的搜索结果是通过调用、控制和优化多个独立搜索引擎的搜索结果并在界面中显示的。Jopee 的指导思想是提供给用户更加优化和多项选择的搜索引擎。优化搜索引擎是指通过采用便于搜索的合理手段，使网站各项合乎搜索引擎的检索原则并对用户更加友好，从而使用户能更好更快地找到所需信息。

10. 3 Jopee 搜索特点

在互联网时代的今天，Google、百度的神话使越来越多的人将目光投向了搜索引擎的行业中。与此同时，在这样一个信息时代，人们对于网络信息的处理也更多地借重于各种各样的搜索引擎。

作为搜索工具，Jopee 有着大多数搜索工具的功能，采取分类目录查询，而它与其他搜索网站不一样的是 Joppe 更加多元化，它向用户提供了更多的搜索引擎，让用户可以在不同的网站上了解更多的相关信息。当用户面对许许多多的搜索引擎不知道如何选择的时候，Joppe 将最具人气的搜索引擎列出供用户选择，让用户可以根据需要自行选择搜索引擎，最后得到所需信息（见图 10-2）。

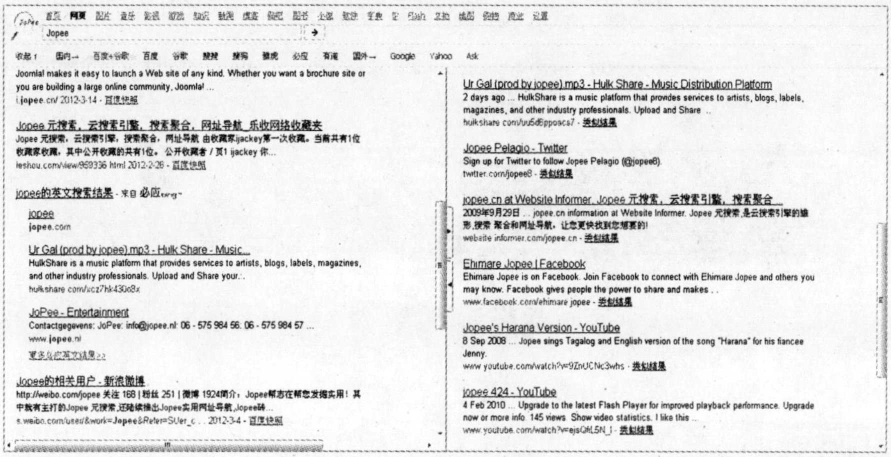

图 10-2　+Jopee 搜索

10.4 Jopee 搜索技术

Jopee 是基于云搜索、聚类搜索的新一代搜索引擎。随着搜索引擎的迅速发展，目前搜索引擎不能做到“博大”、“精深”，两者的矛盾体决定了它们不可兼得随着互联网信息的急速增长，“精深”是人们越来越注重的指标。多层次的搜索服务体系成为时代的主题。

10.5 Jopee 功能应用

Jopee 根据用户所需信息进行了更详尽的分类。用户可以根据自身所需，缩小搜索范围，缩短了找到目标的时间（见图 10-3）。

搜索条上方的推荐服务为网页、图片、音乐、影视、游戏、知识和其他 7 项。在这 7 项服务项中每一项又滑出二级服务，根据热门搜索引擎列出常用的搜索选项。主页左上角根据搜索量以滚动条形式列出了近日焦点。Jopee 搜索首页简洁清新，重点突出搜索框，汇集热点资讯，每天会对社会、环境和生活信息等进行重点推荐。右上角有附加的功能例如：设置、手写、搜狗云输入等。

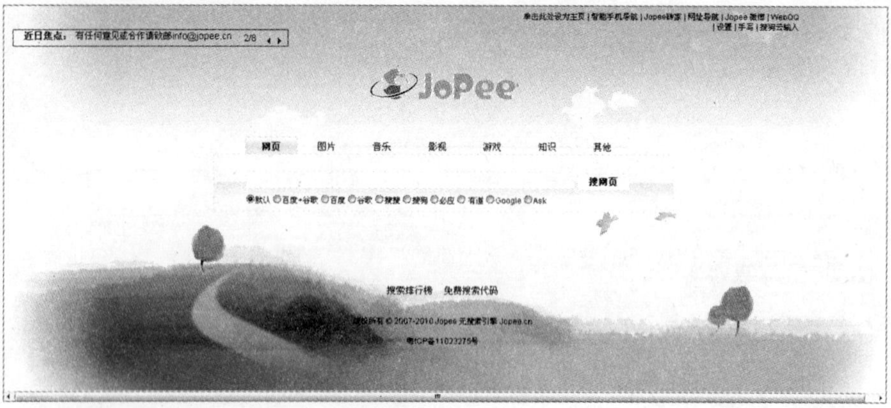

图 10-3 Jopee 首页

10.6 Jopee 特色

10.6.1 Jopee 搜索机制

首先，我们知道搜索引擎分为全文搜索引擎、目录索引、元搜索引擎。Jopee 搜索引擎主要是以元搜索为主，元搜索引擎就是通过一个统一的用户界面帮助用户在多个搜索引擎中选择和利用合适的搜索引擎来实现检索操作，而 Jopee 甚至是同时利用两个搜索引擎来实现搜索操作。Jopee 是对分布于网络的多种检索工具的全局控制机制。

其次，Jopee 与一般的搜索引擎的过程一样。搜索引擎一般的工作过程是：首先对互联网上的网页进行搜集，然后对搜集来的网页进行预处理，建立网页索引库，实时响应用户的查询请求，并对查找到的结果按某种规则进行排序后返回给用户。Jopee 搜索是集合了百度、Google、搜搜、搜狗、必应、有道、Ask 多家主流搜索引擎的结果，提供网页、资讯、网址导航等聚合查询。

最后要指出的是 Jopee 没有自己网络机器人及数据库。Jopee 的搜索结果是通过调用、控制和优化其他多个独立搜索引擎的搜索结果并在界面中显示，其显示方式有两种，根据用户对搜索引擎的选择而显示，若用户选择“百度+谷歌”则搜索结果将以并列的方式在同一界面中显示给用户，其他的搜索引擎选项则是以统一的格式在同一界面集中显示。

10.6.2 Jopee 排列方式

Jopee 可以被看做是具有双层客户机或者是服务器结构的系统。用户选择所需要的搜索引擎之后再向 Jopee 搜索引擎发出检索请求，Jopee 引擎再根据该请求向指定的搜索引擎发出实际检索请求，搜索引擎执行 Jopee 引擎检索请求后将检索结果以应答形式传送回来，Jopee 引擎再将从指定搜索引擎获得的检索结果以应答形式传送给实际用户。Jopee 引擎不会对搜索结果进行任何整理，即 Jopee 搜索引擎将检索提问原封不动地发送给目标引擎并不是将检索提问转变成目标搜索引擎的提问语言。

10.7 小　结

Jopee 作为国内新一代搜索引擎，以其独特的搜索机制吸引着日益增长的用户。Jopee 在保证大多数搜索工具的基本功能下，采取分类目录查询，而它与其他搜索网站不一样的是 Joppe 更加多元化，它向用户提供了更多的搜索引擎，让用户可以在不同的网站上了解更多的相关信息。随着搜索引擎的快速发展，相信 Jopee 会带动新一代搜索引擎的潮流。

THE FUTURE OF MEDIA SERIES

11 其他搜索引擎

11.1 即刻搜索

人民搜索网络股份公司，于2010年5月31日由人民日报社和人民网共同出资组建。人民搜索即Goso.cn于2010年6月20日正式上线测试。2010年9月25日，邓亚萍正式担任人民搜索网络股份公司总经理。2010年12月20日，人民搜索正式推出第一个产品“新闻搜索1.0”。2011年6月20日人民搜索改版更名为“即刻搜索”，新域名为www.jike.com。

11.2 盘古搜索

作为继人民搜索之后又一个“国家搜索队”，盘古搜索整合了新华社的信息资源优势和中国移动的网络技术优势，覆盖了新闻搜索、网页搜索、图片搜索、视频搜索、音乐搜索、时评搜索以及一系列实用的生活资讯搜索。其中，新闻搜索服务充分结合了新闻传播规律和互联网用户阅读习惯，并针对目前网络新闻搜索中存在的检索方式单一、显示无序、查找片面、难于精准定位等问题进行专项攻关，力求更加权威、准确和及时。而在网页搜索服务中，盘古搜索更是开创性地设计开发了将桌面搜索结果“直达”手机短信的服务方式，尝试将互联网与移动互联网进行全面融合，开创了针对搜索结果“搜索、浏览、收集、使用、再传播”的一站式服务新模式。

11.3 有道搜索

有道搜索只是网易“有道”品牌下的一个产品，在目前“有道”品牌下的产品还包括图片搜索、新闻搜索、博客搜索三款搜索产品及海量辞典、RSS阅读、工具箱、桌面词典、工具栏等。从网易最近的表现来看，“有道”现在是网易众多产品线中近期主推的内容之一。

随着互联网的发展，现在的网络用户越来越喜欢一站式的服务。作为一个门户网站，网易为了吸引更多的用户，推出了有道搜索服务。用户在浏览网络时，很多人希望能够享受一站式的服务，也就是在同一个网站中，可以进行所有的互联网服务，可以浏览，搜索，评论，观看视频等。所以，门户网站都在扩展自己的服务，从单纯的信息服务网站，发展成为综合性的网站，而搜索服务是最为重要的服务。搜索已经成为用户在网络活动中不可或缺的动作，网络上大量的信息使人们必须使用搜索服务来找到自己需要的内容，而且搜索引擎往往会包含其他服务，涵盖了生活中的各个方面。这些服务，都是为了吸引更多的用户，让用户在享受方便服务的同时，为网站提供更多的客户量。所以，门户网站开展搜索服务已经成为一种趋势，网易推出有道搜索也是在此背景之下。

11.4 搜狗搜索

搜狗是搜狐公司于 2004 年 8 月 3 日推出的全球首个第三代互动式中文搜索引擎，域名为 www. sogou. com。搜狗的产品线包括了网页应用和桌面应用两大部分。网页应用以网页搜索为核心，在音乐、图片、新闻、地图领域提供垂直搜索服务，通过说吧建立用户间的搜索型社区；桌面应用则旨在提升用户的使用体验：搜狗工具条帮助用户快速启动搜索，拼音输入法帮助用户更快速地输入，PXP 加速引擎帮助用户更流畅地享受在线音视频直播、点播服务。搜狗的全线产品，针对用户访问互联网过程中信息获取不畅的情况，在多个环节提供服务，把新快全准的优质信息提供给用户，提升了用户访问互联网的体验。

1.5 小 结

本章介绍了即刻搜索、盘古搜索、有道搜索和搜狗搜索四种搜索引擎。其中即刻搜索、盘古搜索是官方媒体推出的搜索引擎，最大的资源就是官方背景，在信息的发布上有很大的优势。另外，这两种搜索引擎都没有竞价排名，突破了传统的盈利模式，在搜索的效果上给人耳目一新的感觉。而有道和搜狗作为门户网站的搜索服务，已经在国内市场中占据了一定的份额，靠着细致的用户体验和社区化的服务，有道和搜狗快速发展。可以预见，在未来的搜索引擎市场中，会有越来越多的搜索引擎向百度和 Google 发起挑战，百度作为最大的中文搜索引擎会面临越来越多的竞争对手。在未来的发展中，搜索引擎都会完善一站式的服务和社区化，也会推出很多便利的应用程序，以此来增加用户的关注度，搜索引擎综合性的程度会越来越高，网民们将会在搜索引擎中享受到各种便利的服务。

THE FUTURE OF MEDIA SERIES

12 搜索的市场现状与发展趋势

12.1 搜索的市场现状

12.1.1 全球搜索市场现状

2009 年全球搜索请求量规模为 9886.1 亿次，年同比增长 30.0%，通过观察全球搜索请求量历年增长态势发现，其近三年基本维持在 30% 上下的增幅，全球搜索引擎流量继 2004 年前后 50% 左右的增速之后，逐步进入稳定增长阶段。其中，美国搜索引擎请求量为 1689.0 亿次，占比达 17.1%；中国搜索引擎请求量为 2033.8 亿次，占比达 20.6%，中美搜索请求量之和占比达 37.7%，相比去年同期的 39.0% 占比基本保持稳定。

2010 年全球搜索引擎市场规模达 381.7 亿美元，年同比增长 16.5%。2010 年至 2012 年，全球搜索引擎市场规模将以 15% 左右的速度稳定增长，预计在 2013 年，全球搜索引擎市场规模将达到 576.9 亿美元。如图 12-1 所示：

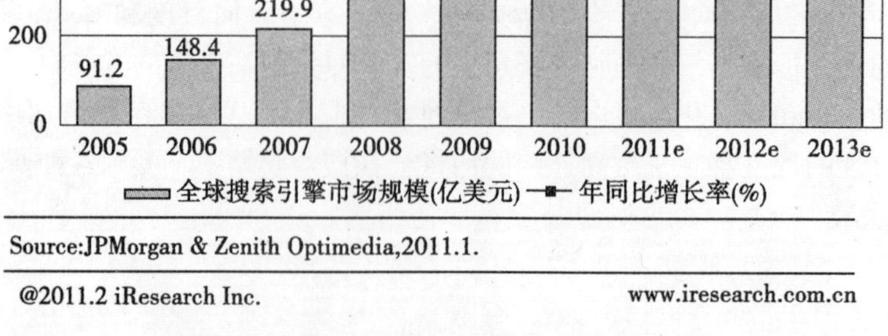

图 12-1 2005—2013 年全球搜索引擎市场规模

12.1.2 美国搜索市场现状

美国近年来搜索引擎市场规模不断增大，主要原因有：

第一，美国经济回暖，消费者需求提升，广告主信心及预算回升；

第二，广告主间的竞争加剧，拉动 CPC 提升，其中以汽车、金融、旅游、零售为主的广告主 CPC 提升最为显著，达到 20% ~30% 的增长，如图 12-2 所示。

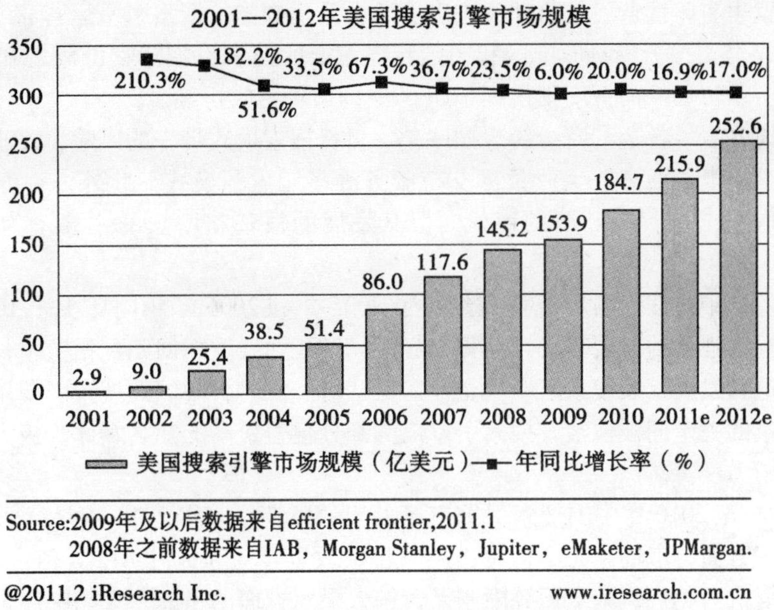

图 12-2 2001—2012 年美国搜索引擎市场规模

12.1.3 国内搜索市场现状

1. 国内搜索产业市场发展综述

根据 CNNIC 互联网用户调查数据显示，随着互联网用户的逐年增加，搜索引擎作为用户使用互联网的主要工具使用率呈现逐年上涨趋势。2004 年中国互联网用户使用搜索引擎的用户比例占到 80%。从当前企业使用搜索引擎的服务来看，搜索引擎作为连接企业和用户的一座桥梁，也越来越受到企业的重视，越来越多的企业选择使用搜索引擎作为企业的推广方式。在 2001 年仅有 7 万家企业使用搜索引擎技术作为企业的推广方式，而 2003 年企业数量达到 26 万家，2004 年企业数量达到 49 万家。

中国搜索引擎行业在 2007 年中取得了惊人的高速发展，创造了一个又一个里程碑似的纪录，这些纪录标志着中国搜索引擎行业正逐渐步入全面繁荣期。

2007 年中国搜索引擎用户规模已达 1.72 亿人，超过美国的 1.65 亿人；同时中国搜索引擎请求量月均超过 110 亿次，同样超过美国，中国已经成为搜索引擎用户最多的国家。

2007 年中国搜索引擎市场规模达 29.0 亿元人民币，相比 2006 年同比增长 108.3%，预计 2011 年中国搜索引擎市场规模将超过日本。但相比发达国家中国搜索引擎访问次数平均营收依然很低，表明有大量的流量没有被挖掘出商业价值。

2007 年中国付费搜索广告占中国网络广告的比重已达 27.3%，预计到 2008 年将近 30%，中国付费搜索广告成为网络广告重要的组成。

从行业竞争看，搜索引擎行业集中度有所上升，领先的搜索引擎运营商继续扩大其市场占有，2007 年百度、Google 中国和中国雅虎三家的搜索引擎营收份额之和超 95%，基本垄断搜索引擎市场。而百度则占据了超 60% 的市场营收份额。

从盈利模式看，各运营商纷纷想摆脱单一付费搜索模式带来的风险，逐步探索品牌广告、社区营销、电子商务、企业数据支持服务等多元盈利模式。此外，百度进军日本市场，意图争取进出口贸易环节的商机，但其发展的根基和增长的主要动力依然来自于中国。

综合以上，中国搜索引擎行业在经历了 2005 年和 2006 年年同比少于 100% 增长后，再次显示出异常强劲的发展势头，使得市场规模增长曲线重新回归到指数增长，这得利于中国经济的迅猛发展以及搜索营销被企业广泛认可。同时，中国的搜索引擎用户数量决定了每日有海量的关键词被检索，搜索引擎成为细分覆盖最高的知名媒体，极大地带动了各行各业的营销力度。

到 2008 年至 2010 年中国搜索引擎市场处于调整期，其中 2010 年是行业深入调整的关键时期。一方面，市场导向由拓展长尾广告主数量转变为提升 APRU 值：以 2008 年底发生的经济危机为契机，基于预算限制及营销效果双方面的考虑，大品牌广告主更多地尝试搜索引擎营销，并产生认可；另一方面，搜索引擎运营商在市场渐趋成熟之际，着眼于长期发展，着力协调商业模式与用户体验间的矛盾，在商业模式上进行一些变革和调整。截至 2010 年底，中国搜索引擎市场完成调整期进入成熟期，行业发展将实现“量”的积累到“质”的提升。搜索引擎商业价值获得广泛认可，APRU 值（Average Monthly Revenue Per Unit，平均每个用户每月贡献的业务收入）大幅提升；商业模式健康完善，市场持续发展，到 2012 年，中国搜索引擎市场出现“翘尾现象”，市场规模在经历调整期的稳定增长后再次出现大幅增长。如图 12-3 所示。

2. 国内搜索引擎网络应用服务

搜索已经成为中国用户最常使用的网络应用服务之一，最新数据显示，2010 年中国用户使用网络服务的情况中，有 12 项网络应用服务的使用比例均超过 50%，用户渗透率较高。其中，使用搜索的用户比例达到了 63.1%，表明搜索已经成为中国网络用户经常使用的网络应用服务之一（见图 12-4）。

工作日期间搜索应用使用率高。中国用户的网络活动受到时间影响，呈现明显的差异

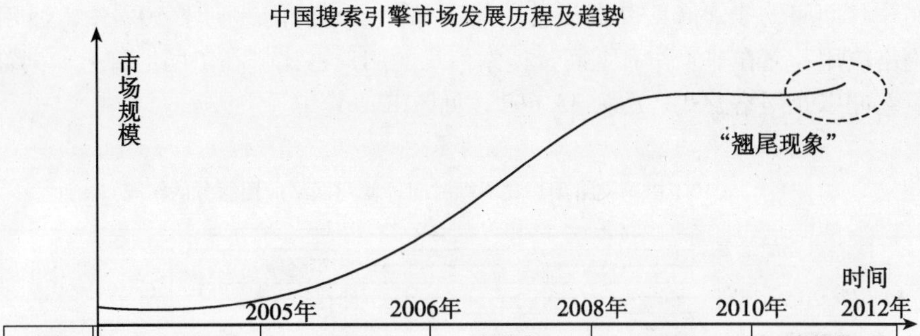

阶段	导入期	成长期	变革期	调整期	成熟期
发展要点	概念引入，盈利模式建立	核心运营商成功上市	基于搜索的多元盈利模式建立，拓展长尾广告主	以提升ARPU值为导向，着力协调商业模式与用户体验的矛盾	商业价值被广泛接受，商业模式为广告主及普通用户所认可
市场规模	规模逐渐高速增长	由指数式增长过渡到平滑增长	重新过渡到指数式增长态势	平稳增长	出现翘尾式增长

图 12-3　中国搜索引擎市场发展历程及趋势

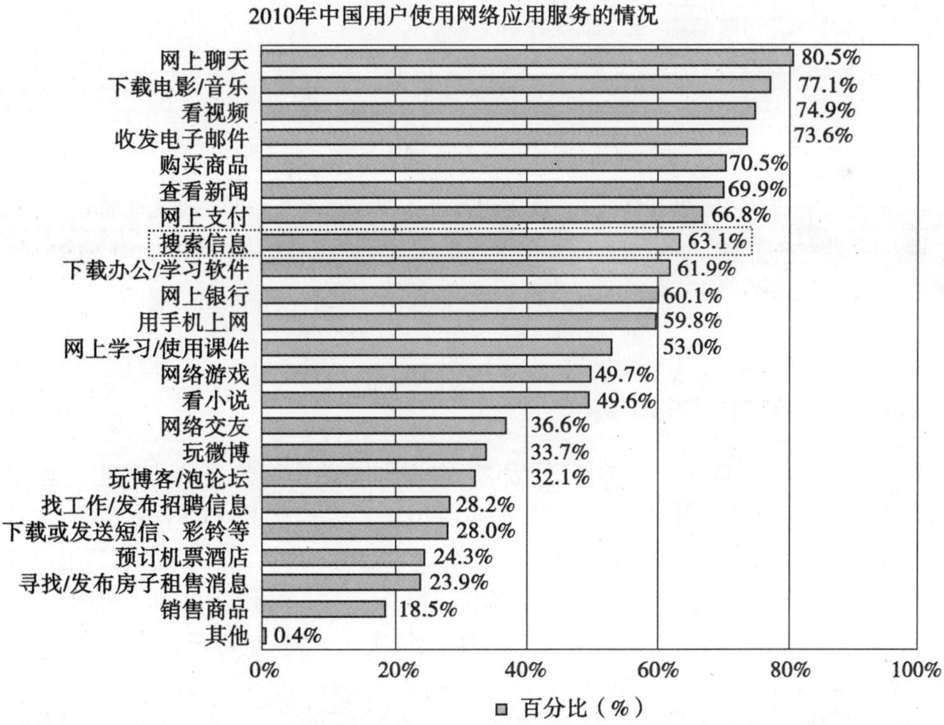

样本描述：N=38941：于2010年12月—2011年1月通过iUserSurvey在109家网站上联机调查获得。

@2011.5 iResearch Inc.　　www.iresearch.com.cn

图 12-4　2010 年中国用户使用网络应用服务的情况

性。在工作日期间，搜索信息仅次于收发电子邮件，其比例达到了50.4%，属用户最常使用的网络应用；而在非工作日期间，搜索信息的用户占比排在了网上聊天、浏览购物网站、查看新闻以及网络游戏之后为33.6%（见图12-5）。

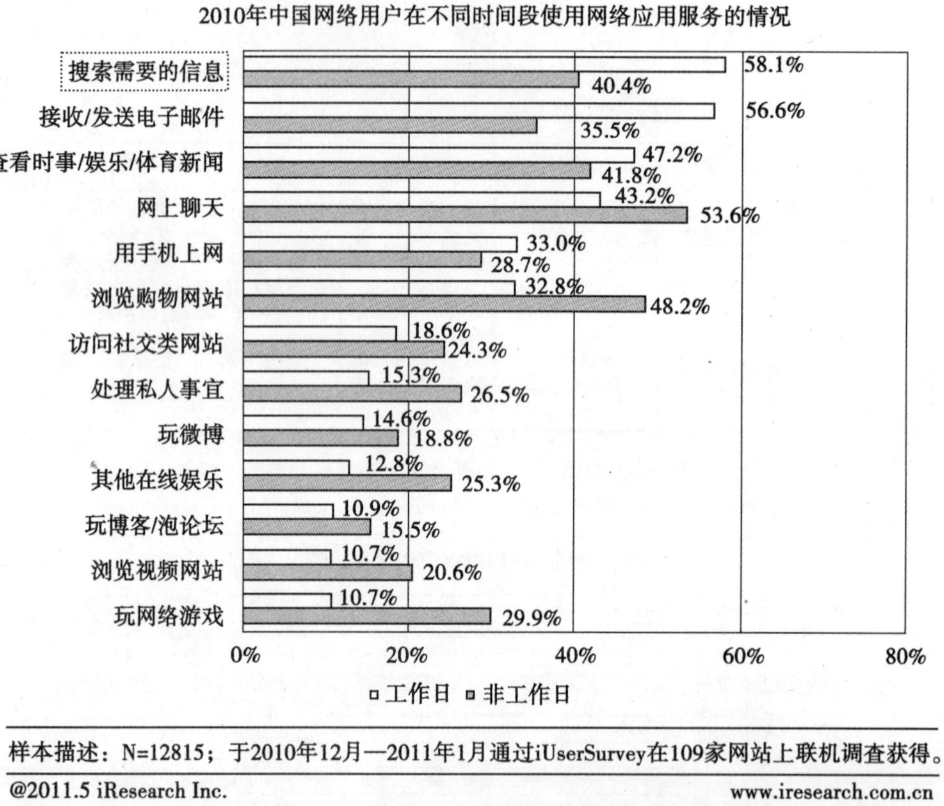

图12-5 2010年中国用户在不同时间段使用网络应用服务的情况

3. 国内搜索引擎用户的基本属性

中国搜索用户呈现年轻、高学历的结构特点根据艾瑞咨询最新调研数据，在年龄方面，2010年中国搜索引擎用户中18—24岁的用户最多，比例为35.9%；其次是25—30岁的用户，比例为18.0%，40岁以上的用户比例也达到了17.0%。18岁以下用户数量最少，其比例仅为5.5%。艾瑞咨询的调研数据同时显示，在学历方面，中国搜索引擎用户中拥有大学本科学历的比例最高，为43.7%；其次为大学专科学历，其用户比例为26.6%；高中以及高中以下学历仅为23.1%（见图12-6）。

4. 国内搜索引擎用户访问特征分析

国内用户搜索内容分布情况

用户的搜索内容分为三个类型，分别为娱乐型、商业型、知识型。各类型具体包含内

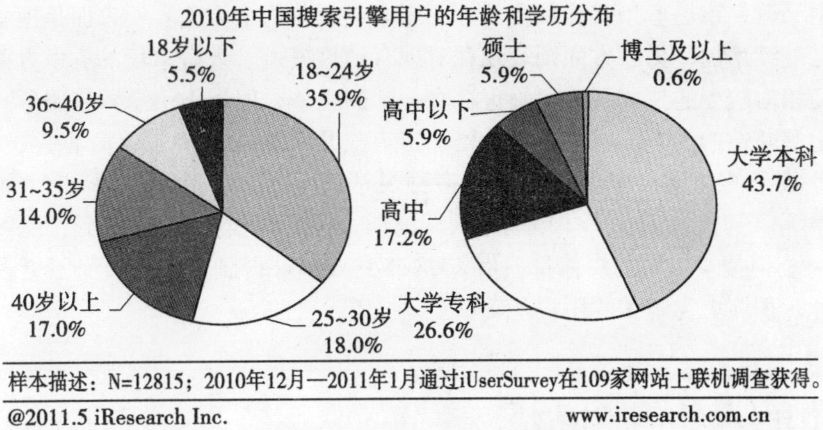

图 12-6 2010 年中国搜索引擎用户的年龄和学历分布

容如下：

娱乐型：包括电影/视频、MP3 音乐、图片、博客等；

商业型：包括商品/购物信息、财经/理财信息、企业信息；

知识型：包括工作/学习资料、新闻资讯、软件等电脑应用、地图及本地信息、专业文档、网友回答等。

娱乐型和知识型内容是搜索用户的主要需求：根据最新调研数据显示，娱乐型和知识型内容是用户搜索的主要内容。其中，工作/学习资料、电影/视频、MP3 音乐和新闻资讯占据了搜索内容的前四位；工作/学习资料更是超过了电影/视频成为用户搜索的首要内容，其比例达到了 75.4%。该分布情况显示了目前中国用户的搜索需求主要以娱乐型和知识型为主，且知识型搜索需求非常强劲。

商业型需求尚须培育，商业型内容中除了商品及购物信息与去年相比，有较大提升外，财经/理财信息和企业信息都有不同程度的下降。艾瑞分析认为，这种现象主要受到两方面因素影响：一方面近年网购网站蓬勃兴起，消费者网购行为日益频繁，增加了对商品和购物信息的需求；另一方面，大量的年轻、较低学历和收入的新用户加入搜索用户中，对于商业内容的需求度较低，拉低了用户对商业内容的整体搜索需求。

但是随着中国网民的整体成熟度不断提高，对于搜索引擎的应用更加熟悉，中国用户对于商业型内容的搜索需求将会得到进一步提升，当然这也需要通用搜索领域和垂直搜索领域持续跟进，实现先期占领商业搜索市场。

5. 搜索引擎营销市场竞争加剧

一个行业的发展有其内在的规律，一个行业从诞生、发展、成熟直到最后的衰退，通常都要经历从集中到分散再到集中这样的过程，这一行业竞争规律早已被竞争战略大师迈克尔·波特（Michael E. Porter）所发现。搜索引擎领域的发展趋势表明，在目前行业快速发展期也同样与其他新兴行业的发展规律相类似，也将经历从集中到分散的发展阶段，在这个阶段中，竞争加剧将是不可避免。

搜索引擎营销市场竞争状况加剧的主要因素表现在两个方面：一方面是搜索引擎服务商的数量会继续增加，另一方面则表现在对现有销售渠道、现有市场的竞争方面。在搜索引擎服务商相对较少的情况下，尽管也存在一定的竞争，但搜索引擎营销服务几乎可以说是具有一定垄断性的卖方市场，产品价格和销售式几乎都取决于服务商非常严格的规定，但随着竞争状况的加剧，多渠道销售、多种灵活定价模式。中国搜索引擎市场在经历2007年的翻番飞速发展后，整体市场进入调整期，市场规模突破50亿元，而同比增速下降到73.4%。但搜索引擎的媒体价值借2008年突发事件得到升华，吸引了更多新网民使用搜索服务，积淀更为坚实的用户基础。

12.2 国内搜索产业市场规模

12.2.1 市场规模

2008年

国内搜索市场规模激增至50亿元，这一年市场遇到困难主要是中国总体经济环境向下行转变，影响中小企业的营销需求；搜索引擎搜索结果客观公正性遭到质疑，影响部分行业参与竞价排名热情。

2009年

逆势上扬，经济危机成为增长契机，国内搜索引擎市场规模达69.6亿元（约合10.2亿美元），年同比增长38.5%。搜索引擎市场规模在网络广告市场规模占比达33.6%，相比2008年的29.6%上升4.0个百分点。其主要原因在于，经济危机时期，部分大广告主（主要为品牌广告主），将更多预算转移至性价比更高的搜索引擎营销。

2010年

国内搜索引擎市场规模达110.4亿元（约合16.8亿美元），相比2009年的69.6亿元，年同比增长58.5%。搜索引擎占总体网络广告市场规模的比重在2010年达到34.4%，在热点事件拉动品牌广告投放剧增的背景下，增长0.8个百分点。中国搜索引擎市场规模达110.4亿元，急速扩张。

据统计，以运营商营收总和计算中国搜索引擎市场规模，2010年中国搜索引擎市场规模达110.4亿元（约合16.8亿美元），相比2009年的69.6亿元，年同比增长58.5%（见图12-7）。

分析上述数据，中国搜索引擎市场呈现快速增长的态势，其原因在于：

第一，近几年中国经济形势回暖，广告主，尤其是中小企业广告主营销预算随之升温；

第二，经济危机时期，品牌广告主通过尝试性投放，产生惯性消费；

第三，谷歌中国的战略性调整，缩短了百度推广系统的调整期，其点击率的提升、可选关键词的增多、CPC 的升高等因素也一定程度促进了 ARPU 的提升。

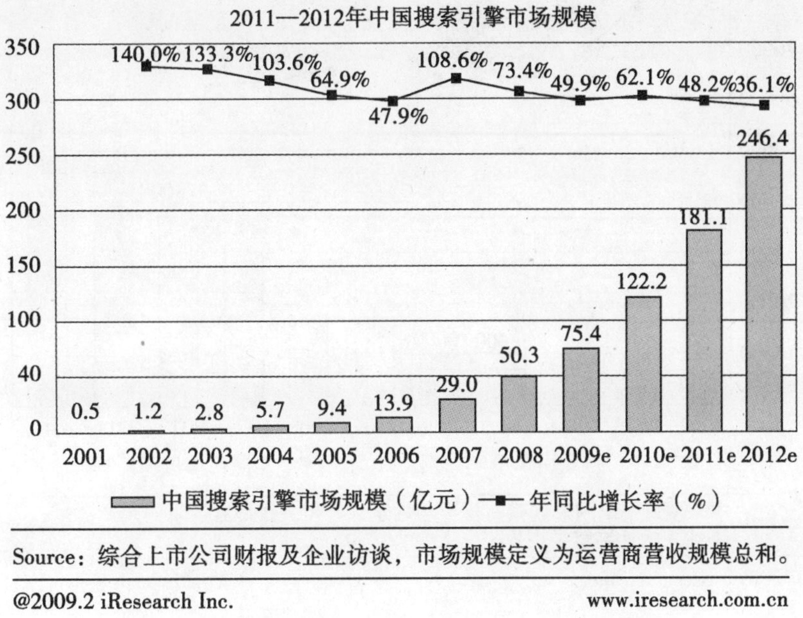

图 12-7 2001—2012 年中国搜索引擎市场规模

12.2.2 用户规模

2008 年搜索引擎用户规模接近 2.5 亿人（用户定义为半年内产生一次搜索请求的用户数量，不计入网址导航用户数量），2012 年突破 5 亿人，相比 2007 年的 1.71 亿人年同比增长 42.3%，2009 年中国互联网用户人数达 2.98 亿人，搜索引擎用户数量占互联网用户数量的比例已经达 81.9%，未来几年，搜索引擎的用户覆盖率将保持微幅增长态势（见图 12-8）。

12.2.3 请求量规模

2008 年中国网页搜索请求量达 1500 亿次，月均突破 125 亿次。根据网民连续用户行为研究系统 iUserTracker 的最新数据显示，2008 年中国网页搜索请求量达 468.0 亿次，比 2008 年大幅提升 25.8%。2008 年全年中国网页搜索请求量累积达 1500 亿次，相比 2007 年全年的 911 亿次，同比大幅提升 63.2%，同时中国网页搜索请求量月均达 125 亿次，咨询对比同期美国网页搜索请求量数据，根据 comScore 发布的美国搜索引擎单月搜索请求量数据平均值近 115 亿次，中国网页搜索请求量规模依然保持全球最大，同时仍在保持高速增长。

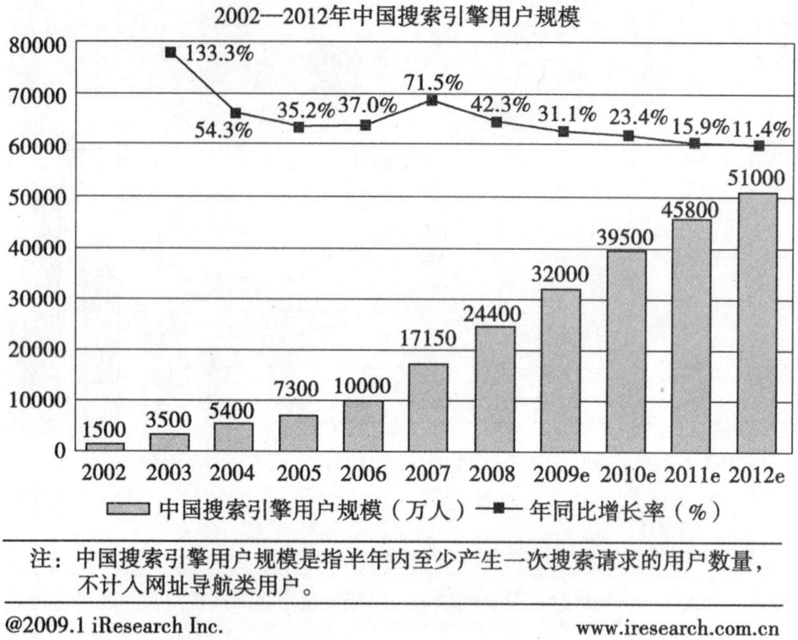

图 12-8　2002—2012 年中国搜索引擎用户规模

2009 年中国在全球领先优势进一步扩大中国网页搜索请求量规模为 2033. 8 亿次，年同比增长 35. 7%。自 2007 年中国列于全球搜索请求量首位以来，其在全球市场的领先优势持续强化：2007 年至 2009 年，中国搜索请求量规模在全球请求量规模中占比分别为 15. 6%、19. 7%和 20. 6%。

2010 年整体增幅放缓，人均量下降。2010 年中国网页搜索请求量规模为 2387. 9 亿次，年同比增长 17. 4%。对比历史同期增长情况发现，2010 年中国网页搜索请求量规模经过长期的发展已经进入稳定成长期，网页搜索请求量在经过快速发展期后，增速进一步放缓。

网页搜索请求量的增长取决于使用网页搜索用户的增长情况和人均使用频次，搜索引擎用户的增长速度达 20. 5%，高于网页搜索请求量 17. 4%增速，因此，搜索引擎网页搜索请求量主要由用户人数增长带动，人均搜索请求量增速则较低，这主要是因为中国网民规模不断扩张，而新增网民中受到年龄和学历等因素影响，使用搜索引擎服务的次数较少，从而拉低网页搜索请求量增速水平。但随着互联网的不断普及和网民结构的调整，中国搜索服务仍然具有较大的发展空间。

因此目前，搜索引擎用户拓展为中国搜索引擎请求量规模增长的主要动力。当搜索引擎用户拓展到一定程度，搜索引擎请求量市场规模的增长将由新用户拓展拉动转变为人均请求量增长拉动，实现量的积累到质的提升。以上事实和发展趋势均揭示中国搜索引擎运营商将相对更早的面临海量搜索请求问答，中国搜索引擎运营商有必要优化网络信息资源存储结构和服务器带宽容量，以保证为每位用户提供优质体验，大规模存储技术和基于下

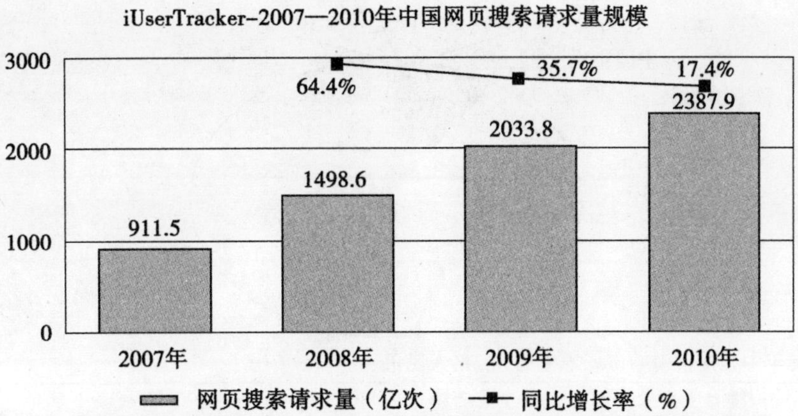

注：搜索请求量指用户在使用搜索引擎进行查询时输入关键词的搜索请求次数，而用户在搜索结果页面中的多页查看不计入搜索请求量中，以上数据只为网页搜索请求量，不包括图片、音乐、社区等搜索服务的请求量。

Source：iUserTracker.家庭办公版2010.12，基于对20万个家庭及办公（不含公共上网地点）样本网络行为的长期监测数据获得。

@2011.2 iResearch Inc. www.iresearch.com.cn

图 12-9 2007—2010 年中国网页搜索请求量规模

一代 IPv6 网络的搜索技术将是未来竞争的焦点。

12.2.4 2008—2010 年国内搜索市场份额比较

从 2008 年开始，在一年中国搜索引擎运营商竞争加剧，市场集中度上升，领先的搜索引擎运营商继续扩大其市场占有，2008 年百度、谷歌中国两家的搜索引擎营收份额之和超 90%，基本垄断搜索引擎市场。而百度则依托广告主数量拓展以及广告主 ARPU 提升，占据了 63.5% 的市场营收份额；而谷歌中国依靠其高端用户人群，和全球化的 AdSense 广告联盟，吸引跨国知名品牌广告主，营收相比 2007 年也有大幅增长，市场份额达 27.3%。而其他运营商则受以上两家业务发展的挤压，市场占有出现下滑。二线运营商正逐步改善并创新产品，并丰富自身的盈利模式以求更大的突破（见图 12-10）。

2008 年谷歌网页搜索请求量市场份额上升 3.5 个百分点，百度上升 0.5 个百分点，两者垄断网页搜索请求量 93% 的市场占有。根据最新数据显示，在 2008 年百度网页搜索请求量市场占有达 73.2%；而谷歌占网页搜索请求量市场份额的 20.7%；百度和谷歌则共计占有网页搜索请求量市场份额的 93.2%。腾讯 SOSO 占 3.3% 的请求市场份额，中国雅虎则占请求量市场份额的 1.0%。对比 2007 年全年数据，百度网页搜索请求占有从 72.6% 提升到 73.2%，上升 0.5 个百分点，而谷歌则将市场占有从 17.2% 提升到 20.7%，上升了 3.5 个百分点。腾讯 SOSO 2008 年主推的网页搜索直达区产品，出发点是减少用户重复的搜索请求，以提供更精准、更连续的搜索结果，在一定程度上也减少了其网页搜索

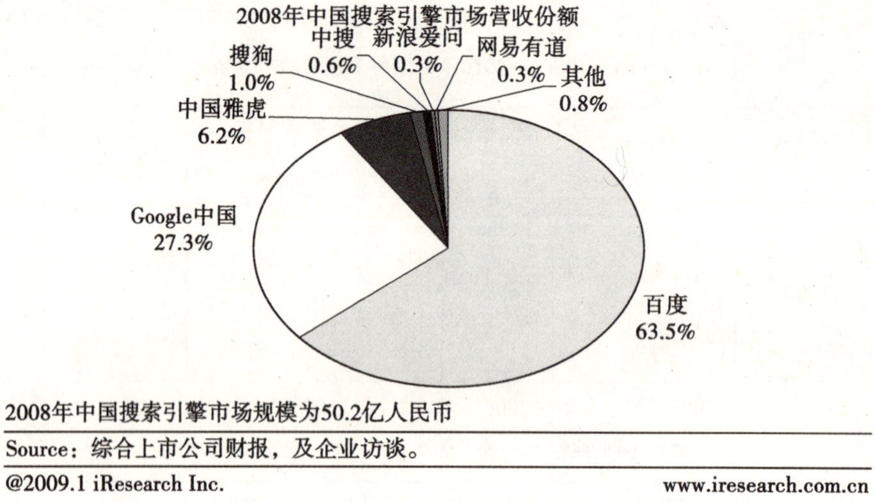

图 12-10 2008 年中国搜索引擎市场营收份额

请求市场占有。其他运营商的市场份额则明显下降，主要原因在于新用户均被百度和谷歌所抢夺（见图 12-11）。

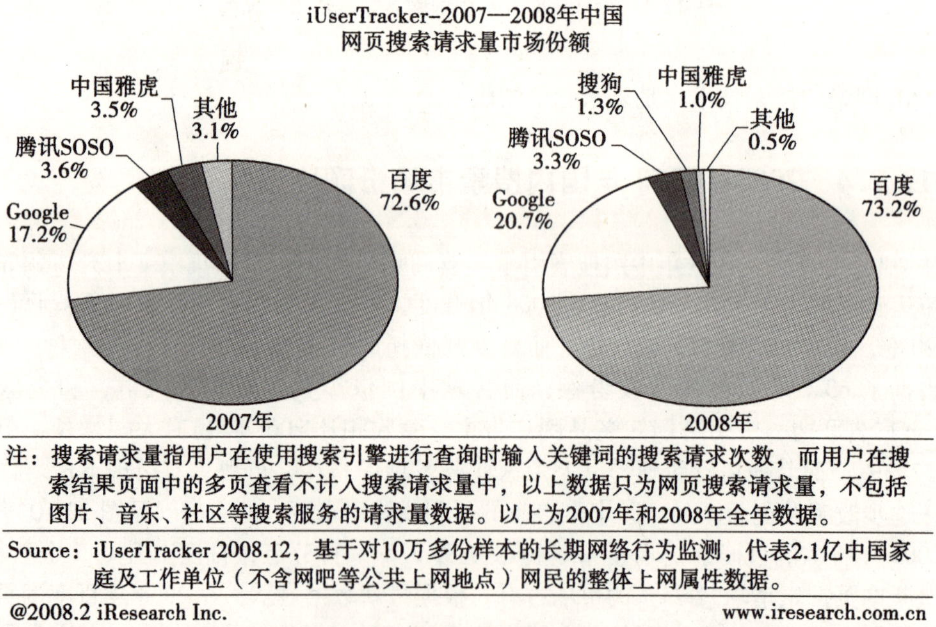

图 12-11 iUserTracker—2007—2008 年中国网页搜索请求量份额

到 2009 年百度谷歌网页搜索请求量份额之和达 94.9%，相比 2008 年两者份额之和增长 1 个百分点，其中百度网页搜索请求量份额增长 2.8 个百分点，两者领先优势依然显著。中国搜索引擎市场已进入成熟期，行业呈现较为显著的双寡头特征，市场进入门槛较高。因此，对于新进入者来说，相对差异化的产品服务及用户定位将成为突破点，这同时激发了中国搜索引擎运营商的创新意识。由此，未来中国搜索引擎市场的新产品、新战略及新竞争令人期待（见图 12-12）。

以百度谷歌为代表的通用搜索引擎运营商，在维持通用搜索市场的既得优势的同时，重视来自广义搜索市场的潜在竞争。随着搜索服务的逐渐普及深化，用户针对特定领域的搜索需求逐渐明确，对搜索结果的个性化程度要求逐渐增高。对于通用搜索引擎运营商：

第一，注重热点垂直搜索频道的建设（如购物搜索、旅行搜索、视频搜索、社交搜索等）。

第二，对用户浏览行为及价值取向进行跟踪分析，为用户提供定制化的搜索结果（如同样输入“polo”，针对经常关注时尚及服装的用户优先展现“Polo/RALPHLAUREN”品牌的服装信息；针对经常关注商务及汽车的用户优先展大众旗下“polo”品牌的汽车信息），由此满足不断分化的用户需求。

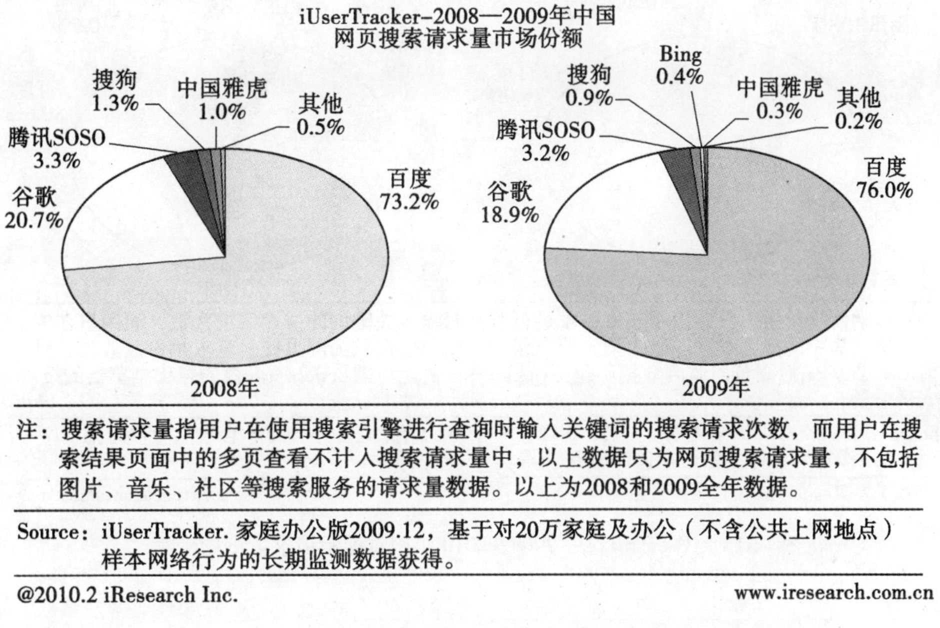

图 12-12　iUserTracker—2008—2009 年中国网页搜索请求量市场份额

进入 2010 年中国搜索引擎市场集中程度增高：百度和谷歌营收份额之和不断提高，基本垄断中国搜索引擎市场。而谷歌事件后，市场出新缺口，二线运营商趁势积极发展搜索业务，扩张市场规模。一家独大格局显现，差异化经营应对数据显示，2010 年谷歌网页搜索请求量份额从 2009 年的 18.9% 下降至 14%，下降了 4.9%，而百度份额则达 80.6%，较 2009 年增长 4.6 个百分点。二线运营商搜狗份额上升了 0.6%，而搜搜则略有下降（见图 12-13）。

在这一年谷歌退出中国市场，谷歌的网页搜索质量受到影响，因而搜索流量转向国内其他搜索引擎。百度以其品牌影响力获得其中大部分流量，流量份额出现显著提升，独占市场整体流量的 80%，一家独大格局已逐渐显现。由此可见目前中国搜索引擎市场几近瓜分完毕，对新进入者来说，市场进入门槛较高，因此，差异化经营，寻求市场盲点是获取新流量的必要渠道。

一方面互联网已经进入泛搜索的时代，搜索引擎与网站或者应用相结合已成必然，因此，可以通过提升搜索引擎使用便捷性来获取搜索引擎流量，如腾讯 QQ 将腾讯搜搜引入通信对话框，方便用户在聊天过程中无需退出而进行搜索；另一方面，在搜索内容上重视专业性和差异性，包括垂直搜索的建立，如购物搜索、学术搜索等，以及提供差异化的内容，如雅虎对其主页和搜索结果页面进行了调整，使搜索结果页面能够提供更多不同内容以区别于其他搜索引擎；而通过综合分析网民搜索信息和属性信息，预测并显示可能的需求信息则可进一步提高搜索的精准性，从而提升用户体验。

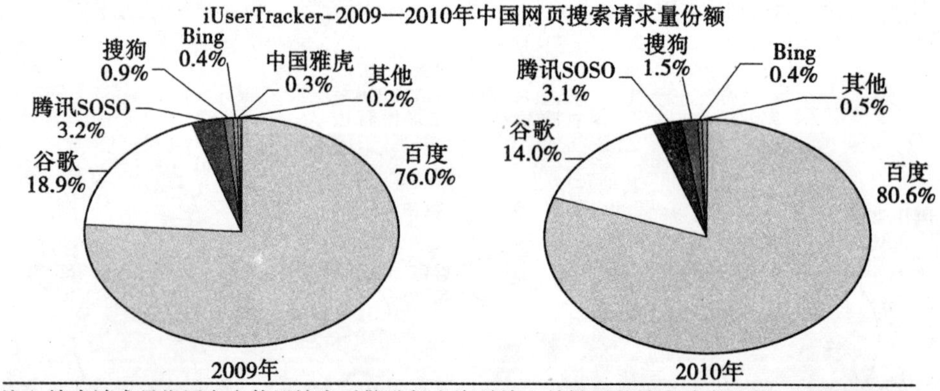

注：搜索请求量指用户在使用搜索引擎进行查询时输入关键词的搜索请求次数，而用户在搜索结果页面中的多页查看不计入搜索请求量中，以上数据只为网页搜索请求量份额数据；目前iUserTracker对浏览器监测数据不包括webkit核，由此对默认webkit内核的搜狗浏览器的搜索请求量有所低估。

Source：iUserTracker. 家庭办公版2010.12，基于对20万家庭及办公（不含公共上网地点）样本网络行为的长期监测数据获得。

@2011.2 iResearch Inc. www.iresearch.com.cn

图 12-13 iUserTracker—2009—2010 年网页搜索请求量市场份额

12.3 国内主要搜索运营商分析

在这里我们只对目前在国内所占份额前四位的搜索引擎提供商——百度、Google、搜狗、腾讯 SOSO 的各自特色进行分析。

12.3.1 百度

作为最大中文搜索引擎，百度有着中国乃至全球最为优秀的技术团队，这支队伍掌握着世界上最为先进的搜索引擎技术，使百度成为中国掌握世界尖端科学核心技术的中国高科技企业。

百度的产品及服务是针对不同企业机构网络化的基本需求而设计的，主要产品有：

（1）基于全球互联网的中文网页检索，主要服务于门户网站，创造了技术盈利模式。

（2）企业级的信息检索解决方案，包括网事通系列软件及百度企业竞争情报系统，属定制盈利模式。

（3）2001 年百度推出了搜索引擎竞价排名这一全新的广告盈利模式。目前，来自于不同领域的数千家企业和个人主页参与了竞价排名。

（4）针对使用百度搜索引擎的检索用户，百度提供了个性化的服务模式，通过信息定制、推送服务、图片音乐影视查询为用户提供了个性化、智能化、最便捷的信息获取方式，并针对网络用户社区化的趋势，提供贴吧等交流平台。

百度业务及盈利模式主要包括以下四个方面（图 12-14）：

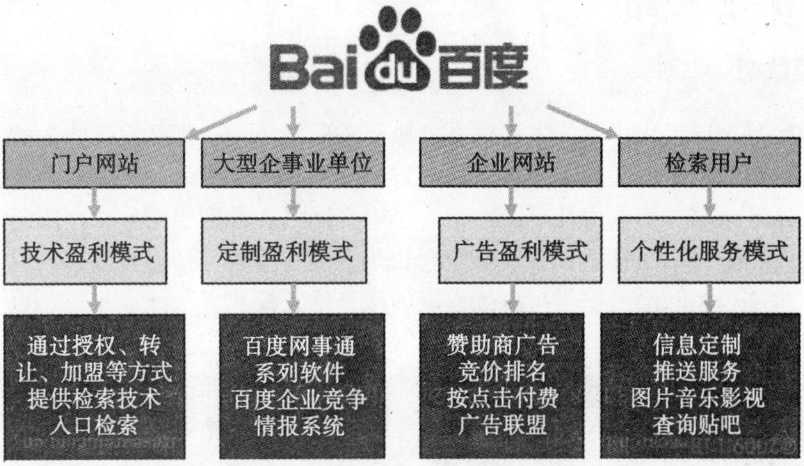

图 12-14　百度的经营策略与经营模式

1. 竞价排名的商业模式

竞价排名是一种按效果付费的网络推广方式，由百度在国内率先推出。企业在购买该项服务后，通过注册一定数量的关键词，其推广信息就会率先出现在网民相应的搜索结果中。每吸引一个潜在的客户访问，企业只需要为此支付最低 3 毛钱的费用。如企业在百度注册“电气设备”这个关键词，当消费者寻找“电气设备”的信息时，企业就会优先被找到，并且百度按照给企业带去的潜在客户访问数收费。百度竞价排名具有五大特点：

（1）全球最大中文网络营销平台，覆盖面广，百度是全球最大的中文搜索引擎，全球 10 大网站之一，覆盖全国 95% 的网民，是最具价值的企业推广平台。

（2）按效果付费，获得新客户平均成本低，百度的竞价排名完全按照给企业带来的潜在用户访问数量计费，没有客户访问不计费，企业可以灵活控制推广力和资金投入，使投资回报率最高。

（3）针对性强，企业的推广信息只出现在真正感兴趣的潜在客户面前，针对性强，更容易实现销售。

（4）推广关键词不限，企业可以同时免费注册多个关键词，数量没有限制，使得企业的每一种产品都有机会被潜在客户找到，支持企业全线产品推广。

（5）全程贴心服务，百度拥有业界最大的网络营销服务中心，覆盖全国，为企业全程提供增值服务，全面保证网络营销的使用效果。

2. 火爆地带

火爆地带将企业的广告文字链展现在百度搜索联盟网站搜索结果页中的黄金位置，让企业的网站和产品最大限度地展现在95%的中国网民面前。火爆地带使企业的网站和产品获得更多的关注，达到更好的宣传和推广效果。由于火爆地带的位置有限，而且很容易吸引网民注意，所以该广告形式很有价值，抢先一步使用，即可垄断网上商机。火爆地带打通了企业网上营销渠道。

3. 百度联盟

百度联盟是全球最大中文搜索引擎百度旗下的联盟体系，依托百度强大的品牌号召力和成熟的竞价广告资源，经过多年运营，已发展成为国内规模最大的联盟体系。百度联盟会员总数超过5万家，影响力几乎覆盖每一个中文网民。深度挖掘互联网广泛流量的广告价值，帮助广告主寻求最佳的投放通路组合，是百度联盟的使命。百度以共赢、诚信、创新为理念，为广告主和会员提供可持续发展的服务增长模式。从成立至今，百度联盟已成功运营了搜索服务，主题推广等产品。百度联盟拥有大量网民美誉度极高的合作伙伴，覆盖上亿网民几乎每一个应用领域，百度全资收购的全球最有价值中文网址站hao123曾是联盟重要合作伙伴。百度公司是一家专业的策略性电子商务整合服务公司，主要为企业提供网络基础建设、企业内部信息化、电子商务以及构建全球网络化社区的解决方案，满足企业在新经济形式下的需求，帮助企业获得成功。作为一个不断创新，与时俱进的信息产业公司，他们聚集了众多优秀的网络精英。依托专业的服务团队、最新的开发技术、丰富的建设经验、有效的管理方法，致力于促进中国企业的全面信息化建设，提高企业的综合竞争力，为客户提供最佳的解决方案，创造更高的价值。

4. 核心技术——框计算

“框计算”（Box CompuTing）是百度董事长兼首席执行官李彦宏在2009百度技术创新大会上所提出的全新技术概念。

框计算平台是一个新的理念，而要通过“框计算”实现真正的基于互联网的一站式服务，需要突破以下两个领域的关键技术：需求识别和应用开放。

百度开放平台是基于百度“框计算”最先进的信息技术与服务机制，针对用户需求，为广大站长和开发者免费提供的开放式数据分享暨对接平台。以此，站长和开发者可以将结构化的数据或具体应用直接提交到百度开放后台，并实现最佳位置和最佳形式的搜索结果直接展现。百度开放平台是框计算理念实践的重要基础设施，百度开放平台包含数据开放平台和应用开放平台。

除了传统网页信息搜索，像词典、计算器、日历、地图、列车时刻查询、天气查询、下载、登录等通过百度框查询也都能直接获得结果。另外，游戏、视频、视听、阅读、购物、理财、杀毒等各种应用也能通过百度框在线直接体验和使用。

框计算的提出，带来了新的理念，有利于百度搜索引擎的发展，同时也带动了经济产业链的发展，主要表现在：

（1）框计算驱动产业升级。

（2）框计算利于电子商务的发展。

12.3.2 Google

目前 Google 公司已成为一家庞大的计算机网络公司，接近 2 万名员工，市场价值超过 1500 亿美元，它重新定义了媒体、市场营销与技术。而且目前的每一天 Google 都在不断扩张，用星球大战来类比 Google 这个令人印象深刻的帝国比较合适。它已经统治了互联网搜索及广告市场。comScore 公司的数据显示，Google 占领了全球网络搜索市场三分之二的份额，eMarketer 统计还显示，Google 在搜索关键字广告市场份额达到了四分之三。这种统治地位令 Google 从 2001 年开始就获得 480 亿美元广告收入。Google 并没有将全部的收入收入自家囊中，公司已经向参加自己广告联盟的网站支付了 150 亿美元佣金，并且还向 AOL，Ask. com，MySpace，甚至博客们提供支持。可以说，Google 现在已经是全球最具有影响力的公司之一。

1. 领先搜索引擎技术——PageRank 技术和超文本匹配技术

Google 拥有多项专利技术，这些技术是 Google 提供各种特殊检索和特色功能的基础。在这些技术中，最核心、最关键的是 PageRank 技术和超文本匹配分析技术。PageRank 技术是 Google 检索结果的一种排序算法，中文通常译为页面级别或页面等级，根据这个算法，Google 认为每个网页都有一个反映其重要性的值，值越高表明其页面级别越高，即网面越重要。特有的 PageRank 技术，PR 能够对网页的重要性作出客观的评价。而超文本匹配分析技术（HyPerText—Matching Analysis）则是 Google 的一种匹配技术。Google 不仅仅关注关键词在网页上出现的次数，它还对该网页的内容已经该网页所链接的内容进行全面检查，从而判断该网页与检索需求的匹配程度。

Google 将 PageRank 算法与完善的超文车匹配分析技术结合在一起。一般的搜索引擎仅仅考虑检索词出现的次数，而 Google 还在此基础上分析关键词的字体、字号以及关键词在网页中出现的精确位置，并且对该网页的邻近网页（包括链入网页和链出网页）的内容加以分析。提高了 Google 搜索引擎的匹配速度积极提升了搜索的精确度，帮助 Google 很好地提升了用户的市场占有率，从而为 Google 带来了经济上的利益，为 Google 占用世界市场提供了技术基础。

2. 特有的关键词广告盈利模式

Google公司推出了一种叫做AdWords的服务，这是一种广告发布服务，也就是关键词广告，允许广告客户利用关键词自行发布广告。当用某个关键词（如“管理咨询”）登了Google关键词广告，凡是在Google网站上用这个关键词搜索信息的用户，都可以看到这条广告。这种服务对商家来说，好处是可以方便地修改广告关键词信息，广告的价格变得更加便宜，可以很快地建立自己的广告并且非常方便管理。AdWords的客户反映的数据表明，Google广告的点击率高达2%，超出传统条幅广告的5倍。

这是Google于2003年最先开创的盈利模式，这种广告是针对企业客户而设计的。简单地说，AdWords就是通过用户搜索的关键词来提供相关的广告。这些广告不会像一些门户网站的广告一样铺天盖地，或者弹出窗，而是出现在搜索结果右侧很小的一块空白处，而且是静态的纯文本广告，不会出现动画甚至声音干扰用户。这种友好的广告界面更易被用户接受，而且是针对用户的关键词而提供的，所以一直享有很高的点击率。

12.3.3 Sogou

Sogou是搜狐公司的旗下子公司，于2004年8月3日推出，目的是增强搜狐网的搜索技能，主要经营搜狐公司的搜索业务。在搜索业务的同时，也推出搜狗输入法、免费邮箱、企业邮箱等业务。2010年8月9日搜狐与阿里巴巴宣布将分拆搜狗成立独立公司，引入战略投资，注资后的搜狗有望成为仅次于百度的中文搜索工具。在搜狐公司发布2011年第4季财报显示搜狗搜索引擎使用率已超谷歌中国，为中国大陆地区第二。

搜狗的产品线包括了网页应用和桌面应用两大部分。网页应用以网页搜索为核心，在音乐、图片、新闻、地图领域提供垂直搜索服务，通过说吧建立用户间的搜索型社区；桌面应用则旨在提升用户的使用体验：搜狗工具条帮助用户快速启动搜索，拼音输入法帮助用户更快速地输入，PXP加速引擎帮助用户更流畅地享受在线音视频直播、点播服务。

（1）搜索核心产品——网页搜索。

搜狗网页搜索作为搜狗最核心的产品，经过两年半持续不断地优化改进，于公元2007年1月1日正式推出3.0版本。全面升级的搜狗网页搜索3.0凭借自主研发的服务器集群并行抓取技术，成为全球首个中文网页收录量达到100亿的搜索引擎；加上每天5亿网页的更新速度、独一无二的搜狗网页评级体系，确保了搜狗网页搜索在海量、及时、精准三大基本指标上的全面领先。

搜狗的其他搜索产品也各有特色。音乐搜索小于2%的死链率，图片搜索独特的组图浏览功能，新闻搜索及时反映互联网热点事件的看热闹首页，地图搜索的全国无缝漫游功能，使得搜狗的搜索产品线极大地满足了用户的需求，体现了搜狗强大的研发能力。

（2）技术创新。

搜狗在产品研发的过程中追求技术创新。尤其值得一提的是，搜狗以一种人工智能的新算法，分析和理解用户可能的查询意图，对不同的搜索结果进行分类，对相同的搜索结果进行聚类，在用户查询和搜索引擎返回结果的人机交互过程中，引导用户快速准确定位自己所关注的内容该技术全面应用到了搜狗网页搜索、音乐搜索、图片搜索、新闻搜索、地图搜索等服务中，帮助用户快速找到所需的搜索结果。这一技术也使得搜狗的问世标志了全球首个第三代互动式中文搜索引擎诞生，是搜索技术发展史上的重要里程基于搜索技术，搜狗还推出了若干桌面应用产品。

（3）其他搜索产品更具特色。

搜狗工具条是用户快速执行搜索的入口，同时集成了RSS订阅、文件下载加速、广告拦截、网页评级显示等丰富的功能。拼音输入法利用先进的搜索引擎技术，通过对海量互联网页面的统计和对互联网上新词热词的分析，使得首选词准确率（即候选的第一个词就是要输入的词的比例）领先于其他输入法。PXP加速引擎是一套基于PXP技术的互联网音视频直播/点播解决方案，能够支持内容和服务提供方以很少的带宽同时为上万用户提供流畅的视频服务。设想一个用户在搜狗的使用体验：通过搜狗输入法，大幅提升了输入速度；通过网址导航和工具条，直达目标网站或快速启动搜索；通过网页搜索，从百亿中文网页中找到最相关的信息；通过音乐搜索、图片搜索、新闻搜索、地图搜索等专项搜索，满足特定的查找需求；通过说吧平台，和天南海北的用户交流信息；通过PXP加速引擎，更快地下载文件，更流畅地享受在线音视频直播、点播服务。可见，搜狗的全线产品，针对用户访问互联网过程中信息获取不畅的情况，在多个环节提供服务，把新快全准的优质信息提供给用户，提升了用户访问互联网的体验。

12.3.4 腾讯搜搜（SOSO）

搜搜是腾讯旗下的搜索网站，是腾讯主要的业务单元之一。网站于2006年3月正式发布并开始运营。搜搜目前已成为中国网民首选的三大搜索引擎之一，主要为网民提供实用便捷的搜索服务，同时承担腾讯全部搜索业务，是腾讯整体在线生活战略中重要的组成部分之一。

（1）情景化搜索。

搜搜的情境搜索旨在实现无需搜索的搜索，情境搜索包含7个要素（6W&1H），它强调“以人（Who）为本”，也就是以用户为中心，根据其搜索行为的时间（When）、地点（Where）、输入（What）、需求（Want）、习惯（How）、背景（Why）等因素，由情境计算得到最适合的搜索结果，再将这一结果通过用户的搜索情境直接呈现，简而言之，是一种更加智能化的个性化搜索。无线搜索是搜搜未来情境搜索最重要的发力点之一，整体流量已经上涨了十倍以上，这将是未来发展的一个核心方向。

同时在数据、场景、用户群以及商业模式四方面与情境搜索结合。数据层面，搜搜可以在SNS、Qzone、微博上收集很多数据，基于这些数据做需求挖掘，然后贡献到Qzone与微博，丰富其内容，使用户交流更加广泛，腾讯也给Qzone提供很多APP，通过APP能使用户在Qzone等产品下满足更多的用户搜索需求。

场景层面来看，比如QQ的“边聊边搜”工具，下一阶段这种场景式窗口会与Qzone、微博等打通，直接把搜索结果与朋友共享，接下来既要满足用户当前搜索需求，又要挖掘用户潜在需求，比如通过聊天窗口捕捉用户感兴趣的话题，腾讯搜搜在旁边窗口为大家推荐相关内容。

从用户群方面看，比如搜搜问问，可能会与专业网站、Qzone、QQ 群结合，当需要专业、精准的信息时，用户群之间提供共享数据。

最后是商业模式整合，搜索的第一代功能是用户上网的入口，这可以带动第三方网站流量的提升。另外腾讯结合广告、电子商务等形成价值链，此外在跟各种应用产品整合的时候，也会逐渐形成很多商业化模式。

同时腾讯用户粘性也是推动情境搜索发展重要因素。与其他搜索引擎竞争优劣势分析发现各家搜索引擎的后台大架构体系差别不大，不同主要集中于基于信息采集的用户行为分析，腾讯更加强调对用户的研究以及用户所需信息排序，腾讯的用户分析比其他各家更加精准。因为用户对 QQ 等腾讯的业务粘合度较高，所以有足够的能力更了解用户。最传统的搜索是服务商自己搜集数据上传，是比较封闭的循环，而“情境搜索“不只是搜集信息，还有各种各样的应用，是一个“大搜索”的概念，如果要达到这样的目标，必将形成一个产业链。这也涉及上下游环节，所以整个格局来看，“大搜索”就不只是一两家搜索服务提供商，还包括很多核心的或者外围的参与者，因为这些环节的参与者提供了搜索的入口场景、数据，形成了商业化模式，既是搜索的内容服务的贡献者，同时也是这个商业模式的受益者。所以，整个产业链在“情境搜索”的策略下肯定会发生很多变化。

从用户角度来看，习惯也会变化，目前很多用户搜索还是满足于打开浏览器和搜索门户，输入关键字，逐步找所需内容，而“情境搜索”会培养用户完全不同的搜索习惯，当更个性化、智能化的搜索结果快速出现在用户身边时，用户会更加依赖于“情境搜索”，从而提升用户与该搜索引擎的粘合度，形成良性循环，希望未来的搜索引擎能够让用户感觉到无处不在，无时不在，随时随地都能完成智能个性化搜索，这就是腾讯搜搜未来的一个发展方向。

（2）主打 SNS+微博全新搜索，全面深化社区战略。

在明确提出“社区化、个性化、智能化、移动化”的搜索“四化”战略之后，腾讯近日再次提出又一全新概念——大社区搜索，这不仅表明位居腾讯“四化”战略之首的社区化战略布局得以全面延伸，也令此前模糊的社区化搜索更加清晰可见。据搜搜相关负责人介绍，大社区搜索是搜搜社区化的具体体现，但绝不只是社区内搜索，而是将海量社区资源在搜搜网页搜索的优化展现。“大社区搜索”概念下，搜搜将整合论坛、SNS 社区、微博等社区平台，引入社区特性的数据，以打造搜人、分享等具备社区化、个性化的搜索体验。近年来，随着微博、空间等社区平台的快速崛起，SNS 社区网站的在线时间呈直线增长，人们获取信息日趋 SNS 化，社区引流逐步超过搜索引擎，在国内，这一趋势更加明显，2010 年上半年国内互联网用户产生的内容的流量已超过网站专业制作内容流量，前者页面浏览量占互联网总量的 50.7%。此外，传统搜索引擎以关键词、链接为核心，搜索结果精度低、同质化严重，已经无法满足用户的信息获取需求，因此实施社区化搜索是大势所趋，鉴于此，搜搜早在几年前将社区化作为自己未来战略发展的重心，并将其列入其“四化”战略之一。事实上，细心用户应该发现，动作已然开始，大社区搜索的冰山一角正在悄然浮现在搜搜页面端，在搜搜输入名人姓名即可获得其微博的结果展现，不仅可以在网页端直接浏览新近的微博内容，而且通过该页面可实现转播、收听等关系链操作。当然，这些功能也只是很微小的一个点，大社区搜索突出“大”字，主要是立足将海量社区内容进行智能化、个性化展现，同时又可兼顾页面端一站式整合的全新搜索模式，简单来说，在搜搜用户就会陆续搜索到优化的论坛、社区网站等内容并分享给好友或者关系链中的用户。从另一方面看，“大社区搜索”也是将海量的社区精华内容分享给用户的实现渠道，通过大社区搜索，每位互联网用户既是社区精华内容的奉献者也是社区搜索内容的受益者，这也集中体现了互联网的分享、奉献的原则。搜搜负责人表示，由于腾讯平台覆盖了中国95%以上的互联网用户，拥有海量用户构成的高度稳定、紧密活跃的社会关系网络，并覆盖在线生活各个场景，这就为搜搜大社区搜索提供了最有利的支持，因此搜搜的大社区搜索比其他社区搜索更能体现社区内容价值。下一阶段，腾讯搜搜将在逐步扩展社区化内容的同时，不断丰富新产品、新功能，并延续“四化”发展战略，推动其不断向前。

（3）下一代搜索技术——任务搜索。

腾讯搜搜在第34届国际计算机协会信息检索大会上公布的下一代搜索技术“Task Engine”。顾名思义，“Task Engine”就是任务搜索，它是将用户搜索需求转化为用户下达的搜索任务，以用户为中心，结合用户输入的关键字，利用新的算法，将时间、地点、人物、背景加入进来，生成一个用户要完成的特定任务“Task”，然后给用户推送一些极具实用价值的搜索线下服务。作为搜索领域的新概念，任务搜索更加注重策略结果的选择过程，从某种角度上讲，它是一个完成任务的过程。

“任务搜索”为我们勾画出了下一代搜索服务的强大应用体验，例如，某位用户在最近一段时间经常搜索三亚酒店、机票、天气等信息，任务搜索就能据此推断出，该用户搜索的意图是去三亚旅游。这时，任务搜索就能结合到三亚旅游这个任务的具体实施过程，将出行方式、订票方式、目的地天气、旅馆、景点、注意事项、当地习俗等深度挖掘的用户需求，都放在搜索结果中，并清晰地展现给用户，这样不仅大大提升了用户体验，而且还把各个相关的行业联系起来了，构成了一个真正的社会网络。近年来，随着微博、空间等社区平台的快速崛起，也使人们在互联网上的行为变得日趋复杂，传统搜索引擎单一针对用户搜索关键词或者链接来判断用户搜索意图的形式，已经远远跟不上用户上网行为多元化的趋势。因此，这就需要诞生新一代的搜索技术，对用户在各种类型互联网平台上的上网行为进行汇总，根据他们的行为，判断出他们的喜好和搜索意图，从而以完成任务的形式，定期去抓取用户想要的信息，并通过精准的排序控制系统和检索系统，为用户提供最符合他们要求的信息和结果。事实上，腾讯搜搜在下一代搜索技术率先获得突破，这与搜搜自身所具有的先天优势以及发展理念密不可分。腾讯平台覆盖了中国95%以上的互联网用户，拥有海量用户构成的高度稳定、紧密活跃的社会关系网络，并覆盖SNS、电商、娱乐、支付等多个在线生活场景，这就有利于搜搜对用户上网行为的准确把握，同时，也为搜搜研究下一代搜索技术和行业发展趋势提供了最有利的支持，因此，这就不难理解下一代搜索技术“任务搜索”为什么会在搜搜诞生。

12.4 国内搜索产业市场运行动态

12.4.1 国内搜索市场渠道代理商

作为一个产业链，搜索引擎产业的两端不是搜索引擎和他们的代理公司或者搜索服务公司，应该有更远端的延伸，从搜索引擎再延伸出去，应该是用户，搜索引擎的使用者是其中的一端，他们可能是为了个人信息而搜索，也可能是为了商业机会而搜索。而正是两端之间通过搜索产生商业机会，同时产生交易，而搜索的中间部分也就根据自己的服务向某一端收取服务费用。而搜索引擎渠道商在整个搜索引擎产业链中就处于中间环节，它通过向下游企业或个人收取服务费用。随着搜索引擎服务在互联网领域越来越被看重，渠道商的地位也得到提高，其收入也成为搜索引擎服务商的一个重要组成部分。而市场的细分、服务的差异化，使得渠道商的分类也逐渐细分化。搜索引擎服务商、渠道商及运营商与企业合作，使得产业链更加合理。渠道商的运营模式更加促进搜索引擎产业发展。

从行业数据表明，搜索引擎产业链中代理商服务也是一项重要工作。在整个搜索服务过程中，渠道代理商处于一个中间环节，产业链上游是搜索引擎技术运营商，下游则是企业客户或用户，它的收入主要来自下游客户。因为渠道代理服务商承接着推广和宣传搜索引擎技术服务商技术的使命，它更大的作用并不在直接做搜索技术服务，而是在推广搜索这种网络服务，宣传搜索产品，以达到搜索客户的目的，即主要做销售服务。当别的企业或用户需要采用搜索引擎技术时，渠道代理商将需求信息反馈到搜索引擎运营商或直接反馈到搜索引擎技术服务商，或者将需求信息报送到具有提供搜索技术服务的搜索引擎区域服务机构，所以从这个业务流程可以知道，渠道代理服务商的收入主要来源于下游企业客户。

但随着“搜索经济”势力强劲地发展，搜索服务将涉及各个行业各个领域，市场趋势将逐渐向县级或更低级市场铺开，在中国这个巨大市场环境背景下，网民数量激增，企业信息化水平不断提高，电子商务中的 B2B、B2C 运营模式逐渐得到重视和发展后，针对低端市场的搜索引擎渠道代理商将会得到更大程度的发展。在 2007 年 5 月在中国厦门举行的世界搜索引擎大会，一些著名搜索引擎服务商、运营商、互联网公司及搜索引擎代理商都参加了，更值得关注的则是一批中小企业也加入到这次大会行列中，中小企业对搜索引擎的关注，在一定程度上反映出，搜索引擎及搜索渠道服务商未来有巨大的商机。

搜索引擎服务商的商业模式基本上决定了搜索引擎渠道代理商的分类。前面提到搜索引擎的商业模式主要有出售搜索技术、竞价排名、关键词广告等多种模式，所以搜索引擎的渠道代理商也基本上以这些标准进行分类，这样做便于搜索引擎上游服务商管理，业务也更加清晰。

在这里列举一下国内渠道代理商分类：

（1）以竞价排名为主业务的渠道代理商。

百度在2002年确定竞价排名这种商业模式后，随即在全国发展代理商，先在全国设总代理，再由全国总代理设区域代理。随后，由于全国总代理与区域代理之间产生争夺终端用户的矛盾，最后改为区域代理制，即每个中心城市设立区域总代理，由区域总代理负责区域内百度竞价排名的推广。

(2) 以关键词广告为主业务的渠道代理商。

国内商搜这家搜索引擎服务商在发展地区级渠道代理商时，就考虑以经营关键词广告为主营业务这种商业模式，总部为省级总代开通省级代理页面，其相同位置与规格的广告价位不得低于地方网站的广告定价，不得有恶意降价的行为，即以经营搜索网络广告为主，推广商搜的搜索广告业务模式。

(3) 以做门户网站为主业务来推广搜索服务的渠道代理商。

搜狐作为从搜索引擎领域退出做门户网站，后来逐渐认识到搜索引擎的巨大商业利益，于是在自有核心技术实力基础上也开始做起搜索引擎，因其品牌实力影响，也在全国各地一二级市场开设自己的渠道代理，在做区域网站的基础上，来扩展自己的搜索服务市场。

(4) 以移动搜索服务为主业务的渠道代理商。

随着移动搜索服务受到业界重视，所以同移动通信服务商进行合作，做下游搜索服务市场的渠道商将会如同中国移动或中国联通那样，在下游市场同移动服务商、内容提供商、移动设备供应商进行合作，做在线手机等移动增值搜索服务。

此外，也存在做综合搜索服务的渠道商，他们既做市场开拓，也做具体的搜索服务，但它们一个共同点都是在推广搜索引擎技术服务商的技术或服务。

12.4.2 中国搜索引擎服务商应对竞争策略

目前国内搜索引擎服务商与国外搜索引擎服务商的竞争越来越激烈，且国内新起步的搜索引擎服务商不断增多，实力逐渐强大起来，所以，国内搜索引擎服务商要在行业竞争中获得优势，就必须采取措施，应对国外及国内竞争者。

(1) 技术策略。

搜索引擎作为一种新的网络服务方式，技术实力是其发展的基础。在搜索引擎技术研究中，分词技术是核心，分词准确性对搜索引擎来说十分重要。如果分词速度太慢，即使准确性再高，对于搜索引擎来说也是不可用的，因为搜索引擎需要处理数以亿计的网页，如果分词耗用的时间过长，会严重影响搜索引擎内容更新的速度。因此对于搜索引擎来说，分词的准确性和速度，二者都需要达到很高的要求，所以搜索引擎服务商要在这一行业竞争中获得胜利，加大对搜索技术的研究是关键。

(2) 产品或服务策略。

搜索引擎对企业或个人的影响是最直接的，只有他们才真正体验到搜索引擎的作用。企业用搜索引擎是基于搜索引擎运营商或技术商对其企业、产品或服务的推广具有推动作用，可以为企业带来商机。搜索引擎服务商最后在市场上能否生存下来，决定因素也在其产品或服务，只有企业从中获得实在的利益或商机，才会对这种产品或服务有持续的需求。并且，现在市场细分越来越小、专，所以个性化产品或服务将成为一个重要研究对象，其互动性也将成为一项新功能。

（3）商业模式策略。

在国内，搜索引擎运营商或技术服务商的商业运作模式基本上与国外同行业相同，在商业模式无大差异的条件下，其品牌影响力就是重要因素。但国内搜索引擎服务商与国外服务商除了品牌差距、技术实力和产品或服务等因素外，在国内采取适合于中国本土市场需求的商业运作模式也非常重要。搜索引擎服务商或技术商，通过各种商业运作模式才获得盈利，也只有通过适当的商业运作模式，才能将自己的产品或服务推向市场，得到市场的认可。企业与搜索引擎服务商合作，为自己企业带来利益或商机的同时，也就为搜索服务商带来了利益。而在如今这个市场环境下，根据自己产品或服务特性、企业需求与市场动态，突破传统商业运作模式，在行业竞争中才有可能获得更大的市场。

12.5 未来搜索的发展趋势

互联网上的第一代搜索引擎，出现于 1994 年前后，搜索结果的好坏往往用反馈结果的数量来衡量，也就是说，第一代搜索引擎“求全”。然而研究表明，这种搜索引擎性能并不是想象中那么优秀，在全球 11 个主要的搜索引擎中，搜索引擎仅能搜索到国际互联网上全部页面的 16%，甚至更低。造成这种情况主要是因为这些搜索引擎为求全而没有及时更新其资料。1998 年，第二代搜索引擎出现在互联网上，这些引擎的主要特点是提高了查准率，可以用“求精”来描述。

第二代搜索是依靠机器抓取，建立在超链分析基础上的网页搜索。第三代搜索引擎是互动式搜索。所谓互动式搜索是在用户查询和搜索引擎返回结果的人机交互过程中，引擎根据用户的查询内容，智能展开多组相关的主题检索一般是分类导航，针对部分查询结果项，扩展到类似相关网站。先进的分词引擎使查询精确。第三代中文搜索引擎为“求专”。第四代搜索引擎的特征是主题搜索引擎。随着信息多元化的增长，千篇一律地给所有用户同一个入口显然已经不能满足特定用户更深入的查询需求。我们需要一个分类细致精确、数据全面深入、更新及时的面向主题的搜索引擎。由于主题搜索运用了人工分类以及特征提取等智能化策略，因此它比前三代的搜索引擎将更加有效和准确。第四代搜索引擎还采用了以前从未应用在网络搜索引擎上的错码校正（ECC）功能，有效防止潜在的误差，确保数据的完整性，并严格遵守服务等级协议（SLA）。从 1994 年出现的普遍意义上的互联网搜索引擎开始，到现在已经有 18 年多了，实际上，这整个历史可以看成是新一代搜索引擎淘汰上一代搜索引擎的历史。从第一代搜索引擎到第二代搜索引擎是一个质变，由人工转向计算机。而第三代搜索引擎是一个量变，它是检索技术的提升。第三代到第四代的发展方向应该是人机结合，围绕着互联网搜索技术将诞生以检索技术为职业的从业者。这些从业者将具备两方面的专业素质，其一是精通某一行业领域，其二是精通搜索引擎等网络信息检索技术，能在最短时间内寻找行业内的专业知识与信息。搜索引擎技术的发展具有专业化、个性化和智能化的趋势。搜索行业的发展则具有竞争加剧，盈利模式多元化，移动搜索发展势头强劲等趋势。

12.5.1 搜索引擎专业化

专业化是搜索引擎的一个发展方向。这类引擎的特点就是专而精，不会出现不相干的结果，典型的代表是垂直搜索。过去是一个大型搜索引擎面对互联网上的全部信息，现在逐渐把网页、新闻以及行业信息根据专业的需求而分开、细分，专业化的智能搜索的趋势已经越来越清晰。会根据使用者对网上信息的专业化需求，发挥专业化的行业商务信息服务特长，推出了行业搜索引擎。它是搜索技术与人工分类相结合，直接以行业商务信息数据库为基础，并向专题性方向发展，开发搜索质量更精确、相关性更复杂的搜索引擎，追求本专业、本学科最全，服务于专业人员、学生等研究人员的专题性搜索引擎。

JupiterResearch 研究组织的分析师尼克·斯克维奇（Niki Scevak）说："垂直搜索最终会成为搜索公司的铩手锏产品和主营业务。"也正如尼克·斯克维奇所预料的那样，在 2006 年一些新兴的垂直搜索如雨后春笋般的成长起来，电子商务搜索引擎 www. hengzhe. com、论坛搜索引擎 www. daqi. com 大旗、www. qihoo. com 奇虎、旅行搜索引擎 www. qunar. com 去哪儿、餐饮搜索引擎 www. gudumami. cn 咕嘟妈咪、求职搜索引擎 www. globehr. com 搜职网等，它们的出现似乎又让人们回想起百度在 NASDAQ（纳斯达克）上的辉煌。垂直搜索保证了对该领域信息的收录齐全与更新及时以及对整个搜索领域进行细分。

12.5.2 搜索引擎个性化

目前的现状是，在搜索引擎面前，各类用户别无选择。对个人用户而言，搜索引擎服务提供商显示什么样的信息内容，排列什么样的搜索结果，利用什么样的访问设备，个人无权选择。一些用户，不能有效获得业务需求的特定个性化信息，不能在繁杂的信息中找出优质、定向、可追踪的产品。而对于网站却无法控制搜索引擎以提供适合网站特点的信息源，只能选择千人一面、千篇一律的搜索结果。造成这种现象，是因为提供搜索服务的主动权垄断在搜索引擎巨头的手里。要实现个性化搜索应用需要先进的理念和过硬的技术保障。搜索引擎技术的发展就是让用户精、准、全、快地检索到结果。对于所有的搜索引擎来说，目标都是只有一个，那就是：满足用户的搜索需求。对于谷歌、百度、搜狗等来说这意味着它们必须提供更好更加人性化的搜索结果，提高用户的友好体验度。目前主流的搜索引擎都有一个趋势，那就是个性化搜索。

（1）用户的位置影响到用户的搜索结果。

用户在谷歌中搜索"饭店"。那么谷歌的搜索结果有什么规律？可以发现第一个结果可能就是用户所在的城市的饭店的搜索结果。搜索引擎是如何知道用户想要的地理位置？简单的解释，就是搜索引擎可以通过用户的 IP 位置定位用户的地理位置。而搜索引擎也明白，大多数的人搜索"饭店"可能就是为了找自已所在城市的饭店，而在这个过程中用户不必输入地理位置，如"泉州饭店"。

（2）用户的搜索历史影响到搜索结果。

对于搜索引擎可以记录用户的搜索记录可能不是一项什么新的专利吧，在搜索引擎通过IP了解到用户的地理位置后，他们就会开始分析这些用户最近的搜索记录，最近的浏览记录。搜索引擎了解到最近的搜索趋势的话，就可以根据记录提供给这些用户一个最想要的搜索结果，用户也将更容易找到自己想要的信息。比如近期搜索大量关于饭店的信息，然后有次搜索旅游的信息，而搜索结果可能就会含有较多的饭店和旅游的相关信息。

（3）用户的社交网络信息将会影响搜索结果。

就在今年的五月份，必应和Facebook在搜索结果中合作，必应在他们的搜索结果中加入Facebook的数据，这一项合作将使必应的搜索用户可以更加方便的在搜索结果中看到他们在Facebook上的分享的信息。如果登录到Facebook上，就会发现必应搜索结果中发生了变化。同时谷歌自身也不甘落后，在今年同时也推出自己的社交网络Google+1，用户可以简单的分享一个他们喜欢的页面，同时也会在谷歌的搜索结果中显示Google+1的信息并影响到你的搜索结果。

12.5.3 搜索引擎智能化

搜索“智能化”的理念，在自动分类、自动聚类的基础上有智能导航、概念搜索功能。搜索引擎能充分领会用户的搜索意图，才能进入到个真正智能化时代。从目前的状况来看，现有的搜索引擎技术，很难实质性地改善搜索引擎的结果，满足用户更深层次的需求。因此，必须将人类的知识和智慧加入到检索过程中，才能使搜索引擎的质量产生一个质的飞跃。智能化是搜索引擎发展的一个主要方向，而未来的搜索应该是脱离浏览器的。由于网络上更多的资源和有用的资料以数据库的形式存在，而搜索引擎譬如“蜘蛛”，在爬行于这些动态网站的过程中很容易陷入死循环，很多搜索引擎都对深度进行了限制，因此搜索引擎能获得的数据量还达不到整个网络数据量的30%。搜索引擎现在仍然需要依赖于浏览器作为提供检索服务的载体，这大大限制了搜索引擎智能化的范围。

Google在显示其搜索智能化过程中对其搜索引擎进行重组，谷歌新搜索功能将超越之前字面上的查询功能，开始理解人们的具体请求内容。为了使其搜索引擎更显智能，开发了一种Freebase数据库，该数据库中的知识都是关于事物是什么，以及他们是如何和另外的事物相联系的。谷歌研究员阿米特·辛格尔（Amit Singhal）表示，谷歌正计划大幅改进搜索引擎，让用户更快更容易地获得所需的信息，努力使搜索引擎更好地理解搜索单词的意思。辛格尔称，谷歌不再希望只是简单地搜索词条然后提供网站链接，而是希望通过新的、改进后的搜索引擎，为用户的搜索问题提供事实和答案。

另外还有大量的基于语义网的语义搜索引擎（例如：Hakia、DeepDyve）更加强大的展现出搜索的智能化发展。这些语义搜索引擎他们唯一目的在于提高搜索相关性和交互性，以帮助搜索用户提高搜索效率，获取更丰富的信息，节约搜索时间，是语义网的最直接应用。

12.5.4 搜索行业竞争加剧

目前在中文搜索领域，不论是从营收市场份额看还是从网页搜索次数市场份额，百度都已成为全球最大的中文搜索网站，在国内搜索市场占有主导地位。成立于 1998 年的谷歌公司是目前全球最大的搜索引擎企业，是最早推出中文搜索服务的企业，长期处于中文搜索市场的第二名的位置。两家企业在核心技术、竞争策略、盈利模式等方面一直存在着激烈竞争。

根据微观经济理论，竞争性越强的市场越有效率。正是百度与谷歌的竞争使得中文搜索技术不断进步，中文搜索服务不断丰富，用户和客户的福利都得到改善，因此竞争对于中文搜索市场的健康发展是有益的。而且从未来的发展趋势而言，将有更多的竞争者进入这一市场，使得市场竞争的程度更加激烈。目前中文搜索市场不存在人为设置的市场进入壁垒，已有雅虎、搜狐、腾讯等公司以及很多其他的潜在竞争者存在。每一位现有竞争者的技术进步、服务的改进等争夺市场份额，以及任何新的竞争者的参与市场经营的行为，都将导致中文搜索市场竞争激烈程度的加剧。例如奇虎 360 科技有限公司在 2012 年 8 月推出综合搜索业务两周时间之后，2012 年 8 月 31 日奇虎 360 搜索采用独立域名推出“360 搜索+”和全新的 UI 界面。虽然没有任何的市场宣传，低调推出的 360 搜索在很短的时间内已快速超越搜狗、谷歌和腾讯搜搜，成为仅次于百度的中国第二大搜索引擎。而且随着 360 综合搜索全面铺开，其市场份额仍有较大上升空间。而作为中文搜索市场主导者的百度面对这一突如其来的竞争挑战，也采取了激烈的应对措施。360 和百度相互采取压制、反压制的手段。业内的艾瑞咨询在 2012 年 8 月 30 日对此做出的评论标题是“百度被挑战只是又一次遭遇垄断者的咒语”，充分说明了竞争是搜索市场的常态，以及市场中竞争不断加剧的可预见性。

12.5.5 盈利模式更加多元化

搜索引擎的盈利模式本来就是多元并存的，如百度的竞价排名，谷歌的搜索技术授权以及通用的网络广告等，随着国内搜索市场竞争的日益加剧，现存的盈利模式将会出现更多的类型，体现出更加多元化的发展趋势。而且盈利模式更加多元化也使得行业分化组合变化更多、更快，市场将会更加细分等。

例如垂直搜索特别是商业搜索的快速发展体现出盈利模式的新变化。事实上，电子商务网站一直是通用事实引擎广告投放的主力军。例如，亚马逊每年会支付给谷歌巨额费用用于推广。而网上鞋城乐淘网也凭借百度的推广，获得了不错的声誉。但现在，更多的电子商务网站开始离开通用搜索引擎，如淘宝创建的“一淘网”，这种购物搜索引擎规避开了通用网页搜索领域，避开了 Google、百度、搜狗等专业搜索引擎，形成了自己的独立个性。“一淘网”的出现将诱使一批在市场上已经成功地打造出自有品牌的电商网站纷纷离开百度等通用搜索引擎，寻找更好、更有个性的推广方式。2011 年《IT 时代周刊》指出目前垂直搜索引擎的成长非常迅速，有针对旅游业的去哪儿搜索引擎，有针对个人生活的大众点评网，更有针对从事电子商务中小企业的 B2B 电子商务搜索引擎。

目前，综合搜索引擎发展赖以生存的竞价排名的盈利模式已遭遇诸多质疑，点击欺诈、关键词管理等问题让广告主对搜索引擎营销迟疑不决。行业垂直搜索的盈利模式则可以利用对行业信息具有深度和广度的整合，建立高质量、专业信息齐全、实时更新的索引数据库。基于这些信息和数据的商务智能分析，创造既有价值的信息增值业务，为用户提供更细致周到的服务。例如“去哪儿”搜索网站设定了“酒店预订电话费”模式。当用户搜索到加盟其“酒店直通车”业务的酒店页面时，可通过“去哪儿”的 400 电话与酒店联系和预订，而“去哪儿”网向酒店收取用户与加盟酒店通话所产生的电话费用，标准定为每分钟 2 元。“酒店直通车”业务使得中国众多尚未开通网络预订方式的中小酒店从中获益，同时成为“去哪儿”网重要的收入来源。

随着国内搜索市场竞争的日益加剧，用户对搜索结果准确性、个性化等质量要求的不断提高，必将带来搜索行业更频繁和剧烈的变化，也使得搜索引擎的盈利方式更加多元化。

12.5.6 移动搜索发展迅猛

在目前搜索市场的激烈竞争中，随着移动互联网的介入，新兴的移动搜索已成为行业不可忽视的发展趋势。虽然百度的份额遥遥领先，众多挑战者对搜索引擎未来发展变革所提出的创新理念，已对市场产生了重要影响。例如腾讯发起新一轮大规模的搜索营销活动，新浪借势微博搜索强势难敌，搜狗凭借搜索+浏览器+输入法的整合效应迅速上位开始盈利，淘宝一淘正在改变“淘宝客”的选择，微软在中国成立了亚洲互联网工程院，必应（Bing）在中国开始发力。而奇虎 360 已将通过与浏览器相结合，推出垂直搜索。这些搜索市场参与者都在市场份额的数据方面取得了一定的成绩。

当用户把对互联网的需求又搬到了手机等移动终端上时，移动互联网的爆发式增长成为必然。搜索的未来，将很大程度上取决于移动搜索和推荐引擎，而不会是搜索框输入关键词等形态似乎已成为业界共识。百度虽然在桌面搜索领域占据近 80% 的份额，但移动搜索领域格局未定。“盘古搜索”是移动搜索中的典型代表。2011 年底在移动领域拥有先天优势的新华社与中国移动合力打造的盘古搜索携新版桌面搜索产品和客户端 1.0 版亮相 GSMA 移动通信亚洲大会，这是该版手机客户端第一次正式亮相，盘古搜索显然将移动搜索列为其主要发展方向。盘古搜索 CEO 王红宇在接受科技日报记者采访时表示：“在互联网信息呈现爆炸式增长的时代，如何满足移动化的搜索需求是关键，移动搜索具有永恒的生命力，而移动互联网和智能终端的快速普及，让这种支撑更加成为可能。”

当搜索的概念不再局限于以往的综合搜索、重直搜索，搜索的技术和营销方式、用户需求等也发生变化，未来的搜索用户将会要求更加移动化、智能化和个性化的搜索服务，以最少的点击和输入获取所需的信息，搜索市场上将会出现更多和更高质量移动搜索提供商，使移动搜索成为搜索市场的重要发展方向之一。

12.6 小　结

随着信息技术的发展及中国整体信息化水平的不断提高，中国搜索引擎服务商的技术将会不断得到提升。搜索引擎在企业推广产品、网上宣传和网络营销等方面逐渐得到重视。搜索引擎产业链形成依赖于信息技术发展程度高和网络基础设施健全这一条件。网络内容的多元化，信息产品的复杂化、智能化将促使信息产业的形成与提升，信息产业的发展将为第二代搜索引擎带来更大的机遇，为搜索引擎产业链发展提供更有利的市场环境。

（1）搜索引擎服务商为部分企业发展带来了巨大商业价值。各种商业运营模式在不同领域、各种信息产品中得到很好的运用。出售搜索引擎技术、关键词广告、竞价排名、网络实名和智能搜索引擎这些商业模式成为推广企业产品和网络营销的一支新动力。

（2）未来搜索引擎将朝个性化、专业化、智能化及跨语言平台方向发展，这种趋势正在搜索引擎行业中形成。垂直搜索引擎现在正处于产品设计期，尽管其在盈利模式方面没有占据重要位置，但它已在搜索引擎行业中引起重视。

（3）移动无线搜索引擎的产生将会促进搜索引擎产业提升到一个新的高度，带动相关行业技术创新和发展。搜索引擎与电视媒体进行集成，一旦在技术方面获得突破，将会对搜索引擎整个产业链产生深远影响，并会推动电视媒体产业在技术方面向更高水平发展，这是一种思想观念的突破，更是一种创新精神。

中国搜索引擎服务商要在这个领域有优势，同国外同行业企业竞争，就必须具备核心技术实力，开发出具有优势的服务产品，更专业化、更智能化，支持多语种操作，同时，敢干突破传统商业模式，以创新的市场运营模式，为企业及网民带来商机或利益的思想，这是中国搜索引擎服务商发展与竞争的关键。

THE FUTURE OF MEDIA SERIES

13 冲击、应对、融合，搜索平台与传统媒体的未来之路

未来的媒体经济的发展基于媒介融合和媒介产业融合。

媒介融合的实现具备两个必要因素：数字技术和互联网。数字技术决定媒介内容形态的融合，包括文本、图片、音频、视频；互联网决定媒介结构形态的融合，打破原有固化的媒介边界，直致媒介边界的模糊甚至消失。当一切信息都可以用“0”和“1”表示的时候，当开放的互联网越来越像大众媒介的时候，媒介融合时代到来了。

内容融合、网络融合、终端融合构成了媒介融合的演化过程，这个过程涉及传统意义上的传媒产业，以及以网络、通信为主导的信息产业。媒介融合又是一个资源整合的过程，在这个整合过程中，最终获得主导地位的媒介形态将赢得未来信息社会的话语权。可以说，媒介融合是一场围绕争夺信息话语权的媒介革命，给不同的媒介形态都提出了未来生存与发展的挑战。这其中也包括搜索引擎。

同时，数字技术和互联网促使的媒介内容形态一体化和媒介结构形态无边界化，给不同媒介的跨形态发展带来历史性机遇，但也加剧了市场竞争。由此可见，现在还是未来在3G、移动互联网、物联网、数据云计算等构成的新的媒体技术环境下，媒体经济平台化发展，不仅包括来自原有产业体系的竞争发展，而且还涉及来自不同产业体系、不同产业链环节的竞争发展，产业中的企业的角色和相互关系已经与传统产业分立状态下大为不同。不过我们可以有一个基本的判断，就是互联网时代媒体经济平台化发展中的主体已经形成了两极：传统媒体和网络媒体。传统媒体已不是媒体经济发展中的唯一的绝对主体，而网络媒体也已不再是媒体经济发展中的附属，而且在媒体经济平台化发展的趋势中发挥着绝对重要作用。表13-1是以2012年福布斯全球企业2000强排行榜为数据基础，对其中的上榜前十位的传统媒体集团和Google、雅虎、百度（表中灰色标识）经济数据的统计。

表13-1

排名	公司	国家	销售额	利润	资产	市值
81	康卡斯特/Comcast	美国	558	42	1578	798
103	谷歌/Google	美国	379	97	726	2032
121	迪士尼/Walt Disney	美国	410	50	739	774

续表

排名	公司	国家	销售额	利润	资产	市值
158	新闻集团/News Corp	美国	342	30	599	495
177	时代华纳/Time Warner	美国	290	29	678	348
181	威望迪/Vivendi	法国	373	35	705	229
274	时代华纳有线电视/Time Warner Cable	美国	197	17	483	249
319	美国直播电视集团/Direc TV	美国	272	26	184	321
376	维亚康姆/Viacom	美国	150	17	229	257
415	哥伦比亚广播公司/CBS	美国	142	13	262	205
537	奥姆尼康集团/Omnicom Group	美国	139	10	205	136
701	汤森路透/Thomson Reuters	加拿大	138	-14	325	244
756	雅虎/Yahoo	美国	50	10	148	184
974	百度/Baidu	中国	22	10	37	475

全球前十位传统媒体集团与搜索引擎媒体经济数据统计表（数据来源：2012 年福布斯全球企业 2000 强排行榜，数据单位：亿美元）

从综合排名来看，Google 与传媒企业相比，位居前列，仅落后于康卡斯特，但是利润额和市值均高过所有前十家传媒企业；Google 市值是位居传媒类企业市值第一的康卡斯特的 2.55 倍，百度市值也仅仅落后于位居前三位的传统媒体集团，而且是雅虎市值的 2.58 倍。市值数据反映的是企业的成长性，一般情况下，市值与成长性成正向关系。在利润率方面，Google 和百度的利润率远高于传统媒体企业，分别是 25.6% 和 45.5%。这说明搜索引擎在资本的积累过程中远比传媒企业要快，体现了搜索引擎在发展速度方面的优势。在资产收益率方面，Google 和百度的资产收益率也远高于传统媒体企业，分别达到 13.4% 和 27%。资产收益率反映的是投资回报情况，这一指标凸显出搜索引擎的资本市场竞争力优势。

面对以搜索引擎为代表的新网络媒体的市场强势，传统媒体如何应对？传统媒体如何实现自我救赎？

首先，传统媒体未来的发展应该走出一个误区，这个误区就是仍然维持综合性信息内容服务的媒体经营思路。传统媒体一直在沿着“建综合性信息内容平台”的思路寻求发展。在进入互联网时代之前的传统媒体无论横向扩张、纵向扩张，还是斜向扩张，其目的就是以资本为纽带，在产品和地域两个维度上构建跨媒体、跨渠道、跨地域的市场垄断，在“大而全”上追求以范围经济为特征的平台扩张优势，有时候延伸的副产品产生的经济效益大过媒体信息产品本身，迪士尼的发展就是典型的例子。这样的平台扩张战略，最大的问题就在于忽视了信息内容生产本身核心优势的价值，以及不同媒体经济形态依然分立而治的实质，所谓的并购式平台扩张也只是在财务报表上让数据更好看罢了。然而，互联网时代的到来改变了这一切。传统媒体似乎还没清楚互联网的游戏规则，在互联网时代初期，仍然沿用老的思路向互联网领域平台扩张，在他们眼中，互联网只是一种新的信息传播媒体形式，一种新的传播渠道而已。2000 年 AOL 与时代华纳的“世纪合并”，在 2009 年黯然分拆，AOL 的市值由当初的 1640 亿美元，只剩下了 20 多亿美元，整整缩水了 98%。2005 年新闻集团以 5.8 亿美元收购当时全美最大的网络社交媒体 MySpace，2011 年却不得不以 3000 万美元价格转手，宣告“有史以来最好的收购案之一”最终失败，MySpace 的用户从当初的 2 亿美元迅速下滑到被卖掉前的 3000 万用户。默多克承认，新闻集团根深蒂固的传统媒体思维是影响 MySpace 发展的最大负担之一。MySpace 创始人之一德沃夫也表示，因为 MySpace 承担着母公司新闻集团作为上市公司的业绩压力，按照新闻集团的广告模式运行，与强大的竞争对手 Facebook 相比，MySpace 关注更多的是利润，而非网络社交媒体赖以生存的用户数量和用户体验。

基于此，传统媒体的救赎之路的关键就在于基于其与网络媒体相比的核心的竞争优势，而这个核心竞争优势就在于内容。实现内容的专业化特色化是传统媒体转型的必然选择。我们必须正视传统媒体所处的位置，因为网络媒体成为整个媒体经济平台化发展的核心力量是大势所趋，其内容提供商的角色对于传统媒体而言是最现实的定位；但是在产业中的地位是否会被边缘化，关键就是寻求向内容的专业化、特色化方向发展。而寻求内容的专业化、特色化的目的，就是为了摆脱“综合性信息内容平台”的竞争“红海”，与网络媒体建立新型的竞合关系，借力打力，化负网络效应为正网络效应，形成自己的平台扩张之势。

传统媒体与网络媒体建立新型的竞合关系，可以看做是不同平台之间形成的竞合关系。如果说传统媒体与基于 Web1.0 的网络媒体之间更多的是抢夺既有的受众和用户市场，存在的是竞争大于合作的关系，那么在 Web2.0 时代，传统媒体与网络媒体之间的竞合，是为了创造出更大的新的市场空间，在这里所谓的稀缺资源就是受众和用户的注意力和时间了，传统媒体和网络媒体之前的竞合就是要齐心协力开发或者获取更多的受众和用户的稀缺资源，所以传统媒体与网络媒体之间的竞合，主要体现的是合作关系，传统媒体坚持专业化、特色化内容平台发展方向，将迎来传统媒体经济发展的转机。正如相对常数原理所阐释的，重要的是从非媒体消费资源处获得更多的受众和用户的稀缺资源，而不是新旧媒体互相抢夺既有的受众和用户消费资源。

在传统媒体经济领域实施的全媒体战略，其中一个很重大的意义就是在实现传统媒体专业化、特色化内容平台与网络媒体平台的对接，更好地使传统媒体与网络媒体建立新型的竞合关系。全媒体是传统媒体在媒介融合过程中所呈现出的多功能一体化的趋势，传统媒体通过平面、网络、广播、电视、移动通信等不同媒体形态实现跨平台、全覆盖、立体式媒介服务，实现与受众的单向、双向、交互式复合传播的媒体形式。① 可见，电视媒体在全媒体战略中建立专业化、特色化内容平台有着天然的整合优势，正如本文研究综述中提到，电视改变了人们所接收信息的形态（文字、音频、视频信号的合一），从传播的属

① 吕岩梅等：《全媒体——广电媒体发展的方向》，载《电视研究》2011 年第 10 期。

性，电视媒体的发展使媒介融合而模糊媒介之间的界限成为可能。

另外，传统媒体实现内容的专业化、特色化则必须建立在数据库基础之上。所以传统媒体在实施过程中应强化数据库观念和意识，意识到数据库是实现自我转型之本。数据库建设分为两大类，一类是受众和用户数据库，通过数据采集对受众和用户的行为轨迹进行记录，再应用数据挖掘技术，分析其人口特征，行为特征、心理特征，对受众和用户的消费行为和消费心理进行全方位掌握，进而进行精准的数据应用；另一类就是内容数据库，能够为受众和用户提供足够数量和多元化信息，在大大降低信息搜索的成本的基础上，满足不同受众和用户的个性化需求。传统媒体与网络媒体对数据库的认识，最大差距就在于对第一类数据库的忽视。所以传统媒体内容平台的数据库，更多的是指信息生产过程中的内容产品数据库，通过数据库进行集合、重构。内容平台的专业性、特色性也就是通过这样的数据库体现出来的。从某种意义上讲，平台的价值就建立在数据库基础之上。当然，第一类数据库的建设，对传统媒体未来的发展也相当重要。

传统媒体没有专业的数据库，也就谈不上专业化、特色化内容平台，就无法给受众和用户提供具有不可替代性的服务，从传统媒体能够了解到的信息，受众和用户从网络媒体同样可以得到。相比之下，受众和用户更愿意到网络媒体上，通过搜索引擎，来获取自己所需要的各种信息，因为这样来得更加方便和快捷，从用户体验的角度来说，用户能够获得更大的满足感。所以，数据库生存将成为传统媒体生存的终极形态。这一点，其实对网络媒体亦然。

总而言之，搜索引擎的发展，就是互联网媒介发展历程的一个缩影。互联网媒介从诞生之日起，其间的每一步成长，都离不开市场竞争，这是与传统媒介的最根本的区别。在市场竞争的洗礼中，创新贯穿其发展始末，搜索引擎经历了“技术工具——媒介——媒体化”的演进过程，搜索引擎的媒体化趋势是参与市场竞争的必由之路。搜索引擎凭借对互联网信息资源的控制力和所迅速积累的资本优势，在形成自身市场垄断格局的基础上，借媒介融合之东风，在更广阔、跨领域的市场竞争中构建着未来信息社会中的媒介帝国。

然而，媒介组织作为信息传播的既定社会角色和独立社会组织，作为社会大系统中不可或缺的一个子系统，其生存发展必然受到社会大系统制约和影响的问题。在《传媒公共性与公共性传媒——兼论传媒结构的合理建构》一文指出：媒介的发展受到政治逻辑和经济逻辑的双重制约，出于自身利益的需求，往往在社会责任、伦理道德与巨额商业利润的纠结中陷入困境，以致丧失其社会独立品格，放弃其社会公众立场。而本着不受任何控制的精神在发展的互联网的出现，似乎给媒介突破双重制约提供了机会。从这个角度来讲，基于互联网而发展起来的搜索引擎，正经历着“公共服务部门——商业机构——再强调公共属性”的演化过程。搜索引擎媒体化趋势，不仅对于媒介市场结构，而且对于媒介社会结构都具有深远的影响。对于技术本源的搜索引擎，在利益和社会公信力、媒体责任的矛盾冲突中发展，这是一个不得不面对的现实问题。